U0230919

软土电渗加固与电动修复

谢新宇　郑凌逶　葛尚奇　著

科学出版社

北　京

内 容 简 介

本书基于土体电渗原理，围绕软土电渗加固方法和污染土电动修复技术，阐明电渗加固与电动修复机制及相关基本概念，重点介绍电渗加固与电动修复的主要影响因素，还介绍新型电动土工合成材料在电渗加固与电动修复中的应用。主要内容包括电渗加固与电动修复的基本理论、电渗的若干基本概念、电极对电渗加固的影响、电渗过程土体微观结构演变、电渗透系数的主要影响因素、污染土电动修复试验、电动土工合成材料修复污染土试验、软土电渗固结理论。

本书可供从事软土地基处理和污染土修复科研及教学工作的相关人员使用，也可供广大岩土工程设计、施工等方面的工程技术人员参考。

图书在版编目(CIP)数据

软土电渗加固与电动修复 / 谢新宇，郑凌逶，葛尚奇著．—北京：科学出版社，2023.11

ISBN 978-7-03-075855-2

Ⅰ.①软…　Ⅱ.①谢…　②郑…　③葛…　Ⅲ.①软土-电化学加固(地基)　②软土-污染土壤-修复　Ⅳ.①TU472　②X53

中国国家版本馆 CIP 数据核字(2023)第 124183 号

责任编辑：牛宇锋 / 责任校对：杨　赛

责任印制：吴兆东 / 封面设计：蓝正设计

科学出版社 出版

北京东黄城根北街 16 号

邮政编码：100717

http://www.sciencep.com

北京厚诚则铭印刷科技有限公司印刷

科学出版社发行　各地新华书店经销

*

2023 年 11 月第　一　版　开本：720×1000 1/16

2024 年 4 月第二次印刷　印张：13 1/2

字数：260 000

定价：108.00 元

(如有印装质量问题，我社负责调换)

前　言

软土基本物理力学特性包括含水率高、孔隙比大、可压缩性大、强度低等，天然软土作为地基无法满足或低于地上构筑物的承载要求时，需进行地基处理。对于高塑性、低渗透性的细颗粒土，传统的排水固结法综合处理效果不佳，而电渗法具有工期短、设备安装方便等优点，并且不会出现堆载造成的地基失稳等问题，较适用于软土地基的加固处理。同时，人类活动产生的污染物通过多种途径进入土体，超过土地的环境容量和自我净化能力，造成土体污染，需要进一步修复处理。电动修复技术是在污染土中施加直流电场，利用溶剂电渗和溶质电泳将污染土中的重金属离子或有机污染物定向迁移，从而使土体得以修复。与其他修复技术相比，电动修复技术处理速度快、成本低，特别适用于处理低渗透性土中的水溶性污染物。

本书介绍了有关软土电渗加固与电动修复的研究成果，主要内容包括：

(1) 对水力渗流和电渗流、电渗透系数、电渗运移量和能耗系数等若干软土电渗概念进行了讨论，采用量纲分析对能耗系数与模型尺寸的关系进行了研究。

(2) 对纯铝、不锈钢和黄铜电极在不同腐蚀程度下的电渗效果进行了模型试验研究；对宁波滩涂淤泥进行了电渗加固试验及孔隙结构定量分析，结果表明电渗过程中土体内部水分迁移存在明显的时效性，土体局部含水率与电渗处理时间及排水边界距离密切相关。

(3) 研究了土体电渗过程中不同饱和度情况下电渗透系数的变化规律，结果表明非饱和土体的电渗透系数与土体孔隙的孔径大小有关，阳极土体饱和度下降值与土体平均饱和度下降值呈近似线性关系。

(4) 基于正交试验设计基本原理进行了电渗加固修复生活源污染土试验，采用5因素4水平的正交试验，确定了电渗加固修复生活源污染土影响因素的最优水平和最佳组合，为污染土加固修复的工程实践提供参考。

(5) 基于改进的电动土工合成材料(EKG)电极开展了多组不同螯合剂对比试验，并提出了适合于加固修复过程中污染土“基于土体温度、含水率、电导率的土体污染物浓度计算方法”；阐述了重金属解吸附和金属电极反应与Cu(Ⅱ)-EDTA的螯合物竞争干扰修复的机理。

(6) 开展了再生纤维电动土工织物与不锈钢电极电动修复加固铜、锌污染河道淤泥的对照试验，结果表明再生纤维电动土工织物对铜、锌离子污染河道淤泥的修复加固效果较好，在导电稳定性方面优于304不锈钢；304不锈钢在电渗过程中会向土体中渗入铬、镍离子，而电动土工织物可以避免电渗过程中对土体的二次污染，具备优越性。

(7) 将起始电势梯度的概念引入电渗固结理论，基于相关假定建立了外荷载随时间变化下考虑有效电势衰减的一维电渗固结控制方程，利用变量代换和分离变量法获得了电渗固结通解，分析了相关参数对软土地基电渗固结特性的影响，为电渗联合堆载法处理软土地基提供了理论指导。

本书的相关研究得到了国家自然科学基金面上项目(淤泥吹填土 EKG 电渗固结特性及微观机理研究，51378469；电动土工复合材料修复加固重金属污染软土地基机理研究，52378374)和浙江省自然科学基金重点项目(软土地基再生纤维电动土工织物电化学加固性能及耐久性研究，LZ20E080001)的资助，在此一并表示感谢！

作者课题组多位教师和研究生参与了相关研究工作，感谢李金柱教授级高级工程师、王文军副教授、方鹏飞副教授、王忠瑾副教授、徐浩峰副教授、刘亦民博士、邹圣锋博士、臧俊超博士、许纯泰博士、潘一泽博士、李卓明硕士、庞杰硕士、刘艳晓硕士、朱侠达硕士、刘建兴硕士、黄学昕硕士、章旬立博士研究生等对本书的贡献。

在本书出版之际，作者特别感谢对本书前期撰写提出了重要建议的谢康和教授、施祖元教授级高级工程师、蒋建良教授级高级工程师(全国工程勘察设计大师)，以及协助书稿编排、校对工作的刘亦民、臧俊超、庞杰、朱侠达、黄学昕、张康、章旬立等研究生。

限于作者的学识水平，虽经不断努力修改完善，仍存在疏漏、不足之处，恳请读者批评指正，不胜感谢！

目录

第1章 绪 论

1.1 软土电渗加固原理

我国软土主要分布在东南沿海地区，如渤海、黄海、东海、南海等；除此之外，河湖淤泥主要集中在河流中下游平原河网地区，如长江中下游平原、黄淮海平原、宁夏平原、杭嘉湖平原等。滨海地区软土的黏土矿物组成以伊利石和蒙脱石为主，淡水地区软土则是以伊利石和高岭石为主。软土基本物理力学特性包括含水率高、孔隙比大、可压缩性大、强度低等，天然软土作为地基无法满足或低于地上构筑物的承载要求时，需进行地基处理。

电场作用下，带电粒子有向着相反符号电极运动的趋势。俄国科学家 Reuss 于 1807 年发现电渗现象：电场作用下，多孔介质会吸附溶液中的正负离子，溶液相对带电并朝一定方向运动。软土电渗原理如图 1-1-1 所示。

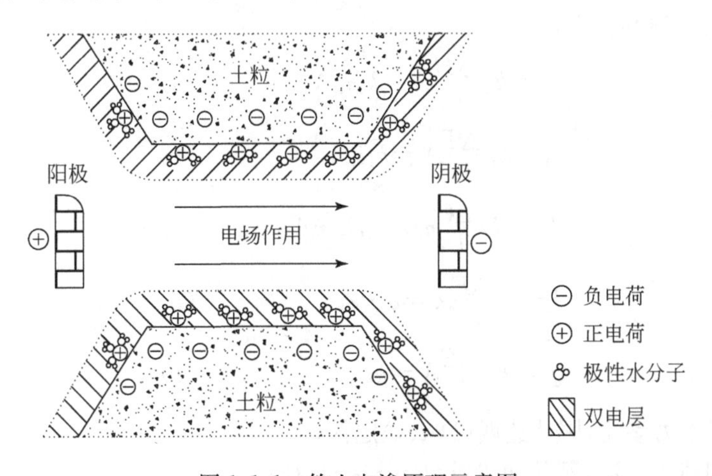

图 1-1-1 软土电渗原理示意图

20 世纪 30 年代，Casagrande[1,2]将电渗应用于实际加固工程后，电渗法的室内试验、现场试验和工程实例不断得到丰富和发展。电渗法是利用埋置在土中的电极通以直流电来加速排水固结，在直流电场作用下，吸附阳离子的极性水分子形成水流并从阴极排出，完成从阳极到阴极的运移过程。

电渗法对软土的加固作用主要包括：

(1) 加速土体孔隙水的排出；

(2) 阳极附近土颗粒的聚集加密；

(3) 胶体产物对孔隙的填充密实。

电渗排水对软土加固起到大部分作用，土体含水率的减少使抗剪强度和黏聚力提高，这是电渗处理后软土强度提升的主要原因。Wan 等[3]、申春妮等[4]认为土体含水率的减少使其抗剪强度和黏聚力提高，这是电渗处理后地基强度提升的主要原因，Micic 等[5]、Glendinning 等[6]、Fourie 等[7]的研究均表明土体的不排水剪切强度与含水率常呈负指数关系。

除电渗引起的水流运动以外，带负电荷的土颗粒在电泳作用下向阳极方向运动，使阳极附近土体的密实度和强度提高。同时，电渗过程中阳极附近产生一系列化学反应。以铁电极为例，阳极生成的 Fe^{3+} 向阴极移动并与阴极生成的 OH^- 作用形成 $Fe(OH)_3$ 胶体。液体中形成的氢氧化铁水溶胶体积远超过其干物质形态，对阳极附近的土体孔隙有较好的填充加固作用，同时向阴极方向扩散[8]。此外水的电解、产热、产气等因素对软土的电渗加固效果也有一定影响。

因此，电渗是水力渗流、热力渗流、化学渗流、电力流(包括电流和电渗流)的多场耦合行为。对于长度为 L、横截面面积为 A、孔隙率为 n 的土体，水流速率与不同的驱动力呈线性关系：

$$
\begin{aligned}
q_h &= k_h \frac{\Delta H}{L} A = k_h i_h A && \text{(a)} \\
q_t &= k_t \frac{\Delta T}{L} A = k_t i_t A && \text{(b)} \\
J_D &= D \frac{\Delta C}{L} n A = D i_c n A && \text{(c)} \\
I &= \sigma_e \frac{\Delta E}{L} A = \sigma_e i_e A && \text{(d)} \\
q_e &= k_e \frac{\Delta E}{L} A = k_e i_e A && \text{(e)}
\end{aligned}
\tag{1.1.1}
$$

(a) 即水力渗流，服从达西(Darcy)定律；

(b) 即热力渗流，服从傅里叶(Fourier)定律；

(c) 即化学渗流，服从菲克(Fick)定律；

(d) 即电流，服从欧姆(Ohm)定律；

(e) 即电渗流，与达西定律的形式相似。

式中，q_h 为水力渗流流量；q_t 为热力流流量；J_D 为化学流流量；I 为通电电流；q_e 为电渗流流量；k_h 为水力渗透系数；k_t 为热力渗透系数；D 为扩散系数；σ_e 为电导率；k_e 为电渗透系数；ΔH 为水头差；ΔT 为温度差；ΔC 为浓度差；ΔE 为电势差；i_h 为水力梯度；i_t 为热力梯度；i_c 为化学梯度；i_e 为电势梯度。

Mitchell[9]指出，大部分土体的电渗透系数范围处于$1\times10^{-9}\sim1\times10^{-8}\mathrm{m^2/(s\cdot V)}$，同时提供了水力渗透系数的典型试验值或参考值，如表 1-1-1 所示。

表 1-1-1 不同土的电渗透系数和水力渗透系数

编号	名称	含水率/%	电渗透系数 k_e /($10^{-5}\mathrm{cm^2/(s\cdot V)}$)	水力渗透系数 k_h /(cm/s)
1	伦敦黏土(London clay)	52.3	5.8	10^{-8}
2	波士顿蓝黏土(Boston blue clay)	50.8	5.1	10^{-8}
3	高岭土(kaolin)	67.7	5.7	10^{-7}
4	黏质粉土(clayey silt)	31.7	5.0	10^{-6}
5	岩石粉(rock flour)	27.2	4.5	10^{-7}
6	钠基蒙脱石(Na-montmorillonite)	170	2.0	10^{-9}
7	云母粉(mica powder)	49.7	6.9	10^{-5}
8	细砂(fine sand)	26.0	4.1	10^{-4}
9	石英粉(quartz powder)	23.5	4.3	10^{-4}
10	快黏土(quick clay)	31.0	2.0～2.5	2.0×10^{-8}
11	Bootlegger Cove 黏土	30.0	2.4～5.0	2.0×10^{-8}
12	西布兰奇大坝粉质黏土(silty clay, West Branch Dam)	32.0	3.0～6.0	$1.2\times10^{-8}\sim6.5\times10^{-8}$
13	安大略小皮克河黏质粉土(clayey silt, Little Pic River, Ontario)	26.0	1.5	2×10^{-5}

注：编号 1～9 土样的电渗透系数 k_e 和含水率数据源于文献[10]，水力渗透系数 k_h 为文献[9]估计范围；编号 10 土样数据源于文献[11]；编号 11 土样数据源于文献[12]；编号 12 土样数据源于文献[13]；编号 13 土样数据源于文献[14]。

Jones 等[15]绘出了细砂、淤泥、钠基膨润土等不同类型土的水力渗流与电渗流速率的对比曲线，更直观地展示了不同类型土水力渗流与电渗流在速率上的区别，如图 1-1-2 所示。

在土样横截面积和长度确定的情况下，电渗透系数可通过测量给定电势梯度下的流速来确定。均匀电场作用下，电渗排水速率可表述为

$$q_e = k_e i_e A = k_e \frac{\Delta E}{L} A \tag{1.1.2}$$

式中，k_e 为土体电渗透系数；ΔE 为施加在阴阳极之间的电势差；L 为电极间距；A 为土体横截面面积。

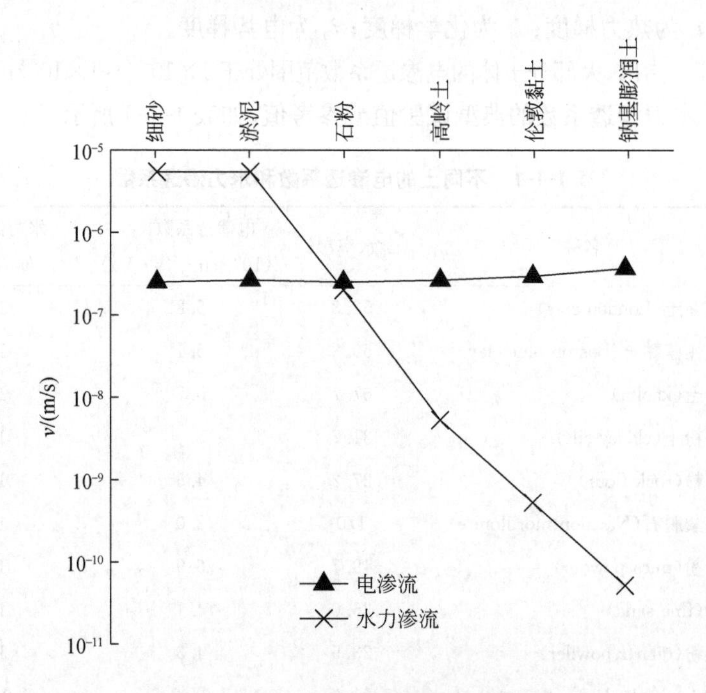

图 1-1-2 水力渗流与电渗流速率对比

用简易算例来说明水力渗流与电渗流的区别：假设细砂和黏土的水力渗透系数 k_h 分别为 1×10^{-5}m/s 和 1×10^{-10}m/s，而电渗透系数 k_e 均为 $5\times10^{-9}\mathrm{m^2/(s\cdot V)}$，为获得相同的水流速度，有

$$i_h=\frac{k_e}{k_h}i_e \tag{1.1.3}$$

如果以采用电势梯度为 20V/m 的电渗流速作为参照，为了获得相同的水流速度，细砂所需水力梯度为 0.01，而黏土则需要水力梯度达到 1000。由于电源要求、能耗损失的影响，以上分析仅为理想化的分析，但也能够说明：相对于水力渗透系数较高的细砂，对水力渗透系数较低的黏土采用电渗法进行处理更具优势。

为了定量描述电渗流速，有以下几种被广泛接受的基础理论：

1) Helmholtz-Smoluchowski(H-S)理论

该理论由 Helmholtz[16] 提出，并由 Smoluchowski[17] 改进，是最早提出且当前应用最广泛的一种。H-S 理论最初应用在描述充满液体的毛细管中，液体受电动力驱动的运动现象，如图 1-1-3 所示。电渗是在外加电场的作用下，液相流动而固相不动的现象。流动电位是在外力作用下，液相和固相产生相对位移，由此而产生的电位。

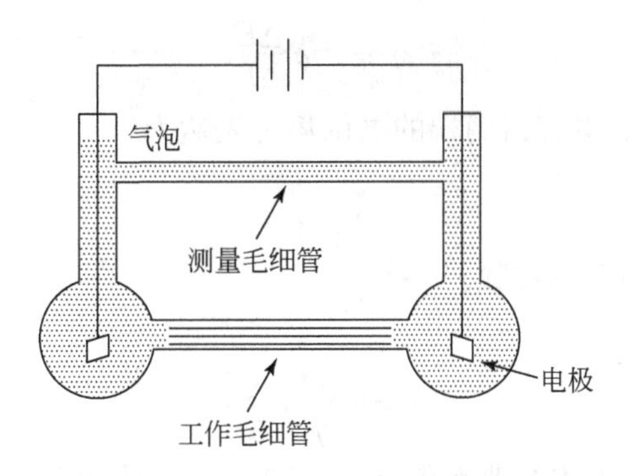

图 1-1-3　毛细管电渗模型示意图

由图 1-1-3 可见,机构由两个相互平行的玻璃毛细管组成,上面的毛细管中有一气泡,用来观察液体的流动。测定的毛细管两端装上两个可逆电极,整个体系是密封的,通电时电极表面不能有气泡产生。在毛细管两端加上电场后,电场力与黏滞力达到平衡时,扩散层的离子迁移速率就达到稳定[16]。毛细管圆柱体的半径为 a,它比 κ^{-1} 值大得多,在 κa 值大于 100 时符合 H-S 模型的要求。

充满液体的毛细管可简化为平行板电容器,电荷位于板表面或附近,反向电荷集中在离板较短距离的液体中,从而通过形成的栓塞流(plug flow)拖曳水分通过毛细管,如图 1-1-4 所示。

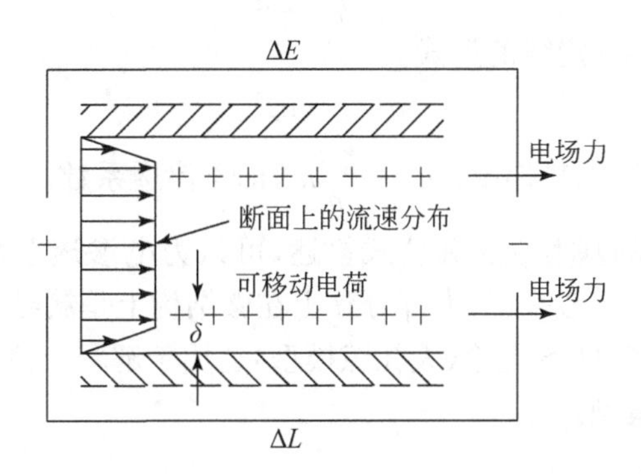

图 1-1-4　H-S 模型示意图

在电场力和液壁间摩阻力的平衡下,电渗流速达到稳定。假设 v 为电渗流速,δ 为移动电荷与壁面的距离,ΔL 为阴阳极之间的距离,它们之间的电场强度为 ΔE,单位面积的拖曳力为 $\eta \mathrm{d}v/\mathrm{d}x=\eta v/\delta$,其中 η 为黏度系数;单位面积的电场力为 $\sigma\Delta E/\Delta L$,其中 σ 为表面电荷密度。

$$\eta \frac{v}{\delta} = \sigma \frac{\Delta E}{\Delta L} \tag{1.1.4}$$

根据静电学概念，电容器两端的电位势可表达为

$$\zeta = \frac{\sigma\delta}{\varepsilon} \tag{1.1.5}$$

式中，ε 为孔隙流体的介电常数。

从而

$$v = \left(\frac{\zeta D}{\eta}\right)\frac{\Delta E}{\Delta L} \tag{1.1.6}$$

式中，ζ 为 Zeta 电势，土体的典型值在 0～50mV 范围，孔隙水含盐量越高则 Zeta 电势值越低。

因此，对于过水断面面积为 a 的毛细管柱，流量（与排水速率量纲相同）

$$q_a = va = \frac{\zeta D}{\eta}\frac{\Delta E}{\Delta L}a \tag{1.1.7}$$

对于 N 个毛细管柱，总过水断面面积 $A = Na$，流量

$$q_A = Nq_a = \frac{\zeta D}{\eta}\frac{\Delta E}{\Delta L}Na \tag{1.1.8}$$

孔隙率以 n 表示，实际过水断面面积为 $nA = Na$，因此土体电渗排水速率可写为

$$q_A = \frac{\zeta D}{\eta}n\frac{\Delta E}{\Delta L}A \tag{1.1.9}$$

可写成类似 Darcy 定律的形式

$$q_A = k_e i_e A \tag{1.1.10}$$

式中，$i_e = \Delta E/\Delta L$，即电势梯度；$k_e = \frac{\zeta D}{\eta}n$，即电渗透系数。

根据 H-S 理论的基本概念和公式描述，可认为电渗透系数、电渗排水速率与土体孔隙大小无关。一般来说，大部分黏土在微结构上是簇结构或团聚体结构，大孔隙比簇内孔隙更多，H-S 理论（大孔隙模型）适用于解释土体的电渗现象，是应用最广泛的一种理论模型。

2）Schmid 理论

由于 H-S 理论假定平衡离子层的延伸，可忽略且不考虑平衡表面电荷所用的附加离子，本质上是一种大孔隙模型。因此 Schmid[18,19] 提出了考虑以上因素的小孔隙模型。

假定平衡离子均匀分布在土体的孔隙水中，电场力在整个孔隙通道中提供相同的速度剖面。根据泊肃叶（Poiseuille）定律，对于半径为 r 的毛细管，流量

$$q = \frac{\pi r^4}{8\eta}\gamma_w i_h \tag{1.1.11}$$

单位长度的渗流力

$$F_H = \pi r^2 \gamma_w i_h \tag{1.1.12}$$

因此,流量还可写为

$$q = \frac{r^2}{8\eta} F_H \tag{1.1.13}$$

单位长度的电场力,等于电荷量与电势之积,即

$$F_E = A_0 F_0 \pi r^2 \frac{\Delta E}{\Delta L} \tag{1.1.14}$$

式中,A_0 为离子平衡中单位体积孔隙水的壁面电荷密度;F_0 为法拉第常数。

令 $F_H = F_E$,对于过水断面面积为 a 的毛细管柱,流量(与排水速率量纲相同)

$$q_a = \frac{\pi r^4}{8\eta} A_0 F_0 \frac{\Delta E}{\Delta L} = \frac{A_0 F_0}{8\eta} r^2 i_e a \tag{1.1.15}$$

对于 N 个毛细管柱,总过水断面面积 $A = Na$,流量

$$q_A = \frac{A_0 F_0 r^2}{8\eta} n i_e A \tag{1.1.16}$$

式(1.1.16)显示,电渗透系数会随着 r^2 变化而变化。因此,Schmid 理论(小孔隙模型)与 H-S 理论(大孔隙模型)不同,电渗透系数与孔径大小相关。

3) Spiegler 摩擦理论

Spiegler[20]提出的概念与上面两种理论的出发点完全不同,考虑了水分和离子运移相互作用,以及孔隙壁的阻滞作用,尝试从电渗基本机理上提升电渗效率。假定:①介质为理想选择性渗透膜,仅允许单一符号离子存在;②孔隙液中的离子完全解离。

细颗粒多孔材料包括吸收离子和自由离子的电渗水分运移方程如下:

$$\Omega = W_h - H = \frac{C_3}{C_1 + C_3 (X_{34}/X_{13})} \tag{1.1.17}$$

式中,Ω 为真电渗水流,mol/F;W_h 为测量电渗水流,mol/F;H 为离子水化引起的水流;C_3 为材料中自由水的浓度;C_1 为材料中移动平衡离子的浓度;X_{34} 为水和壁面之间的摩阻系数;X_{13} 为阳离子和水之间的摩阻系数。

C_1 和 C_3 的浓度是理论值,由于一些离子的不可移动性通常小于实测值,X_{13} 和 X_{34} 的取值由扩散系数、电导率、迁移数和水分运移决定。因此 Ω 方程实际上是一个预测性的方程,它的意义在于为复杂过程提供一个相对简化的物理表达。

Ω 方程还可写为

$$\Omega = W_h - H = \frac{1}{C_1/C_3 + X_{34}/X_{13}} \tag{1.1.18}$$

高含水率和大孔隙情况下,水和壁面之间的摩阻系数 X_{34} 可忽略,$X_{34}/X_{13} \to 0$,从而有

$$\Omega_{X_{34}\to 0}=C_3/C_1 \tag{1.1.19}$$

这一关系表明，高含水率和大孔隙情况下，水离子比越高，电渗流速越高；低含水率和小孔隙情况下，水和壁面之间的摩阻系数 X_{34} 不能忽略，因此降低了电渗流速。C_1 值越高，单位离子对应的水分越少，法拉第电流通量下的流速越低；X_{13} 值越高，离子对水分的拖曳力越强，流速越高。

对于高塑性、低渗透性的细颗粒土，传统的排水固结法处理效率不佳，而电渗法具有工期短、设备安装方便等优点，同时不会出现堆载造成的地基失稳，较适用于软土地基的加固处理[21]，如图 1-1-5 所示。

图 1-1-5　软土电渗加固现场

但在实际应用中也存在阳极腐蚀和脱开[22]、界面电阻导致的电压损失[23]、土体收缩和电极因素导致的不均匀变形和开裂[24]、电极产气滞留[25]、后期能耗较高等影响电渗处理效果的因素。近年来电动土工合成材料（electrokinetic geosynthetics，EKG）的开发和使用，降低了电极腐蚀的负面影响。EKG 是一个较为广义的概念，通常由导电高聚物、导电金属或纤维、滤布等组成并具备相应的外部形状如沟槽等[26]，起到滤土排水、加筋等作用，在一定程度上能够替代金属电极。

1.2　软土电动修复机制

土地是人类活动的基础，同时也作为生产资料为人类提供食物，是最基本、最广泛、最重要、不可代替的自然资源。由于人类活动产生的污染物通过多种途径进入土体，超过土地的环境容量和自我净化能力，形成了土体污染。根据土体污染物来源的不同，可分为无机污染和有机污染。无机污染物主要包括盐、碱、酸、F、Cl，以及 Hg、Cd、Cr、As、Pb、Ni、Zn、Cu 等重金属等；有机污染物主要包括有机农药、石油类、酚类、氰化物、苯并芘、有机洗涤剂等[27]。例如，河湖库塘在淤泥沉积和水土流失下，形成黏附力较强的淤泥质软土，于水体底部长年淤积并不断向水体释放污染，清淤作为河湖库塘治理的重要方式之一，短时间清出的大量淤泥需要得到排水加固和污染物减量；还有工业“三废”的排放，农田、滩涂、地基软土等遭受不同程度的重金属污染、有机物污染，需要得到进一步修复处理。现有的土体修复技术包括生物修复、物理修复、化学/物化修复、联合修复技术等。

岩土材料中的细颗粒表面常带有负电荷，在表面负电荷的作用下，黏土颗粒周围会吸附一层阳离子，极性水分子在表面负电荷的作用下定向排列在黏土颗粒外，被吸附的阳离子和定向排列的水分子在黏土颗粒表面形成双电层[28]。电动修复技术是在污染土中施加直流电场，利用溶剂电渗和溶质电泳将污染土中的重金属离子或有机污染物定向迁移至某一电极附近的富集室[29]，从而使土体得以修复。与其他修复技术相比，电修复技术处理速度快、成本低，特别适用于处理低渗透性土中的水溶性污染物，而对于非水溶性污染物，可通过化学反应将其转化为水溶性化合物再脱除，从而达到电动修复目的[30]。

电极反应在阴、阳极分别产生大量的 OH^- 和 H^+，使电极附近的 pH 分别上升和下降，造成向阴极迁移的阳离子沉淀。因此，pH、Zeta 电势及土体化学性质等因素对电动修复效果影响很大。如 Cr 污染土的 Cr(Ⅲ)化合物通常带正电，Cr(Ⅵ)化合物通常带负电，它们分别往阴极和阳极迁移，pH 对铬污染土体的电动修复影响更为复杂；除受聚焦效应影响外，阳极酸性环境中，土体对 Cr(Ⅵ)化合物的吸附亦增大，电动修复效率降低[31]，因此有学者提出使用交换电极法(阴阳极互换)强化电动修复[32]。

Isosaari 等[33]采用电动修复与化学氧化相结合对多环芳烃(PAHs)污染土进行原位处理，结果表明两种化学氧化剂比单独采用电动处理有更多的正氧化还原电位，但过硫酸盐降低了电渗流速，两者的相互影响机理需要进一步研究。Reddy 等[34]研究了氧化剂用量对土体污染物电动修复的综合影响，结果表明需要优化 H_2O_2/催化剂浓度、电压梯度及土体 pH，提高镍的去除效率。为了增强电动修复效果，刘国等[35]研究表明加入乙酸、柠檬酸、乙二胺四乙酸(ethylene diamine tetraacetic acid，EDTA)等 3 种添加剂均有利于提高镉离子的电迁移效果。Suzuki 等[36]研究了电动修复过程中添加乙二胺二琥珀酸(S，S-EDDS)对土中 Pb 修复的影响，结果表明采用络合剂与电动技术联合使用可提高 Pb 的去除率。周东美等[37]控制柠檬酸和乳酸酸度外加EDTA络合剂，对铬在黄棕壤中的电动修复过程进行研究，以上添加剂的加入改变了电动过程中的电渗流、铬的分布及总铬的去除率。

除了不同添加剂和联合修复方法外，控制参数如电极布置、电压、温度等在电动修复过程中也会对处理效果产生很大影响。Reddy 等[38]在多环芳烃污染土的处理过程中采用了高电势梯度(2V/cm，直流)和间歇通电的模式进行处理，认为每一次重新加载令短时电流值更高，对污染土形成冲击使一些离子变得可溶，增强了污染物去除效果，对地基加固机理有一定参考意义。Kim 等[39]在现场试验采用较密的电极布置对污染土进行电渗修复，认为通电电流较高造成了不必要的能耗损失；同时土的温度上升(其中1组试验升高50℃)，排水和污染物有向表层移动的趋势。Méndez 等[40]研究表明，电极材料的选择对电动修复效果有较大影响，碳电极可较好吸附处理土体中的有机污染物。电动修复加固过程中，土体温度存在逐渐升高、随后降低并趋稳的过程。胡宏韬等[41]研究了电动修复加固过程中阴阳极的温度变化，温度分布由阳极到阴极逐渐增高，阴极附近电阻升高令导电率降低，从而降低了修复效率。

电动修复过程中土体pH变化对试验结果影响较大，Saichek 等[42]研究了在多环芳烃污染的土体中，通过控制阳极附近的pH来抵消电解反应以改善低酸性缓冲土体的修复效果，结果表明控制pH后有效增加了污染物的溶解；Acar 等[43,44]研究表明，土体中pH的下降取决于阳极附近产生酸的数量和黏土的缓冲能力；Zhou 等[45]评价了增强剂对铜污染红土电动修复效率的影响，当使用不同的增强剂时电渗流速率存在显著不同，乳酸+NaOH相对HAc-NaAc和HAc-NaAc+EDTA使土体电导率更高，EDTA与Cu离子形成带负电荷的络合物并缓慢向阳极迁移，阻止Cu离子向阴极迁移，不能提高红土对Cu离子去除效率。

但在使用人工螯合剂提高重金属电动去除效果的同时，添加剂本身的生物毒性也限制了大规模的应用。已有研究表明，乙二胺四乙酸(EDTA)、乙二醇双四乙酸(EGTA)、二乙基三胺五乙酸(DTPA)等螯合剂的应用会导致蔬菜中生物质能降低。Luo 等[46]研究表明，使用EDTA导致玉米量减产了30%，且引起蚕豆叶片产生微黄和坏死现象。

污染土的电动修复过程包括了电渗、电迁移、电泳、对流、扩散、弥散、吸附解吸附等作用。忽略占比较少的胶体电泳，合称分子扩散和机械弥散作用为扩散。电动修复过程主要包括：①电渗流；②电迁移；③对流；④扩散；⑤吸附与解吸附。

1.2.1 电渗流

电渗流[47]指的是土体孔隙中的液体在电场作用下由于其带电双电层与电场

的作用而做相对带电土体表层发生移动。电渗通量 J_j^e 的计算公式如下：

$$J_j^e = (c_j/c_w)k_i I \tag{1.2.1}$$

式中，c_j 为化学物质的质量浓度；c_w 为水的质量浓度；k_i 为水的电渗迁移效率，$k_i = k_e/\delta^*$，δ^* 为有效电导率，k_e 为电渗渗透系数，$k_e = \frac{\varepsilon\zeta}{\eta}n$，$\varepsilon$ 为介质的介电常数，η 为流体的黏度系数，n 为土体孔隙率，ζ 为固液界面的电极电位（亦可称为 Zeta 电势），$\zeta = A - B\log c_i$，c_i 为电解质的总浓度，A、B 为常数。

1.2.2 电迁移

电迁移[48]是指带电离子在土体溶液中朝着带相反电荷电极方向的运动，一个运载离子 J 在横截面积为 A 的线性物质传递体系中所贡献的电流为

$$i_j = \frac{z_j^2 F^2 A D_j C_j}{RT}\frac{\partial\phi}{\partial x} \tag{1.2.2}$$

式中，D_j 为离子 j 的物质扩散系数；$\partial\phi/\partial x$ 为电势梯度，对于线性电场，$\partial\phi/\partial x = \Delta E/l$。

式(1.2.2)表明，电迁移对电流的贡献与离子所带电荷数、扩散系数、温度及电势梯度相关。

1.2.3 对流

对流传质的形式[49]包括自然对流和强制对流两种形式。自然对流是指溶液体系由于局部浓度、温度的不同引起密度差异产生的对流；强制对流通常是由外加搅拌作用引起的。流体自身的流动使污染物发生相对运动，产生空间位置的变化。流体流动的存在就会引起对流的发生，重力势能、浓度差、温度、电势等都会使流体发生相对运动。对流引起的迁移通量：

$$J_V = -cK\nabla\phi \tag{1.2.3}$$

通过对流引起物质的流量 $J_{对}$（单位时间内通过单位横截面积的物质量）为

$$J_{对} = \boldsymbol{v}\boldsymbol{c}_i = (v_x + v_y + v_z)\boldsymbol{c}_i \tag{1.2.4}$$

式中，$\boldsymbol{c}_i$ 和 $\boldsymbol{v}$ 分别表示流量和速度矢量。

电活性物质的流量承载了溶液中的电流传导，因此式(1.2.4)建立了物质对流传质过程对电流的贡献。

1.2.4 扩散

溶液中某种组分在浓度梯度作用下，发生由高浓度向低浓度转移的现象，称为扩散现象，通常可采用菲克定律描述此种扩散过程[50]。

菲克第一定律描述了流量和浓度之间的函数关系，即在时间 t、位置 x 处，物质

流量与浓度的关系为

$$J(x,t) = -D\frac{\partial C(x,t)}{\partial x} \tag{1.2.5}$$

式中，D 为物质的扩散系数。

菲克第二定律描述了浓度随时间的变化关系为

$$\frac{\partial C(x,t)}{\partial x} = D\nabla^2 C(x,t) \tag{1.2.6}$$

如果电极上仅发生 $O+n_e=R$ 的反应，且完全由扩散完成传递过程，由菲克定律可以得到

$$-J(0,t) = D\left[\frac{\partial C(x,t)}{\partial x}\right]_{x=0} = \frac{i}{nFA} \tag{1.2.7}$$

$x=0$ 处为反应电极表面，A 为反应电极面积，式(1.2.7)给出了电极表面电活性物质浓度与电流的关系式。

1.2.5 吸附与解吸附

水溶液中的吸附过程主要是溶质在溶液中从自由的离子状态被固定到固体表面之上的一个过程。反之，溶质脱离固体表面的过程即为解吸附。无机阳离子的主要吸附模式包括化学吸附和物理吸附，前者包括离子交换、化学沉淀和表面沉淀过程，后者包括静电吸附及粒内扩散过程[51]。

(1) 离子交换：土体表面双电层中的阳离子被溶质置换从而被固定的过程，此过程是可逆的[52]。

(2) 表面沉淀：土体组分中存在碳酸盐、硫化物等物质时，无机离子从溶液中的自由状态转化为固态而沉积在土体表面的过程。化学沉淀与表面沉淀的区别是，前者仅指溶液中离子的沉淀且其反应发生在水溶液中，后者是离子在土体表面的沉淀且其反应发生在界面上。

(3) 静电吸附：黏土颗粒的表面通常带负电，因此带正电的阳离子会在黏土矿物的表面因静电力的作用而产生吸附。

(4) 粒内扩散：天然土体中普遍存在着集粒结构，集粒内具有丰富的孔隙，因此土颗粒外部水溶液中的离子在浓度梯度作用下向孔隙内扩散，然后被固定在土颗粒内部。

水溶液中的溶质在土体表面的吸附通常可以用 Henry、Freundlich、Langmuir 等吸附模型来描述。

(1) Henry 模型：

$$\begin{cases} W_s = k_p C \\ W_s = mC - b_m \end{cases} \tag{1.2.8}$$

式中，W_s 为固相吸附的溶质质量，g/kg；C 为液相溶质的质量浓度，mg/L；k_p 为吸附分配系数，即污染物在液固两相中的分配比例，表示污染物的迁移能力，数值越小越难被吸附，L/kg；m 为回归系数；b_m 为截距单位，表示无污染物时土体释放的污染物量，mg/L。

(2) Freundlich 等温式：

$$S = K_d c^N \tag{1.2.9}$$

式中，S 为吸附量；c 为吸附项的浓度；K_d 为吸附系数。

(3) Langmuir 等温式：

$$S = \frac{K_L m C}{1 + K_L C} \tag{1.2.10}$$

式中，K_L 为土粒表面对溶质吸附强度的量度；m 为土粒可吸附的最大溶质量，mg/g。

Langmuir 等温式只考虑了土粒对离子的吸附作用，未考虑解吸附和离子交换作用。

(4) 指数型等温式：

Devulapalli 等[53]提出了指数型的等温式。假定土粒所吸附的溶质量 S 与吸附达到平衡后土体溶液中溶质浓度 C 呈指数关系，可以得到

$$S = \alpha(1 - e^{-bC}) \tag{1.2.11}$$

式中，α、b 为常数，其中常数 b 为土粒可以吸附的最大溶质质量。

1.3 软土电渗加固特性与控制因素

电渗法主要依靠导电材料和能源，结合处理工艺的特殊性，可在合理开发使用远程监测控制等技术后减少劳动力的使用。软土电渗加固研究现状表明，试验研究领先于理论研究，工程应用开始由小规模向中等规模逐步谨慎推进。试验研究主要有以下目的：①寻求改善电渗效果的方法；②研究电渗加固过程中的沉降和强度增长等内在机制；③为工程设计和应用提供参考依据。试验研究采用的装置类型一般包括：

(1) 一维矩形试验槽或轴对称圆柱形试验容器。一维矩形试验槽的设计相对简单且组装简便，试验槽双侧为板状电极，排水汇集到阴极流出。按上述设计，横向渗流速率较小可视为一维电渗渗流问题。这种装置适用于不同电极材料对比[22,54]、电极反转、间歇通电[5,55]等对比试验，能够保持双侧条件对称一致。另外也有少量试验槽采用非对称电极组合，以及电极和排水管分置的设计[56]。轴对称圆柱形试验容器一般选择圆心位置设置阴极多孔管排水，使阴极与多阳极形成等距[57]，在联合其他方式如低能量强夯共同处理时便于方案实施和多点监测。

（2）一维圆柱形试验容器及非常规试验装置（如土工袋）。一维圆柱形试验容器的电极设置在顶部和底部，制作工艺相对精密，借助高精度微型设备测量孔压和沉降，通常用于堆载-电渗耦合的固结试验[58]；也可改造成类似三轴试验仪的装置，精确施加不同的初始应力进行电渗试验[59]。近年来出现如电动土工袋[60]等特殊形状的装置用于软土处理，在工程应用上提供了更多选择。

（3）现场试验和缩尺试验。现场试验能够较为准确地反映地基处理的真实效果，由于费用问题开展不多，近年的发展趋势是对导电塑料排水板等新材料进行电渗效果的现场测试[21]。出于节约研究成本的原因，一般采用室内缩尺试验，如电极布置形式对电渗效果的影响研究[61]。Lo 等[62]对电渗 43 天和 10 个月后的土体进行十字板剪切现场试验，土体不同深度处加固效果均匀；但室内试验结果通常表明上层土的强度增长要明显高于下层土[56]，现场试验和缩尺试验的结果存在差异，是否为尺寸效应引起尚需进一步研究。

H-S 理论的土体电渗排水速率表达式说明，孔隙率、含水率、电导率等土体参数同时影响电渗透系数。Jayasekera[63]获取了高岭土和膨润土的电渗透系数 k_e，其值均在 $10^{-5}\text{cm}^2/(\text{s}\cdot\text{V})$左右，认为电渗透系数与土的种类无关，与电渗时所加载的电势梯度也无关。理想状态下将孔隙水电容率和黏度视为常数，孔隙率保持不变，那么电渗透系数 k_e 值的变化与 Zeta 电势是相关的。一般采用电泳仪测定土的 Zeta 电势，不同类型土存在较大差异。Shang[64]研究了多种黏土的 Zeta 电势，发现 Zeta 电势与其电渗透系数呈正比关系，这与 H-S 理论所述规律一致，数据如表 1-3-1 所示。

表 1-3-1　黏土的电势和电渗透系数

黏土种类	ζ/mV	$k_e/(10^{-9}\text{m}^2/(\text{s}\cdot\text{V}))$
灰土	64	0.72
棕土	97	2.86
格洛斯特土 H	96	2.00
格洛斯特土 A	141	3.69
格洛斯特土 B	139	4.56
磷质土	62	0.70
华莱士堡土	87	1.50
奥尔良土	22	—
高岭土 1	129	3.60
高岭土 2	149	3.70

将表1-3-1中的电渗透系数归一化后，土的孔隙率 n 与 ζ 有以下关系：

$$\frac{(k_e)_m}{n}=2.84+0.0634\zeta \tag{1.3.1}$$

上述文献中的 ζ 取的是绝对值，用于式(1.3.1)中时其符号为负，水流向阴极移动。黏土颗粒表面所带电荷性质与其溶液的pH有关，pH降低后黏土颗粒表面所带负电荷也可转变为正电荷，影响 ζ 值。在处理污染土、尾矿土等特殊土时，由于pH变化范围大，ζ 符号可正可负。根据H-S理论，当pH低于某特定值时，电渗阴极出流速率会减小甚至反转至阳极出流[65]。在pH波动的情况下，高岭土相比膨润土在 ζ 上变化更大[66]。电渗处理后的土体不排水抗剪强度 c_u 值，从阳极到阴极通常呈下降趋势[5]。

电渗处理软土的过程中，随着孔隙水的排出土体孔隙比不断减小，同时伴随土体电导率的下降[67]。陶燕丽[68]考虑软土含水率与电导率的关系，在排水速率-电流为线性关系的基础上推导了电渗排水量计算方法。吴辉等[69]则是将电导率随孔隙比的变化规律加入高岭土的电渗固结模型，但电渗透系数保持不变。Lee等[70]的试验结果表明，Na^+ 和 Cl^- 均较易从土中去除，铁电极对 SO_4^{2-} 质量分数的降低更有效，电动过程中土体电导率下降很快。因此对于高含盐量土，电渗过程中含水率和含盐量的降低同时引起了电导率的降低。电导率的变化会同时影响"内因"和"外因"，影响到界面电阻的变化进而改变有效电势梯度。在不同类型土的电渗加固对比中，"内因"不同的情况下，土体的电导率很难保持相同，也即"外因"不同。

Jeyakanthan等[59]研究表明，电渗透系数 k_e 不随电势梯度或有效应力改变而变化，基本在一个数量级范围内；渗透系数采用固结仪进行测试，显示渗透系数与孔隙比呈幂函数关系。Kaniraj等[56]认为，高比表面积是有机土电渗效果好的原因。Jayasekera等[71]加入石灰改变土质进行电渗，其最终强度提高量由未加入时的100%增至将近200%，土的类型、黏粒含量不同使复杂的电化学过程后在抗压强度上存在差异。Guo等[72]对含水率达171.3%且主要成分为伊利石、高岭石和石英的油砂尾矿进行了电渗处理，在不同电流密度下，电渗透系数 k_e 处于 $7.68\times10^{-9}\sim1.44\times10^{-8}\,m^2/(s\cdot V)$，相应的 k_e/k_h 比值处于4.25～7.96。

Bjerrum等[11]认为低含盐量、低电导率软土的电渗处理能耗更低，在减少地基土含水率的同时，可成倍提高土的抗剪强度，极大降低土的灵敏度。曾国熙等[73]将电渗加固后的土体作浸水处理，发现浸水不影响加固后土体的压缩特性。对加固效果的评价通常是对电渗处理后的土体进行整体、部分和取样进行测试研究，常见手段有：

(1) 强度测试，如现场和室内十字板剪切试验；

(2) 土体微观特性测试，如扫描电子显微镜(scanning electron microscope,

SEM)和压汞法(mercury intrusion porosimetry,MIP)等;

(3) 土体成分测试如X射线荧光(X-ray fluorescence,XRF)光谱分析、质谱仪法等。

Lo等[62]进行的十字板剪切现场试验结果表明,土体的不排水抗剪强度从未处理时的18kPa增加了60%,抗剪强度的增长没有深度效应,电渗处理完成43天和10个月后的十字板剪切试验结果无差别。Micic等[5]采用微型十字板剪切仪在3.5cm和13.5cm深度处对阳极附近、阴极附近和两者中间位置的土体进行了不排水剪切强度的测试。Xue等[22]研究表明,软土经不同电极电渗处理后,剪切强度与含水率均呈负指数幂关系。李一雯等[61]对室内电渗处理后的表层土体进行微型十字板剪切测试,阳极附近的抗剪强度远高于阴极附近,但大量裂缝发展导致可测位置不多。

电渗加固后的土体不仅在宏观力学特性上发生改变,微观特性也发生变化。Kaniraj等[56]对有机土进行了SEM测试,显示单个微粒是长条形的并具有多孔结构的特性,通常尺寸小于150μm,厚度在40~50μm。Wu等[74]对电渗后阳极附近钠基膨润土的微观结构进行了SEM测试和能量色散X射线荧光分析(energy dispersive X-ray spectroscopy,EDX),结果显示钠基膨润土的微结构在电渗过程中由絮凝结构改变为团聚体结构,吸水能力相应降低;EDX结果表明铜铁电极电渗将土中钠离子替换为铜铁离子,降低了晶格之间的间距,使吸水能力下降。MIP测试结果通常都表明电渗后土样孔隙率显著减小,孔径相比未处理土样也更小[75]。陶燕丽[68]采用电感耦合等离子体质谱技术测量土体和排水中的金属元素含量,表明不同电极反应生成的离子对电渗过程的影响较小。

我们将外加条件,如电势梯度、通电形式和电极布置形式等定义为电渗的控制因素,考虑到电极材料一般不影响土体性质,也将其归类为控制因素。

通电形式方面,为了保证用电安全及电渗流方向的唯一性,一般采用直流电源进行电渗。试验研究采用的电势梯度范围在0.1~2.0V/cm不等,大尺寸试验一般采用较低的电势梯度。除需要考虑安全电压和电流,也要兼顾处理效果。实际情况是随着土的类型、电极类型、电极间距发生变化,都影响最优电压的取值。常见的通电形式有恒定电压连续通电、间歇通电、逐级加载电压、整流的交流电[76]以及电极转换。E为加载电压,t为加载时间,电源电压的不同加载形式如图1-3-1所示。

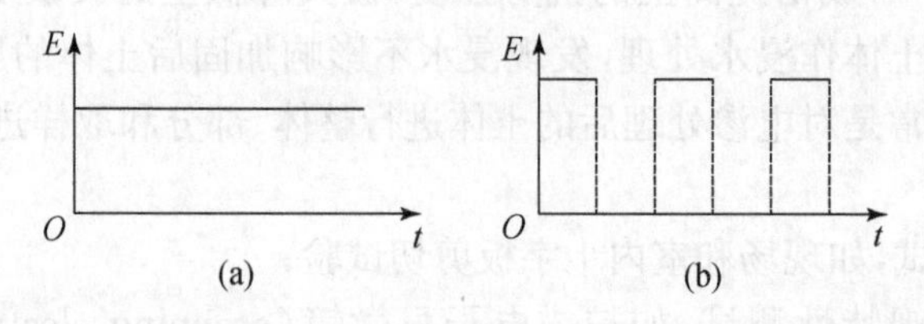

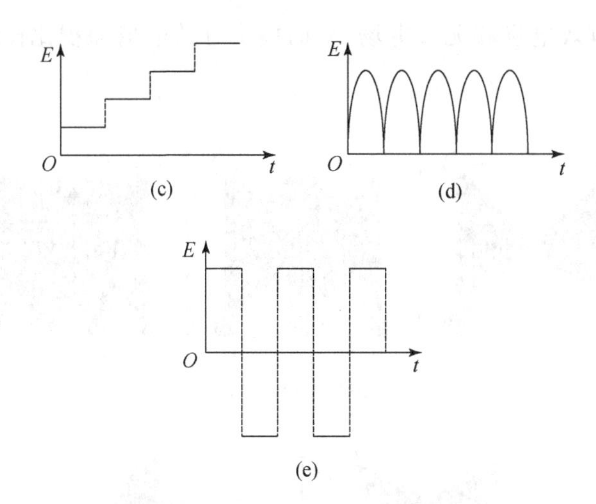

图 1-3-1　电源电压的不同加载形式

龚晓南等[77]对间歇通电和持续通电进行了对比研究，在通电时长相等的情况下，间歇通电的电渗处理效果相对均匀，但排水量偏少、能耗系数偏高；刘飞禹等[78]采用逐级加载电压进行电渗，认为合理的电压加载方案能够降低能耗，在后期升高电压提升处理效果。我们认为逐级加压之所以总体能耗不高，主要是因为初期低电压带来的低能耗。电渗过程中最大负孔压发生在阳极，孔压零值发生在阴极，阳极排水较快并在附近土体产生裂缝，与阴极的差别造成了不均匀现象。Shang 等[79]进行电极反转电渗试验，认为它有利于土体的均匀处理。Wan 等[3]在理论上证实了其有效性，电极反转后双倍电势作用下其有效应力在短时间内大幅增长。陈卓等[55]采用模型试验测试了电极反转的效果，得出反转周期越短效果越差，以及平均抗剪强度差于常规电渗的结果。以上结论是可以理解的，电极反转后孔隙水存在短期内来回流动的过程，往返消耗的能量不增加排水；同时多数土体的不排水剪切强度与含水率呈负指数关系[5,6]，在含水率降低值相同的情况下，不均匀处理在平均抗剪强度的结果上会好于均匀处理。从数据上看，电极间的局部均匀也不如场地的均匀那么重要。因此间歇通电和电极反转此类技术，可能需要联合其他方式处理使效果更佳。电极反转和交流电在技术原理上是相似的，Yoshida 等[80]将交流电频率降至 1Hz 并与直流电的处理效果进行对比，认为交流电的前期处理效果不如直流电，而交流电在后期的电极-土接触电阻增长比直流电要慢，后期处理效果不比直流电差。Chien 等[76]通过半波整流器将交流电转换为仅有正电压的曲线，如图 1-3-1(d)所示，为电源解决方案提供了新的思路。

电极布置形式方面，Alshawabkeh 等[81]认为在二维情况下，可按电场强度将处理区域分为有效电场和无效电场，从而提出有效电场面积比概念，如图 1-3-2 所示。

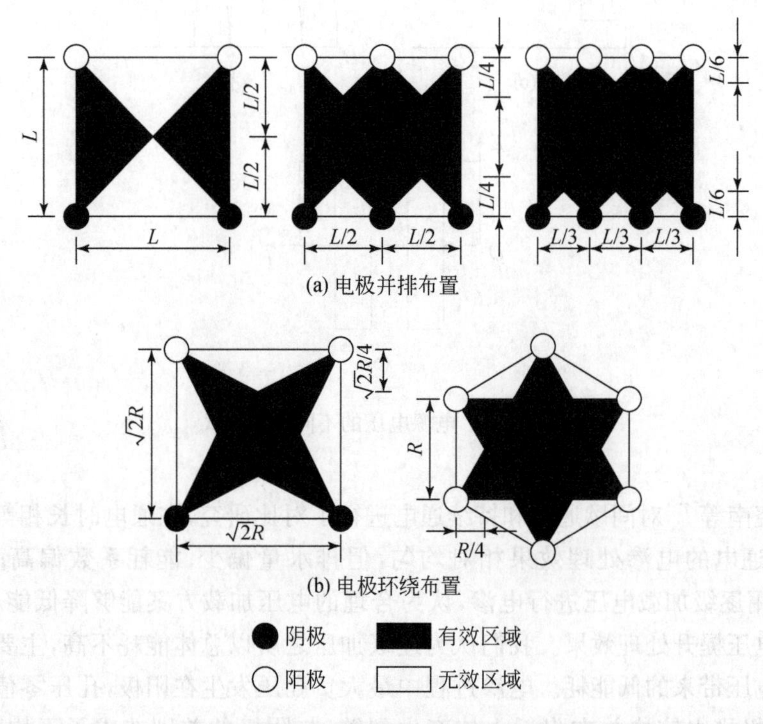

图 1-3-2　有效电场区域的近似估计

增加电极数目、减小同性电极间距可增大有效电场面积比，这种理论能解释电极布置对电渗效果的影响。Tao 等[82]对杭州淤泥进行了矩形、六边形、交错排列 3 种电极布置形式的电渗试验，排水量、土的最终含水率和抗剪强度结果显示六边形布置是最优的，其能耗系数最低。电极布置形式研究目的在于寻找到电极数量和电渗效果的平衡点，但现实中很难认定某种方式是最优的；能耗系数、处理效果、电极成本等因素都有其权重分布，若事先未设定实施规范和准则，则无法判断最终结果的优劣。

电渗过程会对金属电极材料特别是阳极造成严重腐蚀[22]，腐蚀后的电极表面形貌如图 1-3-3 所示。

根据法拉第(Faraday)定律[83]，阳极腐蚀量与电荷量线性相关。电极表面腐蚀为电渗带来较大的负面作用，除产生更大界面电阻以至于影响电渗有效电势外，还造成金属资源的损耗。Xue 等[22]对比了铜、铁、铝 3 种金属电极的电渗效果，铁电极最佳，其有效电势梯度和电流下降慢、排水量最大。陶燕丽等[54,68]认为，铜作

(a) 铜电极(阳极)

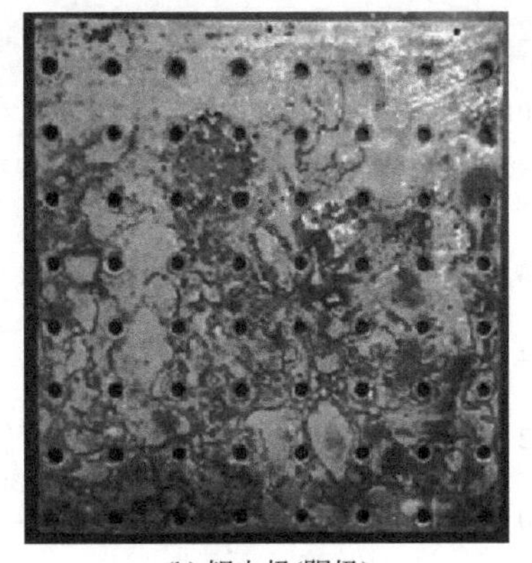
(b) 铝电极(阴极)

图 1-3-3 电极的腐蚀形貌

为阳极材料在电渗中电化学钝化明显,大幅降低了电渗效率,石墨作为惰性电极在有效电势上表现更好。Wu 等[84]研究表明,金属材料相对于惰性材料石墨在电渗中对土的物理化学性质如微结构和离子交换改变更加明显。

Glendinning 等[26]采用含导电元素的高分子材料研制电动土工合成材料(EKG),让电极腐蚀的负面影响最小化,不过电极-土的界面电阻相对金属更高[23]。电渗试验的每一次创新尝试,解决部分问题也往往带入了其他问题,同时产生了研究的拓展空间。EKG 是一个较为广义的概念,它通常由导电高聚物、导电金属或纤维、滤布等组成并具备相应的外部形状,如沟槽等,包含了滤土排水、加筋、电动等功能,在一定程度上能够替代金属电极。除了起到电渗排水作用[58],材料加筋等作用也能促进固结、增加土体抗剪强度[6]。特别是对于处理尾矿土和高盐土等金属电极腐蚀较严重的情形,EKG 材料有其用武之地。边坡处理等非对称、难上设备的工程条件,质轻易安装的 EKG 材料在应用中更为便捷,也有采用外置阴极排水袋以便收集排水的辅助措施[85]。国内 EKG 试验研究方面,胡俞晨等[86]采用导电塑料丝和土工织物制作土工合成材料进行了室内试验,孙召花等[87]采用导电塑料排水板进行了加固吹填土的现场试验,均达到较好的处理效果。

大部分研究者的试验结果表明,阴阳极附近存在较大的界面电阻,土体两端形成明显的电势降[23],导电性差的电极如 EKG 尤为突出,电压 E 与距阳极距离 d 的关系如图 1-3-4 所示。

Zhuang 等[23]认为该区域存在电流的过渡区,界面电阻随着导电面积比的增加而减小。Lefebvre 等[88]利用模型试验装置研究界面电阻降低对电渗效果的提

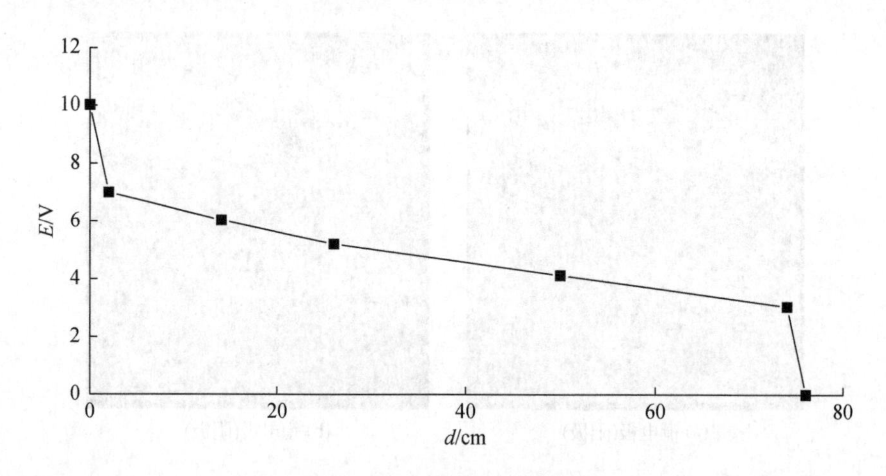

图 1-3-4 界面附近电势降现象

升,采用的方法是在阳极附近注入含盐溶液以减小电极-土的界面电阻,在超固结土的电渗中电能利用率是不加溶液的 2 倍。对于电渗过程中土体收缩以致阳极-土界面电阻增大的情况,Shen 等[89]、刘飞禹等[78]利用变动阳极位置如跟进和移动来解决该问题并取得了不错的效果。降低界面电阻引起的能耗损失属于物理方法,提高了电渗处理的电能利用率。

1.4 软土电渗联合其他工法的应用

为提升电渗加固效果、降低综合处理成本,除需研究电渗加固特性和控制因素,试验和应用中常考虑联合其他方式共同对软土进行加固处理。

王柳江等[90]认为初期采用真空预压法处理,等土体含水率降至 85%的最佳临界值后再实施电渗可有效加速其排水进程,并且电渗法弥补了真空预压法对深层土加固效果较差的缺点。Wang 等[91]将真空预压与电渗法联合使用,全程使用真空预压,当真空预压处理效果降低时启用电渗装置。Sun 等[92]利用电动竖向排水体(electric vertical drains,EVD)并联合真空预压对吹填土进行了现场电渗处理,比仅采用真空预压处理的效果更好,EVD 减少了材料损耗和环境污染;但 EVD 在真空预压下阴阳极均为排水边界,与电渗水流方向存在互相干扰的问题,因此需考虑交替时间和频率的控制问题。除真空预压外,符洪涛等[57]采用低能量强夯与电渗法联合使用加固软土地基,改善阳极附近裂缝提高了加固效果;胡平川等[93]采用了电渗-堆载联合气压劈裂的混合工艺进行了室内模型试验,虽然在能耗上差别不大,但增加气压劈裂后排水量增加、强度增长效果更好,实施气压劈裂在处理前期有效。

电渗作为一种电化学现象，联合使用化学方法也能够提升其电渗效果。Ozkan 等[94]在高岭土中注入磷酸铝溶液，电动过程平均提高了 30%的界限含水率值，铝离子和磷酸根离子改变了孔隙水的特性，在离子交换和沉淀机制上起作用增加了抗剪强度。Alshawabkeh 等[95]测试了添加硝酸和磷酸后土的电渗透系数，在处理前期分别会高于和低于未添加情况。Ou 等[96]在电渗时加入不同的盐溶液，同等条件下加入 $CaCl_2$溶液后不排水抗剪强度提高 25%，处理时间缩短 40%，相比未加入情况电渗效果显著提升；土中加入 $CaCl_2$溶液后电渗透系数提高 172%，是电渗效果提升的根本原因[97]。在电渗中发现 $CaCl_2$溶液的注入导致阴极附近形成黏合区[98]，采用不同电极尺寸、电压和电极间距进行对比试验，得出电场强度增大 N^2倍后，黏合区半径会随之增大 N 倍。

注入不同类型化学溶液对电渗的作用因情况而异，有机添加物在电渗处理软土中的研究也有报道。Dussour 等[99]研究认为，表面活性剂会降低渗滤效果，尽管如此，添加低摩尔浓度的表面活性剂能提高电渗效率、减少电渗时间和能耗，最优摩尔浓度的选取十分重要。Yeung 等[100]研究乙二胺四乙酸(EDTA)的添加对高岭土的电渗处理效果，在阴极处添加 EDTA 可增强试样中镉的去除效果，并影响电渗流方向；尽管电渗流为阴极方向，但镉依然在阳极附近富集。Khodadoust 等[101]选取无毒性的环糊精作为添加剂增强 2,4-二硝基甲苯(DNT)的吸附和去除作用；相比去离子水，添加溶质质量分数为 1%或 2%的 β-环糊精使电流强度和电渗流明显增强。以上研究属于改变土体理化性质的化学方法。

目前关于电渗联合其他方式加固地基的研究需要进行大量重复试验，通过能耗、排水效果、强度增长等因素判断有效性。部分学者在试验设计初期即考虑了不同排水机制的共同作用机理，而大多数研究仍处于先试验现象后机制分析的阶段。电渗联合其他方法的研究尚未满足工程设计和计算的应用需要，处理结果、能耗和成本难以预估，联合其他方法的复杂加固机理需进一步展开研究。

1.5 软土电渗理论与数值方法

电渗固结理论方面的研究，最初有 Esrig[102]通过基于水头差和电势差引起的渗流可叠加原理，结合太沙基一维固结方程提出了电渗一维固结理论，之后大量的理论研究和数学建模建立于 Esrig 固结理论基础之上。

Esrig 理论采用如下基本假定：

(1) 土体均匀、饱和且土颗粒不可压缩；

(2) 电渗流流速与电势梯度呈线性关系；

(3) 电势梯度保持不变且完全被土体所用;

(4) 水头差和电势差引起的渗流可叠加;

(5) 不考虑电极附近发生的电化学反应和热效应。

因此,水头差和电势差引起的总渗流量

$$q = q_{\mathrm{h}} + q_{\mathrm{e}} = -\frac{k_{\mathrm{h}}}{\gamma_{\mathrm{w}}}\frac{\partial u}{\partial x} - k_{\mathrm{e}}\frac{\partial E}{\partial x} \tag{1.5.1}$$

渗流停止的时刻 $q=0$ 需满足

$$\frac{k_{\mathrm{h}}}{\gamma_{\mathrm{w}}}\frac{\partial u}{\partial x} = -k_{\mathrm{e}}\frac{\partial E}{\partial x} \tag{1.5.2}$$

即

$$\mathrm{d}u = -\frac{k_{\mathrm{e}}}{k_{\mathrm{h}}}\gamma_{\mathrm{w}}\mathrm{d}E \tag{1.5.3}$$

超静孔隙水压力的通解为

$$u = -\frac{k_{\mathrm{e}}}{k_{\mathrm{h}}}\gamma_{\mathrm{w}}E + C \tag{1.5.4}$$

由于阴极处的边界条件为 $E=0$ 和 $u=0$,因此 $C=0$。阳极处产生的负超静孔隙水压力最大值

$$u_{\max} = -\frac{k_{\mathrm{e}}}{k_{\mathrm{h}}}\gamma_{\mathrm{w}}E_{\max} \tag{1.5.5}$$

Lewis 等[103]随后基于渗流平衡和电荷守恒,进行了二维电场下的理论推导。Wan 等[3]在 Esrig 一维固结理论的基础上进行了关于直接堆载和电渗的综合应用,并从理论上证明了电极转换的有效性。Johnston 等[104]对 Esrig 的边界条件进行了重新定义,对孔压分布和固结度的公式作了改变。

Lo 等[62]基于电流变化方程,施加不同的电压,如果电流为零则土中不发生电动现象,土中产生的孔隙水压力基于电流强度和土的电阻率,可表达为

$$u_{\max} = \frac{k_{\mathrm{e}}}{k_{\mathrm{h}}}\gamma_{\mathrm{w}}J\int_{0}^{x}p(x)\,\mathrm{d}x \tag{1.5.6}$$

Su 等[105]在 Esrig 一维固结理论的基础上,采用分块处理的方式对阴阳极不同排水形式进行了二维电渗固结理论的解析,认为电渗最终产生的超静孔隙水压力可正可负,其分布形式与初始条件无关。

土体参数在电渗过程中不断发生变化,研究时常需考虑参数变化对电渗加固效果的影响。吴辉等[69]考虑土体电导率随着土体的排水固结发生变化,试验获得高岭土孔隙比与电导率的一一对应关系,结合 Biot 固结理论和渗流连续原理建立了考虑电导率变化的轴对称电渗固结模型。龚明星等[106]针对工程中常见的阳极不排水阴极排水情况,将有效电势变化简化为分段线性函数,建立了考虑有效电势变化的一维电渗固结方程。金浩然等[107]考虑酸碱离子迁移,土体内部产生的负孔

隙水压力到了峰值以后将会有一定程度的恢复。王柳江等[108]考虑电渗产生的温度影响，采用电导率与土体含水率、温度的经验公式，建立了热-水-力耦合作用的电渗排水多场耦合模型，并对电渗排水现场试验的前半阶段进行了数值模拟。

Rittirong 等[109]提出二维有限差分模型来计算电渗过程中的地表沉降，结果显示电渗引起的土体强度增长与电渗透系数、电压分布紧密相关。Yuan 等[110]采用改进的拉格朗日有限元格式对控制方程进行重写，建立了饱和土体大应变电渗固结方程，并采用大量算例在土体变形特性和超静孔隙水压力等与小应变理论作了对比。

由于 Esrig 的理论假定与电渗处理软土的实际工况有一定区别，有学者提出一些不同的研究切入点。周亚东等[111]基于分段线性差分法并考虑电渗固结过程中饱和度的变化以及土性参数的非线性关系，建立了考虑饱和度变化的一维电渗固结模型。庄艳峰等[112,113]从能量角度出发，对电渗过程中涉及的土体电阻率、电流电压变化进行分析，提出了土体电渗固结的能级梯度理论。与 Esrig 固结理论假定不同，排水过程中的土体可以为饱和/非饱和，能量分析法的计算结果与实测结果吻合较好。

电渗法联合其他工法的理论分析方面，李瑛等[114]利用等应变考虑堆载-电渗联合作用建立了轴对称固结模型。王军等[115]建立了阴极排水、阳极排水/不排水情况下的线性堆载下软黏土一维电渗固结方程，研究了最大堆载和加载速率等因素对单/双面排水在孔压消散和固结度增长的影响。吴辉等[116]通过等应变假设对真空预压-电渗固结联合作用下不同工况的负超静孔隙水压力进行了研究和对比分析。

参考文献

[1] Casagrande I L. Electro-osmosis in soils[J]. Geotechnique, 1949, 1(3): 159-177.

[2] Casagrande I L. Stabilization of soils by means of electroosmotic state-of-art[J]. Journal of Boston Society of Civil Engineering, ASCE, 1983, 69(3): 255-302.

[3] Wan T Y, Mitchell J K. Electro-osmotic consolidation of soils [J]. Journal of the Geotechnical Engineering Division, 1976, 102(5): 473-491.

[4] 申春妮，方祥位，王和文，等. 吸力、含水率和干密度对重塑非饱和土抗剪强度影响研究[J]. 岩土力学，2009，30(5)：1347-1351.

[5] Micic S, Shang J Q, Lo K Y, et al. Electrokinetic strengthening of a marine sediment using intermittent current[J]. Canadian Geotechnical Journal, 2001, 38(2): 287-302.

[6] Glendinning S, Jones C J, Pugh R C. Reinforced soil using cohesive fill and electrokinetic geosynthetics[J]. International Journal of Geomechanics, 2005, 5(2): 138-146.

[7] Fourie A B, Johns D G, Jones C J F P. Dewatering of mine tailings using electrokinetic geosynthetics[J]. Canadian Geotechnical Journal, 2007, 44(2): 160-172.

[8] 刘飞禹，宓炜，王军，等. 逐级加载电压对电渗加固吹填土的影响[J]. 岩石力学与工程学报，2014，33(12)：2582-2591.

[9] Mitchell J K. Fundamentals of Soil Behaviour[M]. 2nd ed. New York：John Wiley & Sons Inc，1993.

[10] Casagrande I L. Electrical stabilization in earthwork and foundation engineering[C]//Proceedings of the MIT Conference on Soil Stabilisation，Cambridge，1952：26-36.

[11] Bjerrum L，Moum J，Eide O. Application of electro-osmosis to a foundation problem in a Norwegian quick clay[J]. Geotechnique，1967，17(3)：214-235.

[12] Long E，George W. Turnagain slide stabilization，Anchorage，Alaska[J]. Journal of the Soil Mechanics and Foundations Division，1967，41：1615-1626.

[13] Fetzer C A. Electro-osmotic stabilization of West Branch Dam[J]. Journal of the Soil Mechanics and Foundations Division，1967，93(4)：85-106.

[14] Casagrande I L，Loughney R W，Matich M A J. Electro-osmotic stabilization of a high slope in loose saturated silt[C]//Proceedings of the International Conference on Soil Mechanics and Foundation 19th Engineering，Paris，1961：555-561.

[15] Jones C J F P，Lamont-Black J，Glendinning S. Electrokinetic geosynthetics in hydraulic applications[J]. Geotextiles and Geomembranes，2011，29(4)：381-390.

[16] Helmholtz H. Study concerning electrical boundary layers[J]. Weidemann Annal Physik Chemie，1879，7：337-382.

[17] Smoluchowski M. Vortgage uber die Kinetische Theorie der Materie und der Elektrizitat[M]. Berlin：Teubner und Leipzig，1914：89-121.

[18] Schmid G. Zur Elektrochemie feinporiger Kapillarsysteme I：Übersicht[J]. Berichte der Bunsengesellschaft für Physikalische Chemie，1950，54(6)：424-430.

[19] Schmid G. Zur Elektrochemie feinporiger Kapillarsysteme II：Elektroosmose[J]. Berichte der Bunsengesellschaft für Physikalische Chemie，1951，55(3)：229-237.

[20] Spiegler K S. Transport processes in ionic membranes[J]. Transactions of the Faraday Society，1958，54：1408-1428.

[21] Chew S，Karunaratne G，Kuma V，et al. A field trial for soft clay consolidation using electric vertical drains[J]. Geotextiles and Geomembranes，2004，22(1)：17-35.

[22] Xue Z，Tang X，Yang Q，et al. Comparison of electro-osmosis experiments on marine sludge with different electrode materials[J]. Drying Technology，2015，33(8)：986-995.

[23] Zhuang Y F，Wang Z. Interface electric resistance of electroosmotic consolidation[J]. Journal of Geotechnical and Geoenvironmental Engineering，2007，133(12)：1617-1621.

[24] Grundl T，Reese C. Laboratory study of electrokinetic effects in complex natural sediments[J]. Journal of Hazardous Materials，1997，55：187-201.

[25] Kalumba D，Glendinning S，Rogers C D F，et al. Dewatering of tunneling slurry waste using electrokinetic geosynthetics[J]. Journal of Environmental Engineering，2009，135(11)：1227-1236.

[26] Glendinning S, Lamont-Black J, Jones C J. Treatment of sewage sludge using electrokinetic geosynthetics[J]. Journal of Hazardous Materials, 2007, 139(3): 491-499.
[27] 陈晶中,陈杰,谢学俭,等. 土壤污染及其环境效应[J]. 土壤,2003,35(4):298-303.
[28] 吴辉. 软土地基电渗加固方法研究[D]. 北京:清华大学,2015.
[29] 钱暑强,金卫华,刘铮. 从土壤中去除 Cu^{2+} 的电修复过程[J]. 化工学报,2002,53(3):236-240.
[30] 骆永明. 污染土壤修复技术研究现状与趋势[J]. 化学进展,2009,21(2/3):558-565.
[31] Reddy K R, Chinthamreddy S. Effects of initial form of chromium on electrokinetic remediation in clays[J]. Advances in Environmental Research, 2003, 7(2): 353-365.
[32] 路平,冯启言,李向东,等. 交换电极法强化电动修复铬污染土壤[J]. 环境工程学报,2009,3(2):354-358.
[33] Isosaari P, Piskonen R, Ojala P, et al. Integration of electrokinetics and chemical oxidation for the remediation of creosote-contaminated clay[J]. Journal of Hazardous Materials, 2007, 144(1-2): 538-548.
[34] Reddy K R, Karri M R. Effect of oxidant dosage on integrated electrochemical remediation of contaminant mixtures in soils[J]. Journal of Environmental Science and Health Part A, 2008, 43(8): 881-893.
[35] 刘国,徐磊,何佼,等. 有机酸增强电动法修复镉污染土壤技术研究[J]. 环境工程,2014,10:165-169.
[36] Suzuki T, Niinae M, Koga T, et al. EDDS-enhanced electrokinetic remediation of heavy metal-contaminated clay soils under neutral pH conditions[J]. Colloids and Surfaces A: Physicochemical and Engineering Aspects, 2014, 440: 145-150.
[37] 周东美,仓龙,邓昌芬. 络合剂和酸度控制对土壤铬电动过程的影响[J]. 中国环境科学,2005,25(1):10-14.
[38] Reddy K R, Saichek R E. Enhanced electrokinetic removal of phenanthrene from clay soil by periodic electric potential application[J]. Journal of Environmental Science and Health: Part A, 2004, 39(5): 1189-1212.
[39] Kim W, Park G, Kim D, et al. In situ field scale electrokinetic remediation of multi-metals contaminated paddy soil: Influence of electrode configuration[J]. Electrochimica Acta, 2012, 86: 89-95.
[40] Méndez E, Pérez M, Romero O, et al. Effects of electrode material on the efficiency of hydrocarbon removal by an electrokinetic remediation process[J]. Electrochimica Acta, 2012, 86: 148-156.
[41] 胡宏韬,程金平. 土壤锌污染修复实验研究[J]. 环境科学与技术,2009,32(10):53-56.
[42] Saichek R E, Reddy K R. Effect of pH control at the anode for the electrokinetic removal of phenanthrene from kaolin soil[J]. Chemosphere, 2003, 51(4): 273-287.
[43] Acar Y B, Gale R J, Putnam G A, et al. Electrochemical processing of soils: Theory of pH gradient development by diffusion, migration, and linear convection[J]. Journal of

Environmental Science & Health Part A,1990,25(6):687-714.
[44] Acar Y B,Alshawabkeh A N. Principles of electrokinetic remediation[J]. Environmental Science & Technology,1993,27(13):2638-2647.
[45] Zhou D M,Deng C F,Cang L. Electrokinetic remediation of a Cu contaminated red soil by conditioning catholyte pH with different enhancing chemical reagents[J]. Chemosphere, 2004,56(3):265-273.
[46] Luo C,Shen Z,Li X. Enhanced phytoextraction of Cu,Pb,Zn and Cd with EDTA and EDDS [J]. Chemosphere,2005,59(1):1-11.
[47] Huang X, Gordon M J, Zare R N. Current-monitoring method for measuring the electroosmotic flow rate in capillary zone electrophoresis[J]. Analytical Chemistry,1988,60 (17):1837-1838.
[48] Black J R. Electromigration—A brief survey and some recent results [J]. IEEE Transactions on Electron Devices,1969,16(4):338-347.
[49] Markowich P A, Szmolyan P. A system of convection-diffusion equations with small diffusion coefficient arising in semiconductor physics[J]. Journal of Differential Equations, 1989,81(2):234-254.
[50] Tyrrell H J V. Diffusion and Heat Flow in Liquids[M]. London: Butterworth,1961.
[51] Gregg S J,Sing K S W,Salzberg H W. Adsorption surface area and porosity[J]. Journal of the Electrochemical Society,1967,114(11):279C.
[52] 李振泽. 土对重金属离子的吸附解吸特性及其迁移修复机制研究[D]. 杭州:浙江大学,2009.
[53] Devulapalli S S N,Reddy K R. Effect of nonlinear adsorption on contaminant transport through landfill clay liners[C]//Proceedings of the second international congress on environmental geotechnics,Osaka,1996:473-478.
[54] 陶燕丽,周建,龚晓南,等. 铁和铜电极对电渗效果影响的对比试验研究[J]. 岩土工程学报,2013,35(2):388-394.
[55] 陈卓,周建,温晓贵,等. 电极反转对电渗加固效果的试验研究[J]. 浙江大学学报(工学版),2013,47(9):1579-1584.
[56] Kaniraj S,Huong H,Yee J. Electro-osmotic consolidation studies on peat and clayey silt using electric vertical drain[J]. Geotechnical and Geological Engineering, 2011, 29(3): 277-295.
[57] 符洪涛,王军,蔡袁强,等. 低能量强夯-电渗法联合加固软黏土地基试验研究[J]. 岩石力学与工程学报,2015,34(3):612-620.
[58] Hamir R,Jones C,Clarke B. Electrically conductive geosynthetics for consolidation and reinforced soil[J]. Geotextiles and Geomembranes,2001,19(8):455-482.
[59] Jeyakanthan V,Gnanendran C,Lo S. Laboratory assessment of electro-osmotic stabilization of soft clay[J]. Canadian Geotechnical Journal,2011,48(12):1788-1802.
[60] Hall J,Glendinning S,Lamont-Black J,et al. Dewatering of waste slurries using electrokinetic

geosynthetic (EKG) filter bags [C]//4th European Geosynthetics Conference, Edinburgh, 2008: 321.
[61] 李一雯,周建,龚晓南,等. 电极布置形式对电渗效果影响的试验研究[J]. 岩土力学,2013, 34(7): 1972-1978.
[62] Lo K Y,Ho K S,Inculet I I. Field test of electroosmotic strengthening of soft sensitive clay[J]. Canadian Geotechnical Journal,1991,28(1):74-83.
[63] Jayasekera S. Electroosmotic and hydraulic flow rates through kaolinite and bentonite clays[J]. Australian Geomechanics,2004,39(2): 79-86.
[64] Shang J Q. Zeta potential and electroosmotic permeability of clay soils[J]. Canadian Geotechnical Journal,1997,34(4): 627-631.
[65] Eykholt G R,Daniel D E. Impact of system chemistry on electroosmosis in contaminated soil[J]. Journal of Geotechnical Engineering,1994,120(5): 797-815.
[66] Vane L M,Zang G M. Effect of aqueous phase properties on clay particle zeta potential and electro-osmotic permeability: Implications for electro- kinetic soil remediation processes[J]. Journal of Hazardous Materials,1997,55(1): 1-22.
[67] Mccarter W. The electrical resistivity characteristics of compacted clays[J]. Geotechnique, 1984,34(2): 263-267.
[68] 陶燕丽. 不同电极电渗过程比较及基于电导率电渗排水量计算方法[D]. 杭州: 浙江大学,2015.
[69] 吴辉,胡黎明. 考虑电导率变化的电渗固结模型[J]. 岩土工程学报,2013,35(4): 734-738.
[70] Lee Y,Choi J,Lee H,et al. Effect of electrode materials on electrokinetic reduction of soil salinity[J]. Separation Science and Technology,2012,47(1): 22-29.
[71] Jayasekera S, Hall S. Modification of the properties of salt affected soils using electrochemical treatments[J]. Geotechnical and Geological Engineering, 2007, 25(1): 1-10.
[72] Guo Y, Shang J Q. A study on electrokinetic dewatering of oil sands tailings[J]. Environmental Geotechnics,2014,1(2): 121-134.
[73] 曾国熙,高有潮. 软粘土的电化学加固(初步试验结果)[J]. 浙江大学学报(工学版),1956, 8(2): 12-35.
[74] Wu H,Hu L. Microfabric change of electro-osmotic stabilized bentonite[J]. Applied Clay Science,2014,101: 503-509.
[75] Micic S,Shang J Q,Lo K Y. Electrocementation of a marine clay induced by electrokinetics[J]. International Journal of Offshore and Polar Engineering,2003,13(4): 308-315.
[76] Chien S C,Ou C Y. A novel technique of harmonic waves applied electro-osmotic chemical treatment for soil improvement[J]. Applied Clay Science,2011,52(3): 235-244.
[77] 龚晓南,焦丹. 间歇通电下软黏土电渗固结性状试验分析[J]. 中南大学学报(自然科学版),2011,42(6): 1725-1730.
[78] 刘飞禹,张乐,王军,等. 阳极跟进作用下软黏土电渗固结室内试验研究[J]. 土木建筑与环

境工程,2014,36(1):52-58.

[79] Shang J Q,Lo K Y,Inculet I. Polarization and conduction of clay-water-electrolyte systems[J]. Journal of Geotechnical Engineering,1995,121(3):243-248.

[80] Yoshida H,Kitajyo K,Nakayama M. Electroosmotic dewatering under AC electric field with periodic reversals of electrode polarity[J]. Drying Technology,1999,17(3):539-554.

[81] Alshawabkeh A N,Gale R J,Ozsu-Acar E,et al. Optimization of 2-D electrode configuration for electrokinetic remediation[J]. Journal of Soil Contamination,1999,8(6):617-635.

[82] Tao Y,Zhou J,Gong X,et al. Electro-osmotic dehydration of Hangzhou sludge with selected electrode arrangements[J]. Drying Technology,2016,34(1):66-75.

[83] El Maaddawy T A,Soudki K A. Effectiveness of impressed current technique to simulate corrosion of steel reinforcement in concrete[J]. Journal of Materials in Civil Engineering, 2003,15(1):41-47.

[84] Wu H,Hu L,Zhang G. Effects of electro-osmosis on the physical and chemical properties of bentonite[J]. Journal of Materials in Civil Engineering,2016,28(8):06016010.

[85] Lamont-Black J,Jones C,Alder D. Electrokinetic strengthening of slopes-case history[J]. Geotextiles and Geomembranes,2016,44(3):319-331.

[86] 胡俞晨,王钊,庄艳峰. 电动土工合成材料加固软土地基实验研究[J]. 岩土工程学报,2005,27(5):582-586.

[87] 孙召花,高明军,刘志浩,等. 导电塑料排水板加固吹填土现场试验[J]. 河海大学学报(自然科学版),2015,43(3):255-260.

[88] Lefebvre G,Burnotte F. Improvements of electroosmotic consolidation of soft clays by minimizing power loss at electrodes[J]. Canadian Geotechnical Journal,2002,39(2):399-408.

[89] Shen Z,Chen X,Jia J,et al. Comparison of electrokinetic soil remediation methods using one fixed anode and approaching anodes[J]. Environmental Pollution,2007,150(2):193-199.

[90] 王柳江,刘斯宏,汪俊波,等. 真空预压联合电渗法处理高含水率软土模型试验[J]. 河海大学学报(自然科学版),2011,39(6):671-675.

[91] Wang J,Ma J,Liu F,et al. Experimental study on the improvement of marine clay slurry by electroosmosis-vacuum preloading[J]. Geotextiles and Geomembranes,2016,44(4):615-622.

[92] Sun Z,Gao M,Yu X. Vacuum preloading combined with electro-osmotic dewatering of dredger fill using electric vertical drains[J]. Drying Technology,2015,33(7):847-853.

[93] 胡平川,周建,温晓贵,等. 电渗-堆载联合气压劈裂的室内模型试验[J]. 浙江大学学报(工学版),2015,49(8):1434-1440.

[94] Ozkan S,Gale R,Seals R. Electrokinetic stabilization of kaolinite by injection of Al and PO_4^{3-} ions[J]. Ground Improvement,1999,3(4):135-144.

[95] Alshawabkeh A N,Sheahan T C,Wu X. Coupling of electrochemical and mechanical processes in soils under DC fields[J]. Mechanics of Materials,2004,36(5):453-465.

[96] Ou C Y,Chien S C,Wang Y G. On the enhancement of electroosmotic soil improvement by the injection of saline solutions[J]. Applied Clay Science,2009,44(1): 130-136.

[97] Chien S C,Ou C Y,Wang M K. Injection of saline solutions to improve the electro-osmotic pressure and consolidation of foundation soil[J]. Applied Clay Science, 2009, 44(3): 218-224.

[98] Ou C Y,Chien S C,Liu R H. A study of the effects of electrode spacing on the cementation region for electro-osmotic chemical treatment[J]. Applied Clay Science, 2015, 104: 168-181.

[99] Dussour C,Favoriti P,Vorobiev E. Influence of chemical additives upon both filtration and electroosmotic dehydration of a kaolin suspension[J]. Separation Science and Technology, 2000,35(8): 1179-1193.

[100] Yeung A T,Hsu C. Electrokinetic remediation of cadmium-contaminated clay[J]. Journal of Environmental Engineering,2005,131(2): 298-304.

[101] Khodadoust A P,Reddy K R,Narla O. Cyclodextrin-enhanced electrokinetic remediation of soils contaminated with 2,4-dinitrotoluene[J]. Journal of Environmental Engineering, 2006,132(9): 1043-1050.

[102] Esrig M I. Pore pressures, consolidation, and electrokinetics[J]. Journal of the Soil Mechanics and Foundations Division,ASCE,1968,94(SM4): 899-921.

[103] Lewis R W,Humpheson C. Numerical analysis of electro-osmotic flow in soils[J]. Journal of the Soil Mechanics and Foundations Division,1973,99: 603-616.

[104] Johnston I W,Butterfield R. A laboratory investigation of soil consolidation by electro-osmosis[J]. Australian Geomechanics Journal,1977,1: 21-32.

[105] Su J Q, Wang Z. The two-dimensional consolidation theory of electro-osmosis[J]. Geotechnique,2003,53(8): 759-763.

[106] 龚明星,王档良,詹贵贵. 考虑有效电势变化的软土一维电渗固结理论[J]. 水文地质工程地质,2015,42(4): 61-66.

[107] 金浩然,姬文广,蔡正旺,等. 考虑酸碱迁移的电渗一维固结计算方法[J]. 科学技术与工程,2015,15(6): 93-98.

[108] 王柳江,刘斯宏,陈守开,等. 基于热-水-力耦合的电渗排水试验数值模拟[J]. 中南大学学报(自然科学版),2016,47(3): 889-896.

[109] Rittirong A, Shang J Q. Numerical analysis for electro-osmotic consolidation in two-dimensional electric field[C]//The Eighteenth International Offshore and Polar Engineering Conference. International Society of Offshore and Polar Engineers, Vancouver,2008.

[110] Yuan J,Hicks M A. Large deformation elastic electro-osmosis consolidation of clays[J]. Computers and Geotechnics,2013,54: 60-68.

[111] 周亚东,邓安,刘中宪,等. 考虑饱和度变化的一维电渗固结模型[J]. 岩土工程学报,2017,39(8): 1524-1529.

[112] 庄艳峰,王钊,林清. 电渗的能级梯度理论[J]. 哈尔滨工业大学学报,2005,37(2):283-286.

[113] 庄艳峰,王钊,陈轮. 边坡电渗模型试验及能量分析法数值模拟[J]. 岩土力学,2008,29(9):2409-2414.

[114] 李瑛,龚晓南,卢萌盟,等. 堆载-电渗联合作用下的耦合固结理论[J]. 岩土工程学报,2011,32(1):77-81.

[115] 王军,符洪涛,蔡袁强,等. 线性堆载下软黏土一维电渗固结理论与试验分析[J]. 岩石力学与工程学报,2014,33(1):179-188.

[116] 吴辉,胡黎明. 真空预压与电渗固结联合加固技术的理论模型[J]. 清华大学学报(自然科学版),2012,52(2):182-185.

第 2 章　软土电渗若干概念的讨论

2.1　水力渗流和电渗流

电渗加固软土过程中,水力渗流和电渗流分别由水头差和电势差驱动,可写成相近的表达式,如式(1.1.1)所示。Esrig[1]提出的一维电渗固结理论,正是基于水头差和电势差所产生的渗流可叠加假设为前提。水力渗透系数 k_h 的常用单位是 cm/s 或 m/s,电渗透系数 k_e 的常用单位是 $cm^2/(s \cdot V)$或 $m^2/(s \cdot V)$。虽然水力渗透系数和电渗透系数量纲不同,但经常被拿来对比甚至取其比值。谈庆明[2]总结了量纲分析的两点实质:①只有同类量才能比较其大小;②物理现象和物理规律与所选用的度量单位无关。

下面以 Glendinning 等[3]和 Jones 等[4]发表的文献为例,对比不同类型土的水力渗流和电渗流。

Glendinning 等[3]将不同类型土的水力渗透系数和电渗透系数放在同一坐标轴下进行对比,如图 2-1-1 所示。可以发现以下问题:

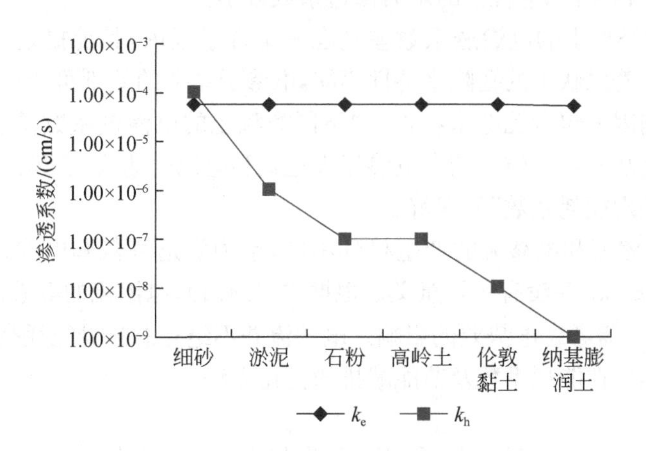

图 2-1-1　水力渗透系数与电渗透系数对比[3]

(1) 水力渗透系数和电渗透系数量纲不同的情况下,采用同一坐标轴进行对比存在不合理性。

(2) 对比水力渗透系数和电渗透系数的数值，若采用水力渗透系数 k_h 量纲 cm/s 和电渗透系数 k_e 量纲 $cm^2/(s \cdot V)$时，两者在数值上差别为 4 个数量级；若采用水力渗透系数 k_h 量纲 m/s 和电渗透系数 k_e 量纲 $m^2/(s \cdot V)$时，两者在数值上差别为 2 个数量级。因此，k_e/k_h 实际上不是很好的评价标准。

Jones 等[4] 在 Glendinning 等[3] 的基础上，定义了纵坐标为渗流流速，如图 1-1-2 所示。水力渗流流速和电渗流流速的量纲一致，两者的对比具有合理性。但依然产生以下问题：

(1) 由式(1.1.1)可知，水力渗流流速和电渗流流速分别可表述为 $v_h = k_h i_h$ 和 $v_e = k_e i_e$，若提高电渗流试验组的电势差，代表不同类型土的电渗流流速曲线将整体上移，两条曲线的交叉位置从而发生变化，甚至不再交叉。

(2) 若降低水力渗流试验组的水头差，代表不同类型土的水力渗流流速曲线将整体下移，两条曲线的交叉位置从而发生变化，甚至不再交叉。

(3) 水力渗流和电渗流的对比试验应已包括隐含条件，即不同类型土采用相等的孔隙率以及相同的孔隙水。自然条件下不同类型土的孔隙水特性存在不同，高含盐量、高电导率土的存在，可能使不同类型土的电渗流流速或电渗透系数差别不再限于一个数量级范围内。

对水力渗流和电渗流的概念小结如下：

(1) 不同类型土的水力渗透系数变化趋势与土力学传统观念一致，基本上与土体颗粒粒径相关，细颗粒土的水力渗透系数较小。

(2) 不同类型土的电渗透系数差别在一个数量级内，其前提是孔隙率相等和孔隙水相同。若原状土的孔隙水特性不同，电渗透系数的差别可能较大，电渗透系数的主要影响因素包含孔隙水特性。“不同类型土的电渗透系数差别在一个数量级以内”这种说法过于绝对，结合电渗流表达式和电流表达式，容易产生“高电导率土即高电渗处理能耗系数”的误解。

(3) 水力渗流和电渗流的产生机理不同，水力渗透系数和电渗透系数两者无法进行比较，k_e/k_h 并没有实际意义。根据式(1.1.1)，电渗流的等效水头差可表述为 $k_e/(k_h \Delta E)$，需考虑电势差的影响。电渗流并不绝对意味着能耗高或排水快，研究焦点可以集中在能耗系数及节能减排的优化方法。

2.2　电渗透系数的定义和评价

电渗透系数 k_e 的单位是 $cm^2/(s \cdot V)$或 $m^2/(s \cdot V)$，定义是单位电势梯度下的水流流速。H-S 理论最初应用在描述充满液体的毛细管中，液体受电动力驱动的运动现象，毛细管孔流的流速表达式

$$v=\left(\frac{\zeta D}{\eta}\right)\frac{\Delta E}{\Delta L} \tag{2.2.1}$$

而电渗透系数

$$k_e=\frac{\zeta D}{\eta} \tag{2.2.2}$$

H-S模型认为，对于孔隙率为 n、横截面积为 A 的饱和土体，排水通道面积由孔隙率 n 存在而决定。相当于将饱和土体的实际过水断面 nA 等效为 N 个过水断面为 a 的毛细管柱（$nA=Na$），从而土体电渗排水速率可写为

$$q_A=\frac{\zeta D}{\eta}n\frac{\Delta E}{\Delta L}A \tag{2.2.3}$$

可写成类似Darcy定律的形式

$$q_A=k_e i_e A \tag{2.2.4}$$

多数学者习惯将土体孔隙率 n 视为电渗透系数 k_e 的组成部分。电渗透系数

$$k_e=\frac{\zeta D}{\eta}n \tag{2.2.5}$$

式(2.2.5)表示的电渗透系数实际上应被称为“有效电渗透系数” k'_e，它会随着孔隙率的变化而变化。不过，根据H-S理论的原始定义，“真实电渗透系数” k_e（式(2.2.2)）并不会因为孔隙率或过水断面而发生变化。“有效电渗透系数”（式(2.2.5)）发生变化的原因是有效过水断面面积，而非孔隙率 n。Shang[5]认为电渗透系数测量值会随着电渗试验进行而降低，因此其数据是在电渗前期阶段获取和测量的。实际上我们所测量的电渗透系数即为“有效电渗透系数”。

如图2-2-1所示，讨论以下两种极端状态：(a)电渗排水过程中，土体原孔隙水占用的空间完全不压缩；(b)电渗排水过程中，土体原孔隙水占用的空间随着孔隙水的排出完全压缩，土体随之变形。

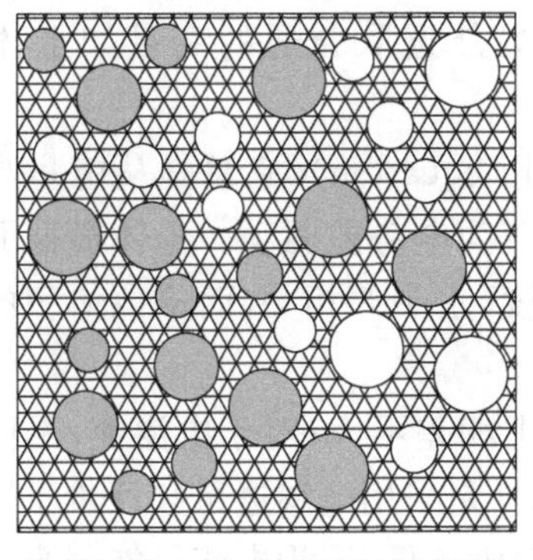

(a) 原孔隙水占用的空间完全不压缩

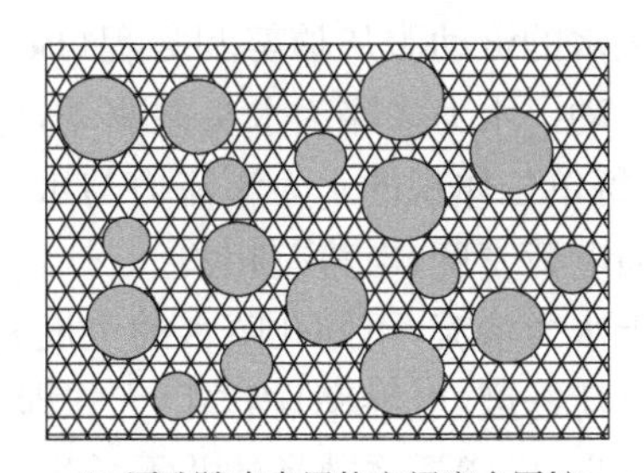

(b) 原孔隙水占用的空间完全压缩

图2-2-1　电渗排水过程土体孔隙变化

显然,(a)状态土体的孔隙率 n 虽不变但实际有效过水断面面积已经减少,孔隙率 n 已不能反映土体的有效过水断面面积;(b)状态土体的横截面积 A 已随着土体变形而减小,孔隙率 n 和横截面积 A 同时发生变化。

因此,土体电渗排水速率可以有两种表达形式,即

$$\begin{cases} q_{A1}=\dfrac{\zeta D}{\eta}n\dfrac{\Delta E}{\Delta L}A=k'_e i_e A & \text{(a)} \\ q_{A2}=\dfrac{\zeta D}{\eta}n\dfrac{\Delta E}{\Delta L}A=k_e i_e A' & \text{(b)} \end{cases} \tag{2.2.6}$$

其中,$k'_e=\dfrac{\zeta D}{\eta}n$,即"有效电渗透系数",即式(2.2.5);$k_e=\dfrac{\zeta D}{\eta}$,即"真实电渗透系数",即式(2.2.2);$A'=nA$,即有效过水断面面积。电渗排水过程中土体一直处于饱和状态,孔隙率 n 和横截面积 A 同时发生变化。

可以看到,大多数学者采用了第一种表达形式,对此我们进行讨论:

(1) 土体孔隙率 n 成为电渗透系数 k_e 的组成部分,而根据 H-S 理论的原始定义,"真实电渗透系数" k_e 的组成部分并未包含孔隙率 n。理想条件下,原本可不随孔隙率 n 变化的电渗透系数为常量,但因加入孔隙率 n 而成为一个变量,在考虑电渗过程中土体孔隙变化时又多了一个干扰因素。通常会出现假定(真实)电渗透系数 k_e 不变,同时考虑孔隙率 n 变化的矛盾,容易顾此失彼。

(2) 电渗排水过程中土体孔隙率(孔隙比)减小,伴随电渗排水速率降低。考虑土体一直处于(b)状态,即饱和状态,若明确电渗透系数保持不变,即不包含孔隙率 n,则孔隙率 n 与横截面积 A 共同构成有效过水断面面积。显然,式(2.2.6)土体电渗排水速率的第二种表达形式能够符合实际情况,也符合原始定义。

(3) 对于(a)状态和介于(a)(b)之间的其他状态,若明确电渗透系数保持不变,即不包含孔隙率 n,不能简单将孔隙率 n 与横截面积 A 的乘积认为有效过水断面面积,有效过水断面面积的定义还需另外选取合适的变量如土体孔隙水体积。

孔隙水的流动服从伯努利方程(Bernoulli equation),它总是从能量高处向能量低处流动。水力渗流为水头差驱动,电渗流为电势差驱动。土体横截面相等的情况下,每单位体积的水力渗流力与水的重度、水头差相关,而单位体积的电渗流力与壁面电荷密度、电势差相关。

对于水力渗流,不同孔隙水的重度基本上相差不大;对于电渗流,不同孔隙水的壁面电荷密度(电导率)相差巨大。即便同样是采用电渗透系数评价不同类型土的排水效果,电渗透系数高的并不意味着能量消耗低,因为电流可能很高。换句话说,提高水力渗透系数能够促进水力渗流,提高电渗透系数能够促进电渗流;水力渗透系数可以评价渗流效率,但电渗透系数不足以评价电渗效率,壁面电荷密度或

孔隙水特性对电渗效率也有影响。对于电渗加固软土而言,单纯提高电渗透系数对提高电渗效率的意义并不大。所以,研究人员又提出了电渗运移量和能耗系数的概念。

2.3 电渗运移量和能耗系数

电渗运移量被定义为单位电荷移动时传递的水的体积[6],反映的是电能利用率,工程上可定义为电渗排水速率与通电电流的比值

$$W=\frac{q_e}{I} \tag{2.3.1}$$

式中,q_e 为电渗排水速率,mL/h;I 为通电电流,A。

同种土在电极材料、电势梯度不同的处理条件下,其电渗排水速率与电流依然呈线性关系[7,8],即电渗运移量在理想情况下为常量。陶燕丽[8]采用电渗加固试验过程中电渗排水速率 q_e 和通电电流 I 的数据,对电渗运移量进行了验证,q_e 和 I 可拟合为线性关系,即电渗运移量 W 可视为常量。

按照大多数学者对电渗透系数的定义,结合电渗排水速率式(2.2.6)(a)和电流表达式(1.1.1)(d),电渗运移量可表述为

$$W=\frac{k_e'}{\sigma_e} \tag{2.3.2}$$

整个电渗过程中,试验测得的“有效电渗透系数”k_e' 实际上一直在降低,土体的电导率也一直在降低。因此,电渗过程中的电渗运移量 W 为常量,即意味着有效电渗透系数 k_e' 和土体电导率的下降率始终相等。

若按“有效过水断面面积”定义,结合电渗排水速率式(2.2.6)(b)和电流表达式(1.1.1)(d),电渗运移量可表述为

$$W=k_e\frac{A'/A}{\sigma_e} \tag{2.3.3}$$

整个电渗过程中,“真实电渗透系数”k_e 保持不变。因此,电渗过程中的电渗运移量 W 为常量,即意味着土体电导率与土体有效过水断面面积比呈线性关系。

对于特定条件下(如饱和土)在电渗初始状态,$A'/A=n$,电渗运移量 W 为常量即意味着土体电导率与土体孔隙率 n 呈线性关系;对于任意条件下(饱和、非饱和),如图 2-2-1 的(a)状态、(b)状态和介于(a)(b)之间的其他状态,土体有效过水断面面积比即“土体孔隙水体积/土体体积”,电渗运移量 W 为常量,即土体电导率与“土体孔隙水体积/土体体积”一直呈线性关系。进而可以说明电渗过程中,土体电导率主要取决于孔隙水电导率和土体孔隙水体积比。若电渗过程中孔隙水电导率变化不大,则土体孔隙水体积比决定土体的电导率,从而影响电渗

排水速率。

能耗系数作为电渗加固软土的重要问题受到广泛重视，能耗系数可定义为

$$C_{\mathrm{w}}=\frac{\int_{t_1}^{t_2}I(t)\Delta E\mathrm{d}t}{\int_{t_1}^{t_2}q_{\mathrm{e}}(t)\mathrm{d}t} \tag{2.3.4}$$

式中，$I(t)$ 为 t 时刻的电流；ΔE 为外加电势差；$q_{\mathrm{e}}(t)$ 为 t 时刻的电渗排水速率；能耗系数 C_{w} 用于表征排出单位体积孔隙水所需消耗的电能。

假设在电渗过程中电渗运移量为常量，则电渗排水速率

$$q_{\mathrm{e}}(t)=WI(t) \tag{2.3.5}$$

其中，电渗排水速率 q_{e} 和通电电流 I 为时间 t 的函数。

结合电渗运移量表达式(2.3.4)和电渗排水速率表达式(2.3.5)，电渗能耗系数可重写为

$$C_{\mathrm{w}}=\frac{\int_{t_1}^{t_2}I(t)\Delta E\mathrm{d}t}{\int_{t_1}^{t_2}q_{\mathrm{e}}(t)\mathrm{d}t}=\frac{\Delta E\int_{t_1}^{t_2}I(t)\mathrm{d}t}{W\int_{t_1}^{t_2}I(t)\mathrm{d}t}=\frac{\Delta E}{W} \tag{2.3.6}$$

一般情况下，电渗排水过程中的外加电势差 ΔE 保持不变，如果认为电渗运移量为常量，即等同于认为电渗过程中的能耗系数保持不变，实际上只有在较为特殊的情况下才能满足。我们认为，对电渗排水过程和不同工况下的电渗效率进行评价时，电渗能耗系数在定义上更明确、更实用；对不同类型土的电渗效率进行评价时，电渗运移量在定义上更明确。

2.4 不均匀处理和均匀处理的区别

软土电渗排水加固以及其他排水固结方法，都会涉及不均匀处理与均匀处理的问题。特别是电渗排水法，最大负超静孔隙水压力发生在阳极，零值发生在阴极；经过处理后的软土，阳极附近土体的含水率低于阴极附近土体，阳极附近排水较快并在附近土体产生裂缝，与阴极附近有差别，造成了不均匀现象。Shang 等[9]、陈卓等[10]采用电极反转等手段，成功使电渗处理后的土体更加均匀。

前文已经提到，电渗排水对土体加固起到大部分作用，这是电渗处理后地基强度提升的主要原因。Micic 等[11]、Glendinning 等[12]、Fourie 等[13]、Xue 等[14]的研究均表明，土体的不排水剪切强度与含水率一般呈负指数关系。以 Micic 等[11]试验结果为例，土体不排水抗剪强度与含水率存在以下关系：

$$c_u = 551.22e^{-0.0521w} \tag{2.4.1}$$

我们讨论不均匀处理和均匀处理的两种处理方案，在排水量相等的前提下分析两者的差别。

方案(a)：不均匀处理方案，采用传统方式处理初始含水率为 80%的软土，经过处理后的软土阳极附近土体含水率为 50%，阴极附近土体含水率为 70%，含水率从阴极到阳极简化为线性下降；

方案(b)：均匀处理方案，采用电极反转方式处理初始含水率为 80%的软土，经过处理后的土体含水率为 60%且均匀分布。

结合式(2.4.1)，绘出土体在不均匀处理与均匀处理两种方案下的最终含水率分布与最终强度分布，如图 2-4-1 和图 2-4-2 所示。

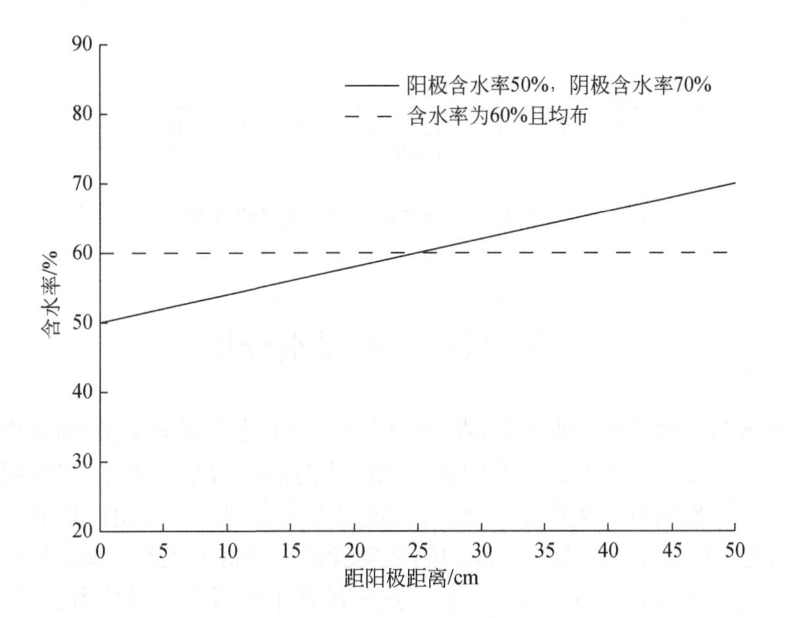

图 2-4-1　不均匀处理与均匀处理的最终含水率分布

可以明显看到，当软土的不排水抗剪强度与含水率为负指数关系时，在电渗排水量相等的前提下，不均匀处理方案在最终土体的等效平均强度方面高于均匀处理方案。

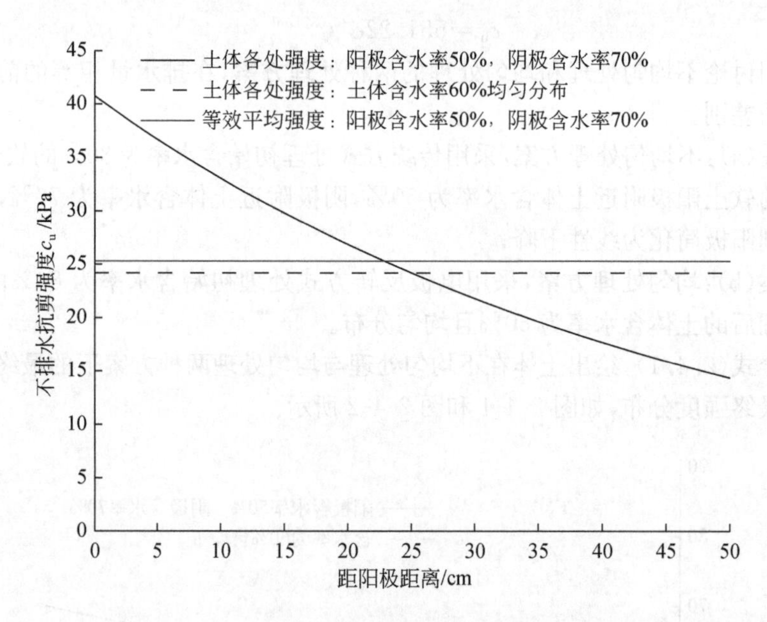

图 2-4-2　不均匀处理与均匀处理的最终强度分布

2.5　模型试验量纲分析

我国著名科学家钱学森先生，在 1980 年出版的《土岩爆破文集》前言中有这样一段话："由于爆炸力学要处理的问题远比经典的固体力学或流体力学要复杂，似乎不宜一下子想从力学基本原理出发，构筑爆炸力学理论。近期还是靠小尺寸模型实验，但要用比较严格的无量纲分析，从实验结果总结出经验规律。这也是过去半个多世纪行之有效的力学研究方法。"这一段话不仅适用于爆炸力学问题，且适用于其他领域的复杂问题[2]。

为了对某类物理量进行辨识、对不同类物理量进行区分，大家采用"量纲"来表示一般物理量的属性，如长度、时间、质量显然具有不同且不相关的属性，它们的量纲不同。物理量可以按照属性分为两类：一类物理量的大小与度量时所采用的单位相关，称之为有量纲量，如长度、时间、质量、速度、加速度、应力、动能、功率等就是常见的有量纲量；另一类物理量的大小与度量时所采用的单位不相关，则称之为无量纲量，如角度、应力比、孔隙率、应变等。

对于任何一个物理问题而言，物理问题中各个物理量的量纲或由定义给出，或由定律给出。在一个物理问题中，可以把与相关的物理量分为基本量和导出量。基本量是指具有独立量纲的一些物理量，它们的量纲不能表示为其他物理量量纲的组合，一般长度、时间、质量是常用的基本量；导出量则是指量纲可以表示为基本量的量纲组合而成的物理量。对于不同问题，如流体力学、固体力学、固体中的热传导、流固耦合、爆炸冲击等，可供设定的基本量是不同的，按照先有基本量后有导出量的原则进行量纲分析。

对于电渗排水问题，影响排水加固、能耗系数等结果的主要因素包括：土体特征尺寸 L、电极间距 L_e、外加电势梯度 G、土的电导率 σ_e、电渗透系数 k_e、水力渗透系数 k_h、含水率 w、泊松比 ν、孔隙比 e、相对密度 G_s、排水量 q、排水速率 v_q、电渗流速 v_e、通电电流 I、电渗运移量 W、能耗系数 C_w、处理时间 t。

忽略重力影响，在外加电势梯度的作用下，以 L、G、σ_e、k_e 为基本量进行量纲分析[2]，得到相似准则方程：

$$f\left(\frac{L_e}{L},\frac{k_h}{Gk_e},\frac{q}{L^3},\frac{v_q}{L^2Gk_e},\frac{v_e}{Gk_e},\frac{I}{L^2G\sigma_e},\frac{W}{k_e\sigma_e^{-1}},\frac{C_w}{LG\sigma_e k_e^{-1}},\frac{t}{LG^{-1}k_e^{-1}},w,\nu,e,G_s\right) \tag{2.5.1}$$

模型试验中，G、σ_e 和 k_e 与原型情况相同，且几何相似比 $\beta=b/B$（模型试验物理量/原型物理量）。为满足模型试验与原型的相似，各物理量需满足表 2-5-1 的相似比关系。

表 2-5-1　模型试验物理量的相似比

物理量	相似比	物理量	相似比
L_e	β	C_w	β
k_h	1	t	β
q	β^3	w	1
v_q	β^2	ν	1
v_e	1	e	1
I	β^2	G_s	1
W	1		

为了达到理想的模型试验结果，采用与原型相同的软土是容易且能做到的，于是相似准则方程可简化为

$$f\left(\frac{L_e}{L},\frac{q}{L^3},\frac{v_e}{L^2Gk_e},\frac{I}{L^2G\sigma_e},\frac{W}{k_e\sigma_e^{-1}},\frac{C_w}{LG\sigma_e k_e^{-1}},\frac{t}{LG^{-1}k_e^{-1}}\right) \tag{2.5.2}$$

电渗加固软土的主要机制为电渗流排水使土体含水率下降，从而使土体强度增加。在本书的量纲分析中，采用的是电渗流方程(1.1.1)(e)。实际上，特定土体抗剪强度与含水率常呈一一对应的负指数关系[11,13,14]，由于含水率相似比 $w=1$，则抗剪强度相似比 $\tau=1$，压缩模量 E_s 也一样。

量纲分析结果亦表明，随着模型尺寸变化，电渗运移量不变、电渗能耗系数发生变化。通常认为，电渗运移量是否发生变化可以作为区分电渗“内因”或“外因”改变的标志，与土体性质相关的是“内因”，量纲分析符合这一观点。而能耗系数与模型尺寸相关，模型尺寸越大、电渗能耗系数越高，这是室内电渗模型试验测得能耗系数偏低的其中一个原因。

在土体特性不改变的前提下，若要使模型试验与现场足尺试验在参数上一一对应，在尺寸上也需要做到相同，特别是与其他工法联合使用的复杂情况。除了将模型试验尺寸扩大至原型尺寸，可以尝试另一种可能性，即将原型尺寸如电极间距缩小，并匹配与之相同的模型试验尺寸。这样既能使前人所做的模型试验不再受制于量纲分析，也能解决现场试验能耗过高的问题。随着施工水平的提高、合理电极布置形式的采用以及价廉的新型电动土工合成材料（EKG、EVD）不断推出[15-18]，在电渗加固软土的实际工程中降低处理成本、增强加固效果是相对可期的。

参 考 文 献

[1] Esrig M I. Pore pressures, consolidation, and electrokinetics [J]. Journal of the Soil Mechanics and Foundations Division, ASCE, 1968, 94(SM4): 899-921.

[2] 谈庆明. 量纲分析[M]. 合肥：中国科学技术大学出版社，2005.

[3] Glendinning S, Lamont-Black J, Jones C, et al. Treatment of lagooned sewage sludge in situ using electrokinetic geosynthetics[J]. Geosynthetics International, 2008, 15(3): 192-204.

[4] Jones C J F P, Lamont-Black J, Glendinning S. Electrokinetic geosynthetics in hydraulic applications[J]. Geotextiles and Geomembranes, 2011, 29(4): 381-390.

[5] Shang J Q. Zeta potential and electroosmotic permeability of clay soils [J]. Canadian Geotechnical Journal, 1997, 34(4): 627-631.

[6] Gray D H, Mitchell J K. Fundamental aspects of electro-osmosis in soils[J]. Journal of the Soil Mechanics and Foundations Division, 1967, 93(6): 209-236.

[7] Feng Y, Zhan L T, Chen Y M, et al. Laboratroy study on electrokinetic dewatering of sewage sludge[C]// Proceedings of the International Symposium on Geoenvironmental Engineering. Berlin: Springer, 2010: 662-665.

[8] 陶燕丽. 不同电极电渗过程比较及基于电导率电渗排水量计算方法[D]. 杭州：浙江大学，2015.

[9] Shang J Q, Lo K Y, Inculet I. Polarization and conduction of clay-water-electrolyte systems[J]. Journal of Geotechnical Engineering, 1995, 121(3): 243-248.

[10] 陈卓，周建，温晓贵，等. 电极反转对电渗加固效果的试验研究[J]. 浙江大学学报（工学版），2013，47(9)：1579-1584.

[11] Micic S, Shang J Q, Lo K Y, et al. Electrokinetic strengthening of a marine sediment using

intermittent current[J]. Canadian Geotechnical Journal,2001,38(2): 287-302.

[12] Glendinning S,Jones C J,Pugh R C. Reinforced soil using cohesive fill and electrokinetic geosynthetics[J]. International Journal of Geomechanics,2005,5(2): 138-146.

[13] Fourie A B,Johns D G,Jones C J F P. Dewatering of mine tailings using electrokinetic geosynthetics[J]. Canadian Geotechnical Journal,2007,44(2): 160-172.

[14] Xue Z,Tang X,Yang Q,et al. Comparison of electro-osmosis experiments on marine sludge with different electrode materials[J]. Drying Technology,2015,33(8): 986-995.

[15] 胡俞晨,王钊,庄艳峰. 电动土工合成材料加固软土地基实验研究[J]. 岩土工程学报,2005,27(5): 582-586.

[16] Hall J, Glendinning S, Lamont-Black J, et al. Dewatering of waste slurries using electrokinetic geosynthetic (EKG) filter bags[C]//4th European Geosynthetics Conference, Edinburgh:[s. n.],2008: 321.

[17] Sun Z,Gao M,Yu X. Vacuum preloading combined with electro-osmotic dewatering of dredger fill using electric vertical drains[J]. Drying Technology,2015,33(7): 847-853.

[18] Lamont-Black J,Jones C,Alder D. Electrokinetic strengthening of slopes-case history[J]. Geotextiles and Geomembranes,2016,44(3): 319-331.

第 3 章　电极布置与电极劣化对软土电渗加固的影响

3.1　电极面积变化对软土电渗的影响

不同的电极材料在电渗加固处理效果上存在差别，Mohamedelhassan 等[1]研究发现，不锈钢电极和铜电极在电势损失上少于碳电极。陶燕丽等[2]的研究表明，铁电极的电渗效果优于铜电极，电渗效果主要由阳极决定。Bjerrum 等[3]的工程记录表明，损失在电极-土接触面上的电势可达 50%，电渗结束后阳极的腐蚀量为 37%，但阳极腐蚀仅作为结果被提出，并未说明阳极腐蚀对电渗本身带来的影响。Kalumba 等[4]指出，金属电极存在阳极腐蚀、排气困难、电极与土体接触不良等问题。

电接触理论[5]认为，固体表面即便非常光滑但微观尺度依然是凹凸不平的。对于刚性的固体-固体接触，在一定的接触压力下，发生实际接触的部分仅有极少数几个点。随着接触压力的增加，接触部分发生挤压并突破表面的氧化膜，形成导电通道，当电流通过接触面时，电流流线会在接触点发生收缩现象，如图 3-1-1 所示。对于电流线发生收缩的点，可等效为半径为 α 的圆，并可称为“导电斑点”。

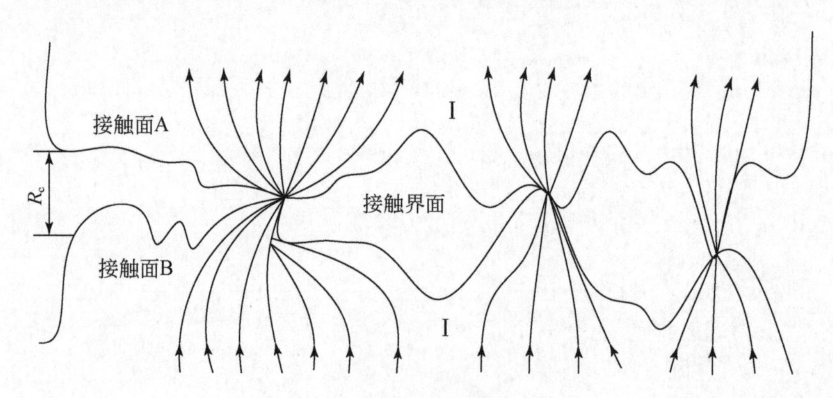

图 3-1-1　接触界面电流收缩示意图

由于电渗所采用的金属电极表面常覆盖着一层氧化物，导电通道上的电流路径会受到电极表面氧化物等污染膜的影响，可以将这一类电阻定义为膜层电阻 R_m。

考虑电极材料费用,实际电渗工程中并非单个电极贴合土体的整个过水断面,而是由多组电极排列成一定的电极布置形式对土体进行电渗加固处理。在电极-土界面,实际发生接触的部分为多组电极表面积的和。这一原因使有效导电面积减小,由此产生额外的电阻值,我们将这一类电阻定义为收缩电阻 R_c。

引入电接触理论 Holm 假定,定义电极-土的界面电阻

$$R_{ir}=R_m+R_c=\frac{\rho_\sigma}{\pi\alpha^2}+\frac{\rho_e+\rho_s}{4\alpha} \tag{3.1.1}$$

式中, R_m 为膜层电阻; R_c 为收缩电阻; ρ_σ 为单位面积膜电阻;α 为导电面积的等效半径; ρ_e 、ρ_s 分别为电极、土的电阻率。

对于纯铝电极,电极表面不同腐蚀产生的膜层电阻差别很小,适合研究电极面积变化引起的收缩电阻变化。对于纯铝电极

$$R_{ir}=R_m+R_c\approx\frac{\rho_e+\rho_s}{4\alpha} \tag{3.1.2}$$

电极-土的接触面积可视为导电面积,电流流线在接触面上产生收缩现象,收缩电阻因此与导电面积相关,在电渗试验中与电极-土的接触面积,即电极面积相关。本节通过设置不同数目的阳极板使电极面积变化,试图从电接触理论角度解释电极面积变化导致收缩电阻的变化对电渗的影响。

3.1.1　试验设计与方案

对于电渗模型试验而言,实际上不同的电极面积对应的是不同的导电面积比(电极面积/土体过水断面面积)。所有模型试验箱均填入 180mm×120mm×120mm 的等体积重塑土,土表面距离试验箱顶面 10mm。通过由不同数目(1、2、4、6)组成并规则排列的多个纯铝电极板进行 4 组不同电极面积的电渗模型试验,分别编号为 C1、C2、C3、C4,单个电极板的尺寸为 130mm(长)×14mm(宽)×4mm(厚)。不同的阳极数目 n 即代表了不同的电极面积,在相同的电势梯度下进行电渗模型试验,试验条件见表 3-1-1。

表 3-1-1　试验条件汇总

试验编号	阳极数目 n	电源电压 E/V	初始含水率 w/%	通电时间/h
C1	1	9	96.0	46
C2	2	9	95.4	46
C3	4	9	95.2	46
C4	6	9	95.1	46

3.1.2 试验结果

电渗试验过程中测得4组试验的通电电流，如图3-1-2所示。可以看到，4组试验的电流随时间先增大后降低。试验前期，电极面积越大通电电流越高，C4＞C3＞C2＞C1；试验中期电流曲线接近，并出现交叉；试验后期与试验前期的情况相反，C1＞C2＞C3＞C4。电极面积的增大使收缩电阻值降低，显著提高了电渗前期阶段的通电电流。试验中后期电流曲线逐渐接近、交叉并有反转情况，主要原因是电极面积较大的试验组前期电渗排水速率更高，总电阻的剧烈升高导致的电流快速下降，电极面积较小的试验组则不同。随着阳极数目 n 的增加，电流曲线的增幅越来越小，电极的导电面积比可能在工程上存在最优值。

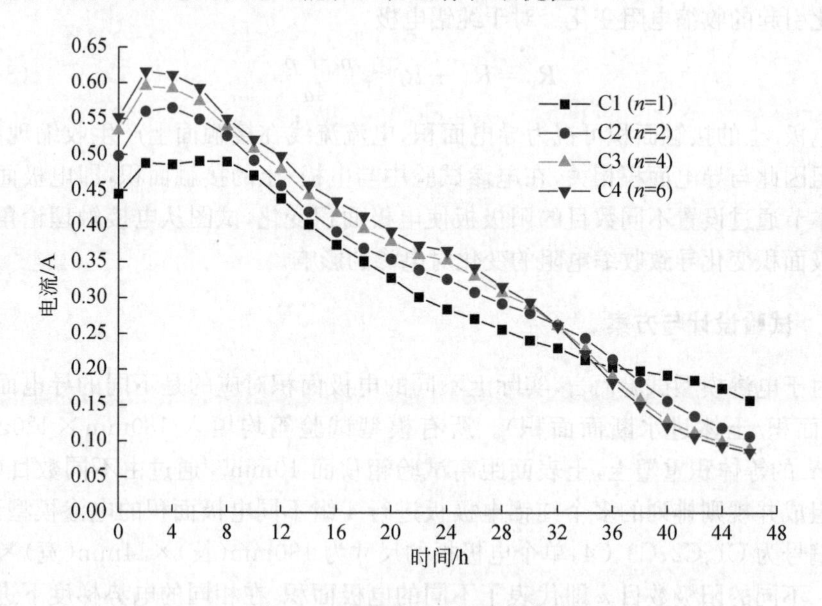

图3-1-2　电流随时间变化曲线

电渗试验过程中测得4组试验的电渗排水量，并换算为电渗排水速率，如图3-1-3所示。

可以看到，电渗排水速率与通电电流的变化趋势基本接近，电渗排水速率随时间先增大后降低。试验中期电渗排水速率曲线接近，并出现交叉；试验后期与试验前期的情况相反，C1＞C2＞C3＞C4。电极面积的增大使收缩电阻值降低，显著提高了电渗前期阶段的电渗排水速率。试验中后期电渗排水速率曲线逐渐接近、交叉并有反转情况，主要原因是电极面积较大的试验组前期电渗排水速率更高，总电阻的剧烈升高导致的电流快速下降，电极面积较小的试验组则不同。结合图3-1-2

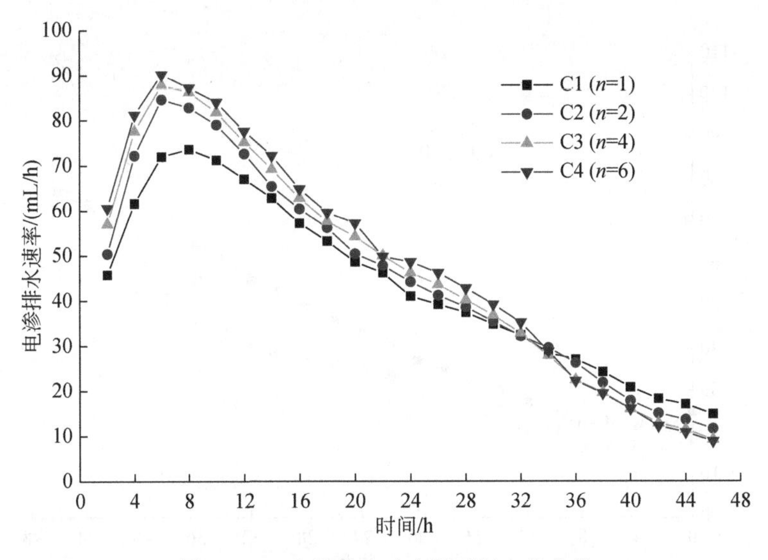

图 3-1-3 电渗排水速率随时间变化曲线

和图 3-1-3，试验中的电渗排水速率与电流的关系大致符合电渗运移量公式(2.3.1)的描述。由图 3-1-3 亦可知，电极面积增加到一定程度后，对全时段电渗排水速率的提升效果也是有限的。

通过欧姆定律公式(1.1.1)(d)以及有效电势原理得到各试验组的土体电阻和电极面积变化引起的收缩电阻变化曲线，如图 3-1-4 和图 3-1-5 所示。

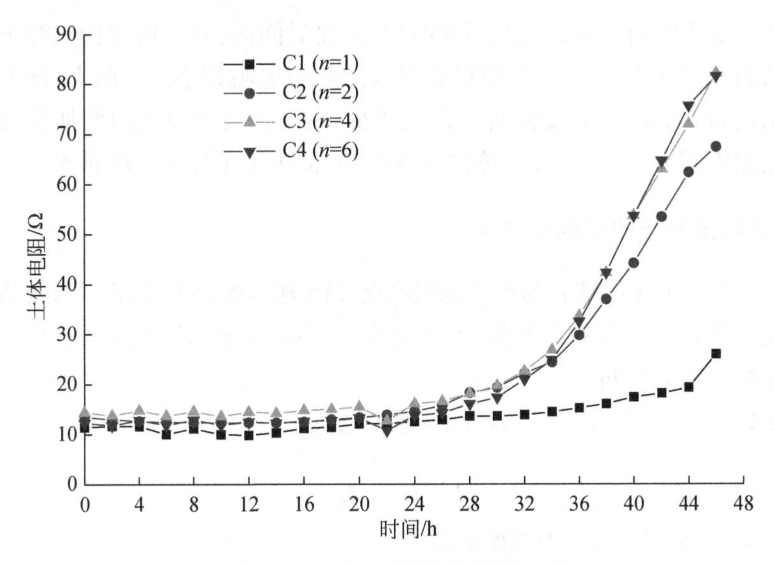

图 3-1-4 土体电阻随时间变化曲线

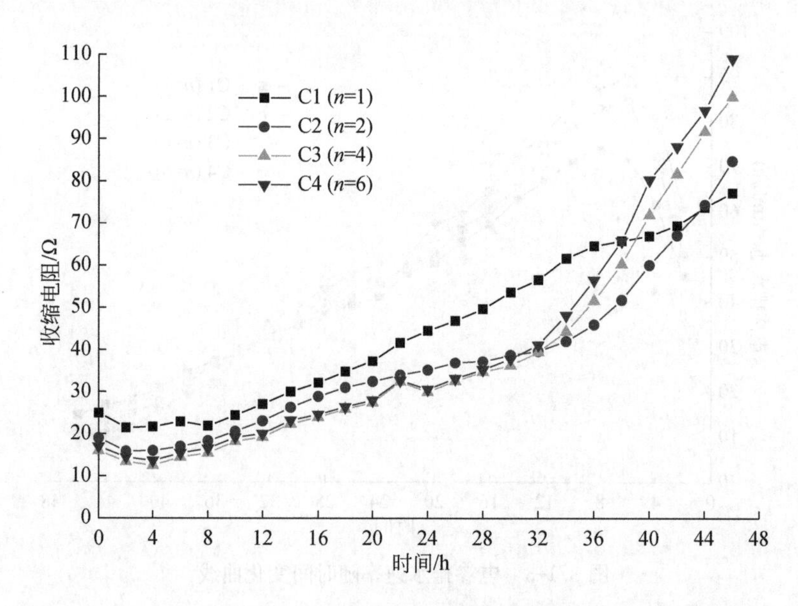

图 3-1-5　收缩电阻随时间变化曲线

图 3-1-4 表明，在前 24h，各试验组的土体电阻基本保持一定的数值；之后，电渗排水速率最低的 C1 试验组土体电阻增长最慢，电渗排水速率最高的 C4 试验组土体电阻增长最快。随着土体孔隙水的排出，排水更多的试验组后期土体电阻值增长越快。

图 3-1-5 表明，在电渗过程进行的较长一段时间内，各试验组的收缩电阻大小一直保持为 C1>C2>C3>C4，电极面积越大收缩电阻越小。实际上，随着土体电渗排水的进行，电极-土的接触面一直在减小。因此，电极面积的增加实质上是通过减小收缩电阻 R_c 进而提高土体的有效电势，促进了土体的电渗排水。

3.1.3　电极面积与收缩电阻分析

图 3-1-4 显示 4 组试验的土体电阻在前 24h 基本保持不变，图 3-1-3 表明该段时间也是土体电渗排水的主要阶段，因此取各试验组前 24h 的数据进行电极面积变化与收缩电阻的分析。

由欧姆定律公式(1.1.1)(d)可知，通电电流

$$I=\frac{E}{R_s+R_{ir}} \tag{3.1.3}$$

式中，R_s 为土体电阻；R_{ir} 为界面电阻。

将式(3.1.1)代入式(3.1.3)，整理可得

$$I=\frac{1}{\frac{R_s+R_m}{E}+\frac{\rho_e+\rho_s}{4E\alpha}} \tag{3.1.4}$$

本次试验采用的纯铝电极，不同表面腐蚀程度的膜层电阻 R_m 接近，假设为常数，各试验组的土体电阻 R_s 由于在研究时间段内基本保持不变，也可假定为常数，同电极、土体电阻率 ρ_e、ρ_s 。

令 $a=\frac{R_s+R_m}{E}$ 、$b=\frac{\rho_e+\rho_s}{4E\alpha}$ ，由于电极面积可等效为本次试验采用的阳极数目 n，式(3.1.4)可改写为

$$I=\frac{n}{an+b} \tag{3.1.5}$$

式(3.1.5)表明，土体电渗排水加固的主要阶段中，通电电流由电极面积决定。$n=0$ 时电流值为 0，随着 n 值增大，通电电流也随之急剧增大，前期尤甚；随着 n 值达到一定值，通电电流随 n 值增加幅度逐渐变小，此时通电电流主要取决于 a 值，包括土体电阻率和电极表面腐蚀导致的膜层电阻。

利用图 3-1-2 中的 4 组试验的电流数据，取 4h、8h、12h、16h、20h 平均电流值，以电极数目 n 为横坐标、不同时间的电流均值为纵坐标对式(3.1.5)进行拟合，拟合参数如表 3-1-2 所示。试验数据与拟合曲线的对比如图 3-1-6 所示。

表 3-1-2　不同时间段的拟合参数值

参数	时间/h				
	4	8	12	16	20
a	1.55	1.78	1.99	2.27	2.48
b	0.487	0.258	0.313	0.445	0.600

取各组试验前 40h 的电流数据，得到拟合参数 a、b 随时间变化曲线，如图 3-1-7 所示。

结果表明，在电渗排水阶段的前 24h，拟合参数 a、b 的变化很小，因此可以采用式(3.1.5)对前 24h 的通电电流进行预估；24h 后电渗排水速率降低，排水量基本稳定，土体裂缝开展、土体电阻 R_s 急剧增加，式(3.1.5)不再适用。本次试验的工况取平均值 $a=1.9$、$b=0.4$，可预估电渗主要阶段的通电电流，式(3.1.5)可写为

$$I=\frac{n}{1.9n+0.4} \tag{3.1.6}$$

取 4 组试验前 24h 的电流均值，并与式(3.1.6)共同以电极数目 n 为横坐标作图，如图 3-1-8 所示。

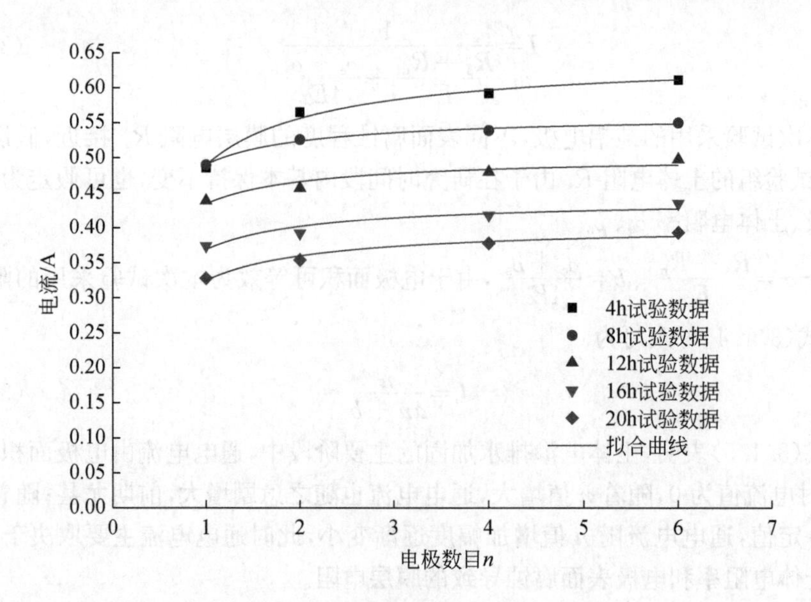

图 3-1-6　电流与电极数目关系拟合曲线

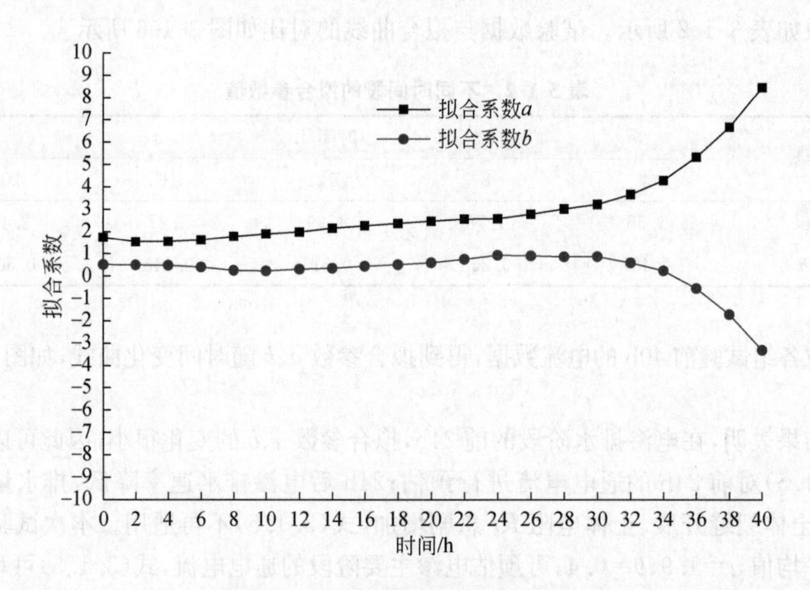

图 3-1-7　拟合参数随时间变化曲线

可以看到，电极数目 $n=6$ 相对 $n=4$ 增加了 50%的电极材料，却仅增加了 3%的通电电流，对软土电渗排水加固的效果提升有限。对本次试验而言，电极

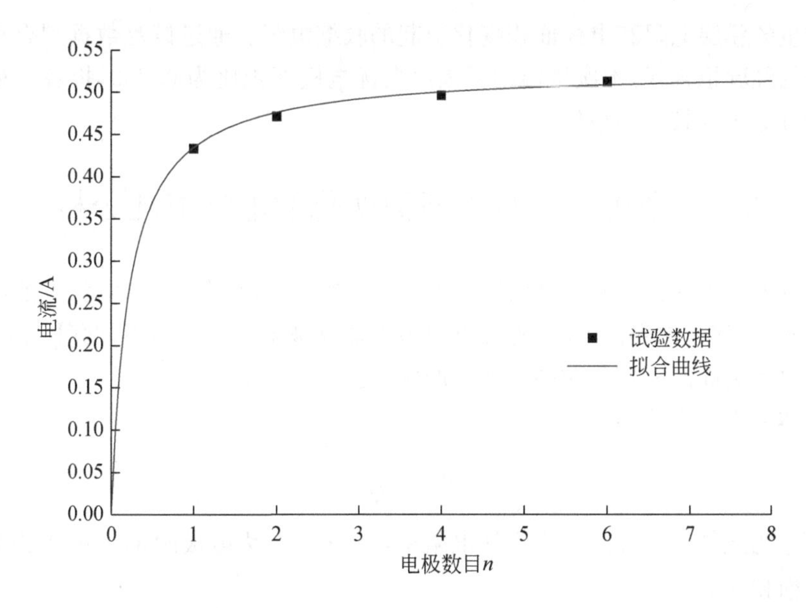

图 3-1-8　电流与电极数目关系对比曲线

数目为 2 即电极面积比为 0.233(2×14÷120)即可达到高效的电渗排水效果。同时,拟合曲线与试验电流的平均值吻合良好,证明了电接触理论在软土电渗排水加固中的适用性。实际电渗排水加固工程中可以采用该拟合方法获取最优的电极面积。

3.1.4　结论

本节通过采用不同数目的阳极板在等电势梯度下开展模型试验,引入电接触理论研究了电极面积变化对收缩电阻的影响,得到收缩电阻影响通电电流从而改变电渗排水效果的结论,从而根据试验数据拟合整理获得软土电渗排水主要阶段的电流预测公式,得到以下结论:

(1) 电极面积的增加能够提高电渗过程中的通电电流,从而提高电渗排水速率,缩短处理周期。电极面积的增加不仅能提高电渗排水速率、缩短处理周期,同时也提高电渗整体处理效果。而在电极面积增加到一定值以后,继续增加电极面积对电渗排水效果的提升十分有限。

(2) 对于本次试验,纯铝电极在电渗前期的土体电阻保持稳定,而在后期由于土体开裂、脱水,土体电阻增长明显;收缩电阻在电渗开始即保持稳定增长,这意味着电极-土的接触效果在电渗过程中逐渐变差。

(3) 软土电渗处理过程中,电极-土的界面电阻主要由两方面构成:电极表面腐蚀产生的膜层电阻和电极面积变化引起的收缩电阻。通过试验数据拟合得到通电电流的经验拟合式，本次试验结果提出最优电极面积比为0.233，推荐工程中采用拟合方法确定具体的最优值。

3.2 考虑土体过水断面变化的电渗能耗分析

假设外加电势梯度和电极间距不变，在不考虑界面电阻（外加电势差能够被土体完全利用）和考虑界面电阻（外加电势差不能够被土体完全利用）两种工况下，分析土体过水断面面积变化对能耗系数的影响。

土体电阻可表述为

$$R_s = \frac{\rho_s L}{A} \tag{3.2.1}$$

式中，R_s 为土体电阻，Ω；ρ_s 为土体电阻率，Ω·cm；L 为电极间距，cm；A 为土体的横截面面积，cm^2。

工况1：不考虑界面电阻

稳定阶段的电渗排水速率可表述为

$$q_{e1} = k'_e \frac{E}{L} A \tag{3.2.2}$$

式中，q_{e1} 为电渗排水速率，mL/h，下标1表示工况1；k'_e 为土体有效电渗透系数，$cm^2/(h \cdot V)$；E 为外加电压，V。

电渗功率

$$P_{w1} = \frac{E^2}{\rho_s L/A} \tag{3.2.3}$$

不考虑界面电阻的电渗能耗系数

$$C_{w1} = \frac{P_{w1}}{q_{e1}} = \frac{E}{k'_e \rho_s} \tag{3.2.4}$$

可以看到，不考虑界面电阻的影响，在外加电势梯度和电极间距不变的情况下，电渗能耗系数与土体横截面面积无关。

工况2：考虑界面电阻

稳定阶段的电渗排水速率可表述为

$$q_{e2} = k'_e \frac{E}{L} \left(\frac{\frac{\rho_s L}{A}}{\frac{\rho_s L}{A} + R_{ir}} \right) A \tag{3.2.5}$$

电渗功率

$$P_{w2}=\frac{E^2}{\frac{\rho_s L}{A}+R_{ir}} \tag{3.2.6}$$

式中，R_{ir} 为电极-土的界面电阻，Ω。

考虑界面电阻的电渗能耗系数

$$C_2=\frac{P_{w2}}{q_{e2}}=\frac{E}{k'_e\rho_s} \tag{3.2.7}$$

可以看到，$C_{w1}=C_{w2}$，界面电阻的存在不影响电渗能耗系数，土体过水断面面积的变化不影响电渗能耗系数；界面电阻和土体过水断面面积仅影响电渗排水速率。

3.3 考虑起始电势梯度的电渗能耗分析

电渗的室内试验到现场应用，所采用的电势梯度范围在 0.1～1.0V/cm 不等，电渗处理能耗系数甚至能达到 1～2 个数量级的差别[6]，电渗能耗受到广泛关注。近年来，国内外研究者从电渗处理的实际需要出发，不断进行改善电渗效果的尝试，主要从通电形式方面如间歇通电[7]、电极反转[8]、电极布置形式[9,10]进行。

不同的通电形式和电极布置形式往往包含了电势梯度、电极间距、土体横截面、电场分布等多个变量，不同形式的处理结果自然存在差别但难以从机理上进行定性定量描述。对于工程应用，经常存在不同的电极间距设置，难以采用固定的电压作为控制标准，电势梯度和电极间距是电渗处理中的两种常见控制因素。

为了研究电势梯度和电极间距对滨海软土电渗效率的影响，本节进行等电极间距变电势梯度和等电势梯度变电极间距两类工况下的电渗模型试验。试验获取电渗过程中的排水量、通电电流和能耗系数等试验结果，进一步研究能耗系数与电势梯度、电极间距的关系，希望能够为电渗能耗控制以及电极布置形式优化设计提供参考依据。

3.3.1 试验设计与方案

采用改进的 Miller Soil Box 作为模型试验箱进行电渗试验，模型试验箱的截面尺寸均为 130mm×120mm，分别设计了 7 组等电极间距变电势梯度试验(工况 A，编号 A1～A7)、7 组等电势梯度变电极间距试验(工况 B，编号 B1～B7)以及 1 组重力排水试验(编号 0)，具体参数见表 3-3-1。

表 3-3-1　模型试验工况具体参数

试验编号	电压 E /V	电极间距 L /cm	电势梯度 i_e /(V/cm)	试验编号	电压 E /V	电极间距 L /cm	电势梯度 i_e /(V/cm)
0	0.00	18	0.00	B1	3.60	12	0.30
A1	1.08	18	0.06	B2	4.20	14	0.30
A2	2.16	18	0.12	B3	4.80	16	0.30
A3	3.24	18	0.18	B4	5.40	18	0.30
A4	4.32	18	0.24	B5	6.00	20	0.30
A5	5.40	18	0.30	B6	6.60	22	0.30
A6	6.48	18	0.36	B7	7.20	24	0.30
A7	7.56	18	0.42				

试验电源采用 HSPY-60-02 直流电源，最高提供 60V 输出电压和 2A 输出电流。阴阳电极为不锈钢板，尺寸为 130mm×120mm×4mm。阴极板开孔并附以润湿的尼龙纱网起滤土排水作用，试验箱下方设置烧杯测量排水量。模型试验箱设计见图 3-3-1。

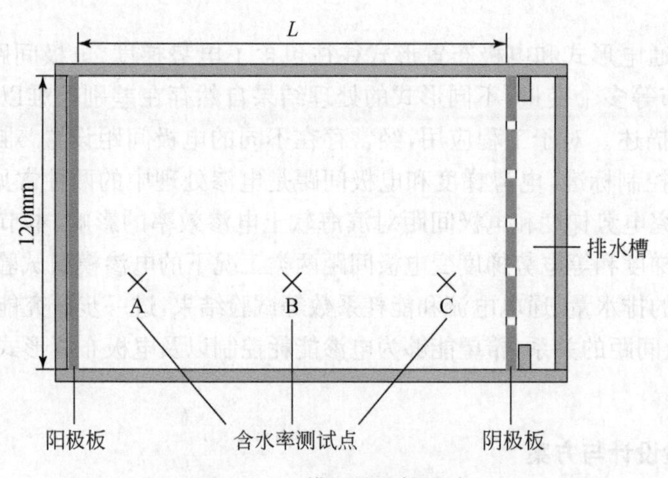

图 3-3-1　模型试验箱设计

试验前将原状土烘干、粉碎并加水搅拌调制成初始含水率为 80.4%的重塑土，将重塑土分层填入模型试验箱，高度 120mm。填装完毕后用保鲜膜封闭以减少水分蒸发，通电前试验土样保持静置 12h，使其在重力作用下密实并与电极板接触良好。之后接通电源并记录排水量、电流等数据，结束通电后分别在试验箱阳极区域(A 处)、中部区域(B 处)和阴极区域(C 处)取样测试最终含水率。

3.3.2 试验结果

排水量是软土电渗效果的直观体现，也是电渗能耗计算的关键部分。将试验分为等电极间距变电势梯度（工况 A）和等电势梯度变电极间距（工况 B），分别绘出排水量随时间变化曲线，如图 3-3-2 所示。

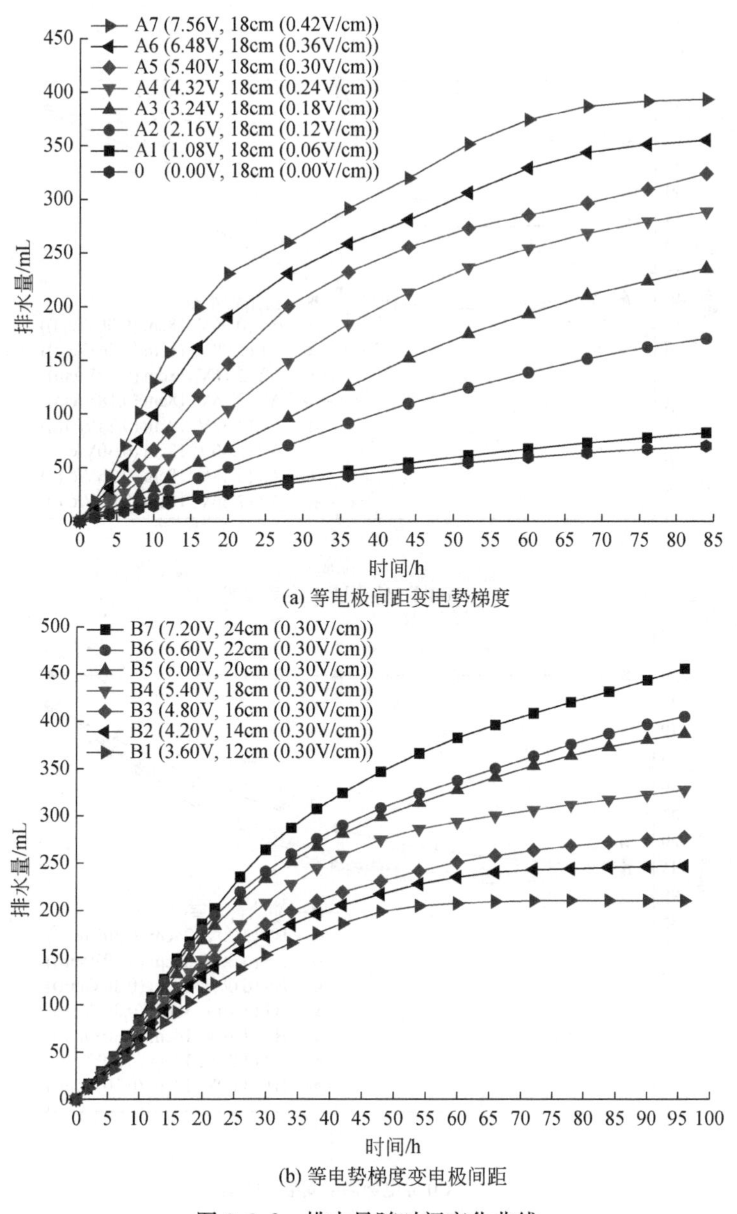

(a) 等电极间距变电势梯度

(b) 等电势梯度变电极间距

图 3-3-2 排水量随时间变化曲线

可以看到,等电极间距变电势梯度工况下,电势梯度越高排水量越大,越早趋于平稳;等电势梯度变电极间距工况下,电极间距越大排水量越大,越迟趋于平稳。

电场作用下土体排水使含水率下降,从而抗剪强度和黏聚力提高,这是电渗加固软土的主要机制。结束通电后,试验箱阳极区域(A 处)、中部区域(B 处)和阴极区域(C 处)的最终含水率分布如图 3-3-3 所示。

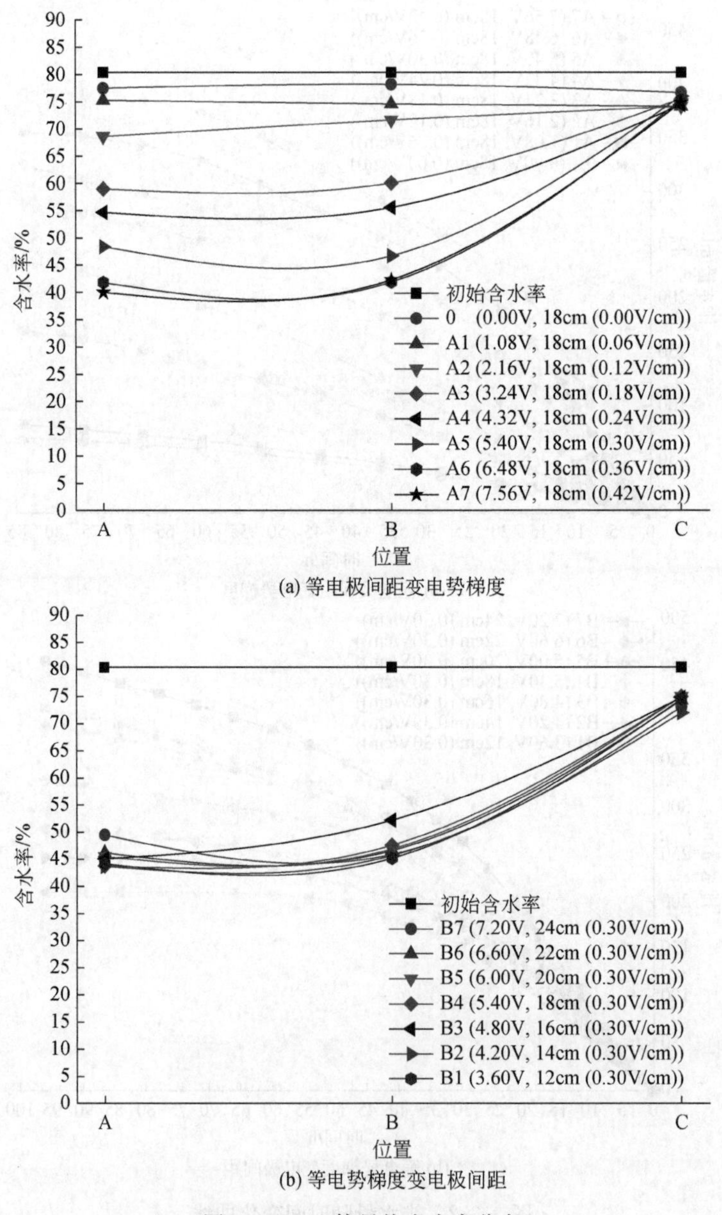

图 3-3-3　土体最终含水率分布

可以看到，等电极间距变电势梯度工况下，电势梯度越高土体最终平均含水率越低，即处理效果越好，各组试验土体最终含水率在阴极区域差别不大而在阳极区域差别明显；等电势梯度变电极间距工况下，各组试验土体最终含水率在阴极区域和阳极区域的差别不明显。同时，长时间电渗处理后，阴极区域平均含水率高于阳极区域近 30%，仍处于较高水平。

电渗过程中的通电电流直接影响电渗能耗。将试验分为等电极间距变电势梯度（工况 A）和等电势梯度变电极间距（工况 B），分别绘出通电电流随时间变化曲线，如图 3-3-4 所示。

可以看到，等电极间距变电势梯度工况下，电势梯度越高，通电电流值越高；等电势梯度变电极间距工况下，电极间距越大，通电电流值越高。两类工况通电电流曲线在电渗前期，即 0～20h 区分较为明显，电渗前期通电电流值越高的中后期衰减越快，并且受电极腐蚀、土体开裂变形、试验箱尺寸等因素的影响，电渗中后期各组试验通电电流曲线规律性变差且出现相互交叉。

3.3.3　电渗能耗试验结果

能耗水平较高以及合理计算方法的欠缺是推广应用电渗法的制约因素之一，作为电渗加固软土的重要问题受到广泛重视。图 3-3-2 和图 3-3-4 表明，在各组模型试验的电渗前期阶段，即 0～20h 区间段，大量水分快速排出；排水量曲线和通电电流曲线在电渗前期阶段区分较为明显、规律性好，本次试验采用 0～20h 区间段的排水量和电流数据进行电渗能耗分析。

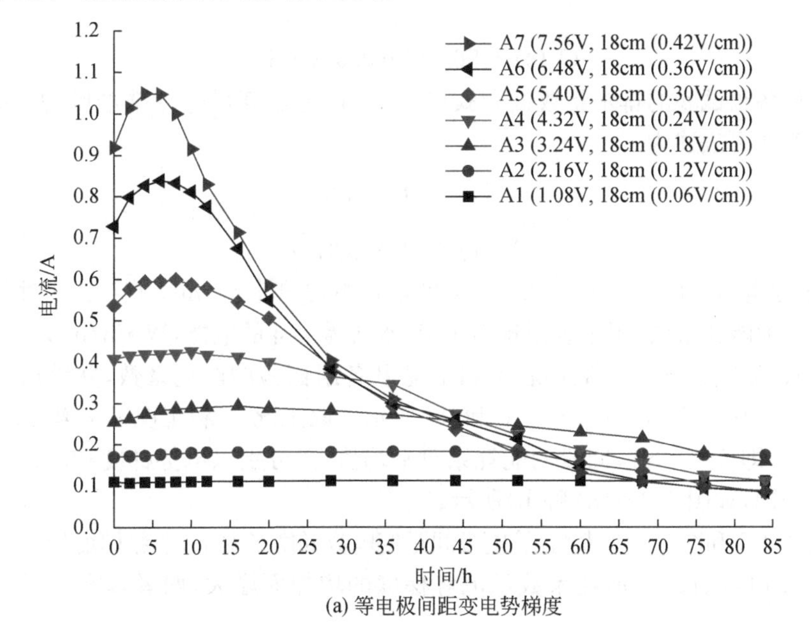

(a) 等电极间距变电势梯度

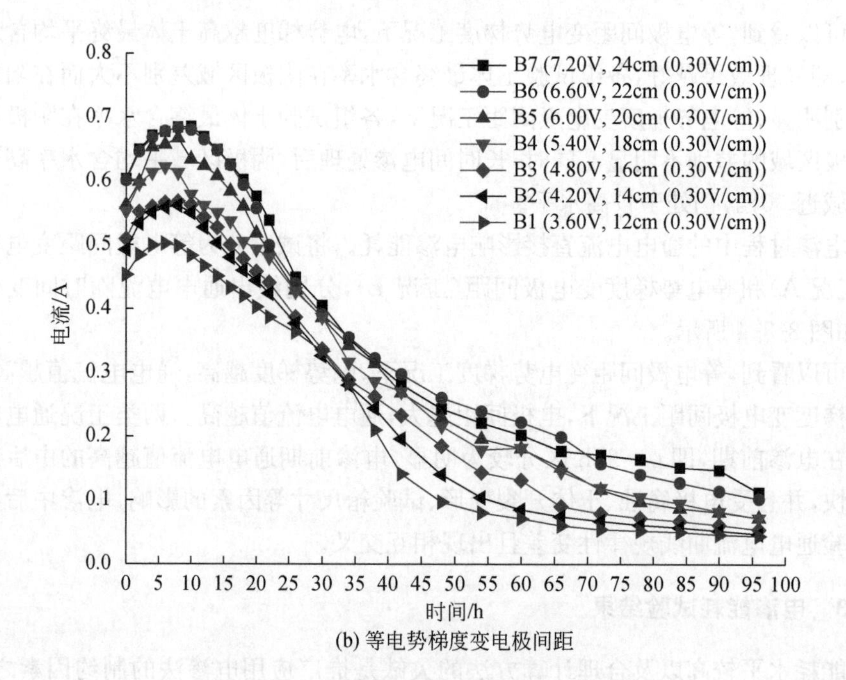

图 3-3-4 通电电流随时间变化曲线

电渗试验排水量包括电渗累计排水量 Q_e 和重力累计排水量 Q_g，计算能耗时需扣除重力排水量 Q_g。试验编号为 0 的重力排水试验数据如图 3-3-5 所示，可拟合为

$$Q_g(t)=56.89\ln(0.03t+1) \tag{3.3.1}$$

利用各组试验的排水量数据和式(3.3.1)可近似算得电渗排水量 Q_e，能耗系数的计算式可表述为

$$C_w=\frac{\int_{t_1}^{t_2} EI(t)\mathrm{d}t}{Q_e(t_2)-Q_e(t_1)} \tag{3.3.2}$$

式中，E 为电源电压，V；$Q_e(t)$ 为 t 时刻的累计电渗排水量，mL；$I(t)$ 为 t 时刻的电流，A；C_w 为能耗系数，用于表征排出 1mL 水所需消耗的电能，W · h/mL。

按式(3.3.2)分别计算工况 A 和工况 B 各组试验的能耗系数，并绘出能耗系数随时间变化曲线，如图 3-3-6(a)和(b)所示。取工况 A 和工况 B 各组试验电渗前期阶段，即 0～20h 区间段的能耗系数平均值，并分别以电势梯度和电极间距为横坐标作图，如图 3-3-7(a)和(b)所示。

图 3-3-6 和图 3-3-7 表明，等电极间距变电势梯度工况下，电势梯度处于 0.12～0.42V/cm 区间段时，能耗系数随电势梯度的增加而增大，两者基本上呈线性关

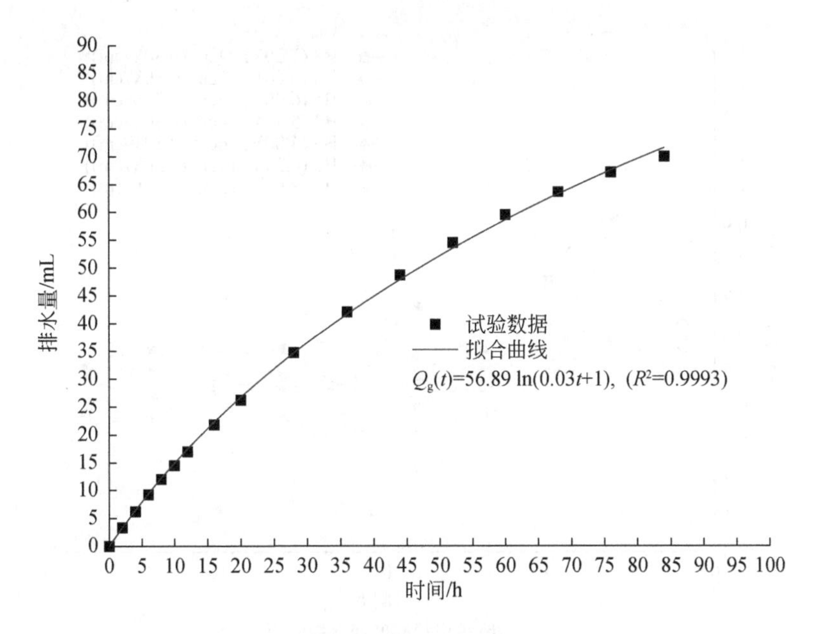

图 3-3-5　重力排水试验数据以及拟合曲线

系;但电势梯度为 0.06V/cm 时能耗系数反而较高,因此可能存在电渗的起始电势梯度,能耗系数最低的经济电势梯度应处于 0.06～0.1V/cm 区间段。

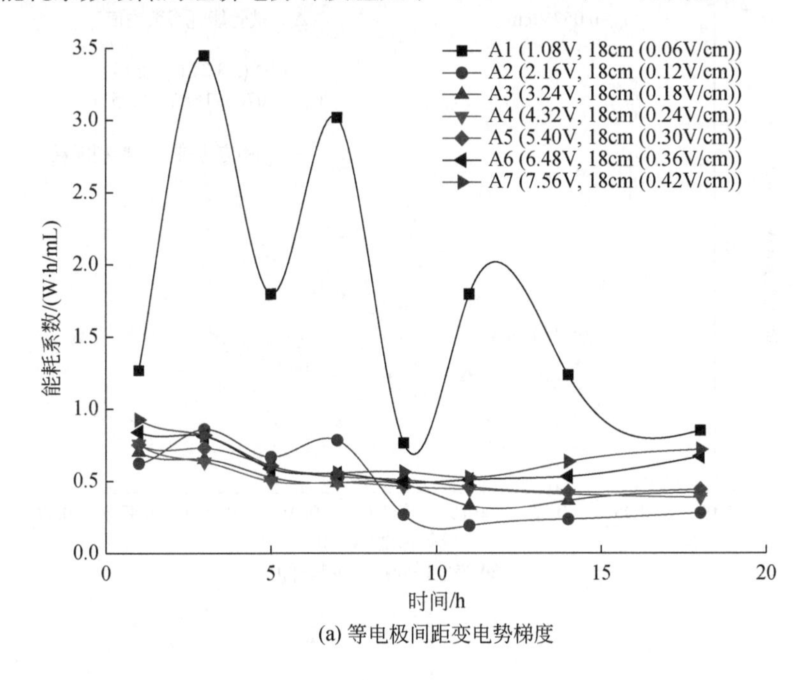

(a) 等电极间距变电势梯度

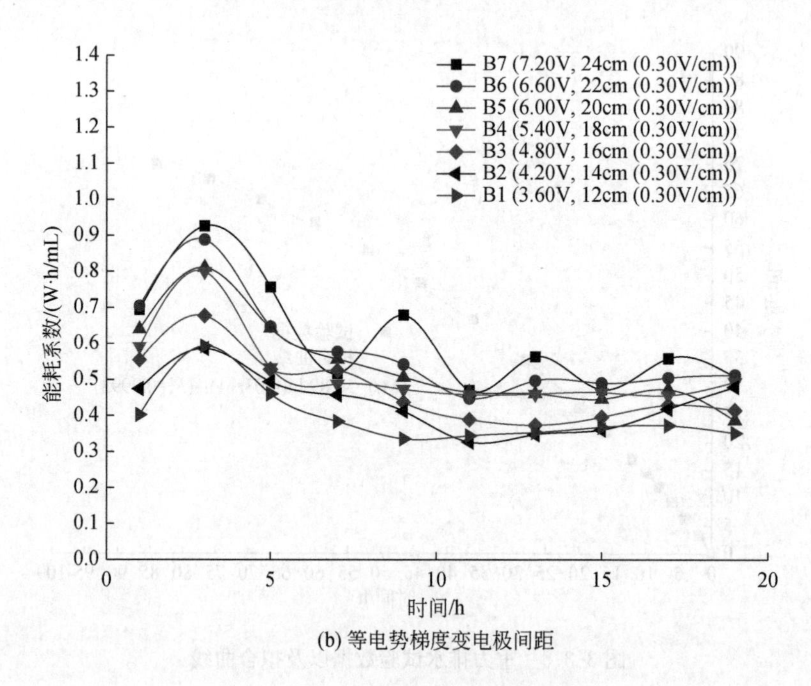

(b) 等电势梯度变电极间距

图 3-3-6　能耗系数随时间变化曲线

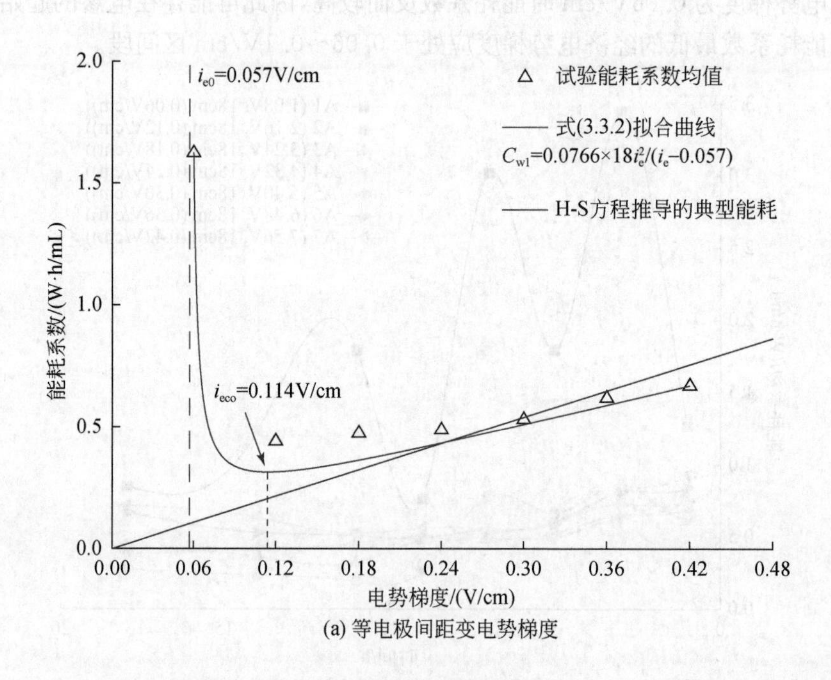

(a) 等电极间距变电势梯度

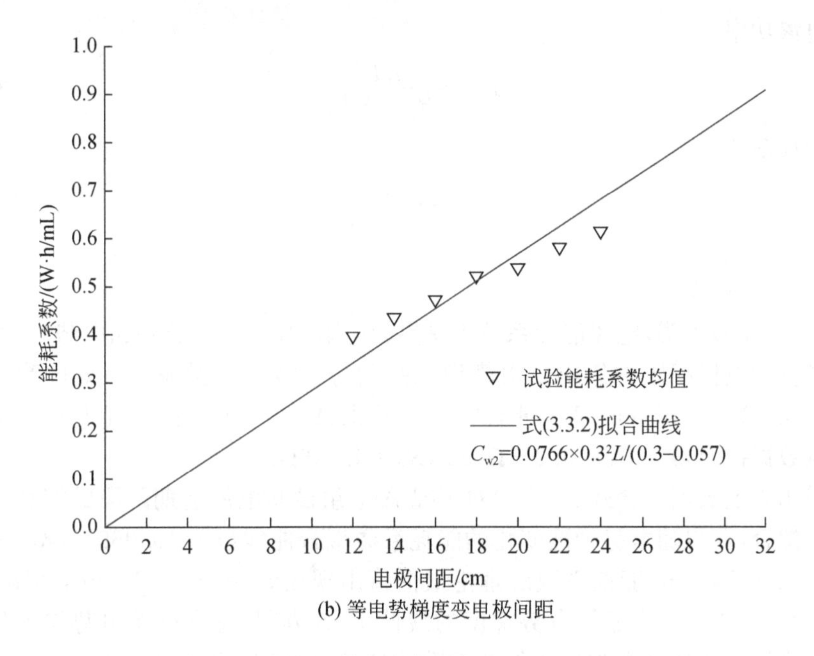

(b) 等电势梯度变电极间距

图 3-3-7 能耗系数与电势梯度、电极间距的关系

3.3.4 考虑起始电势梯度的能耗分析

假定电渗过程中土体保持均匀，形状、组成成分和电学特性不发生变化，忽略电渗过程中的气压差、浓度差和热差对土体造成的影响。考虑界面电阻的存在[11]，假定平行于土体横截面1cm厚的单位土层电阻值保持不变，各组试验箱电极-土的界面电阻相等且保持不变。渗流方面的研究认为，低渗黏土中结合水有较强的黏滞阻力，当水力梯度超过起始水力梯度并克服了结合水的黏滞阻力后，才能发生渗流。我们认为，电渗过程中也需要电势梯度达到某一数值才能发生排水，即存在起始电势梯度。采用考虑界面电阻和起始电势梯度的电渗流方程替代线性的Helmholtz-Smoluchowski(H-S)方程，电渗排水速率可改写为

$$q_{\mathrm{e}}=\begin{cases}0 & i\leqslant i_{\mathrm{b}}\\ k_{\mathrm{e}}'(i_{\mathrm{e}}-i_{\mathrm{e0}})\left(\dfrac{R_{\mathrm{L}}L}{R_{\mathrm{L}}L+R_{\mathrm{ir}}}\right)A & i>i_{\mathrm{b}}\end{cases} \tag{3.3.3}$$

式中，q_{e}为电渗排水速率，mL/h；k_{e}'为土体有效电渗透系数，$\mathrm{cm}^2/(\mathrm{h}\cdot\mathrm{V})$；$i_{\mathrm{e}}$为电势梯度，V/cm；$i_{\mathrm{e0}}$为起始电势梯度，V/cm；$L$为电极间距，cm；$R_{\mathrm{L}}$为平行于土体横截面1cm厚的单位土层电阻值，Ω/cm；R_{ir}为电极-土的界面电阻，Ω；A为土体横截面面积，cm^2。

电渗功率

$$P_{\mathrm{w}}=\frac{i_{\mathrm{e}}^{2}L^{2}}{R_{\mathrm{L}}L+R_{\mathrm{ir}}} \tag{3.3.4}$$

能耗系数

$$C_{\mathrm{w}}=\alpha\frac{i_{\mathrm{e}}^{2}L}{i_{\mathrm{e}}-i_{\mathrm{e0}}} \tag{3.3.5}$$

式中，$\alpha=\frac{1}{k_{\mathrm{e}}'R_{\mathrm{L}}A}$。

式(3.3.5)表明，电渗能耗系数不受界面电阻的影响，而受外加电势梯度、起始电势梯度和电极间距的影响。由模型试验测得宁波滩涂淤泥的有效电渗透系数 $k_{\mathrm{e}}'=3.32\times10^{-1}\mathrm{cm^2/(h\cdot V)}$，土体横截面面积 $A=144\mathrm{cm}^2$，由工况 B 电渗前期阶段电流数据拟合得到 $R_{\mathrm{L}}=0.273\Omega/\mathrm{cm}$，$R_{\mathrm{ir}}=4.506\Omega$。

采用以上数据联合式(3.3.5)对工况 A 七组试验电渗前期阶段的能耗系数均值进行拟合，获得随电势梯度变化的能耗系数拟合曲线($R^2=0.969$)，起始电势梯度 $i_{\mathrm{e0}}=0.057\mathrm{V/cm}$，能耗系数的理论最低值出现在 $i_{\mathrm{eco}}=0.114\mathrm{V/cm}$，如图 3-3-7(a)所示。相比不考虑起始电势梯度的线性 H-S 方程，考虑起始电势梯度的电渗流方程推导的能耗系数与试验能耗系数均值符合更好，拟合曲线能够较切实地反映电渗能耗系数随电势梯度变化的非线性趋势，在一定程度上证实了起始电势梯度的存在。最后采用起始电势梯度值 $i_{\mathrm{b}}=0.057\ \mathrm{V/cm}$ 联合式(3.3.5)绘出能耗系数随电极间距变化曲线，如图 3-3-7(b)所示。考虑起始电势梯度的能耗分析能够良好符合工况 A 和工况 B 的试验结果，说明了在等电极间距下存在电渗能耗系数最低的电势梯度，在等电势梯度下电极间距与能耗系数呈线性关系。

3.4 滨海滩涂淤泥特性及对电极的影响

试验用土取自浙江宁波的滩涂淤泥，原状土的基本物理力学性质如表 3-4-1 所示。

表 3-4-1 滩涂淤泥的物理力学性质

重度 $\gamma/(\mathrm{kN/m^3})$	土粒相对密度 d_{s}	孔隙比 e	含水率 $w/\%$	饱和度 $S_{\mathrm{r}}/\%$	液限 $w_{\mathrm{L}}/\%$	塑限 $w_{\mathrm{P}}/\%$
14.7	2.76	2.52	91.2	99.9	59	32

对于滨海软土特别是滩涂淤泥的电渗加固特性，前人研究涉及较少。鉴于土体的电渗特性与颗粒粒径、化学成分等关系更大，取宁波某基坑软土作为对照，与滩涂淤泥一同进行分析。采用 Mastersizer2000 激光粒度仪对土样进行了粒径分

析，获得滩涂淤泥和基坑软土的颗粒粒径分布曲线，如图 3-4-1 所示。采用 ZSX Primus II X 射线荧光光谱仪对滩涂淤泥和基坑软土进行了 X 射线荧光(XRF)光谱分析，土体成分如表 3-4-2 所示。

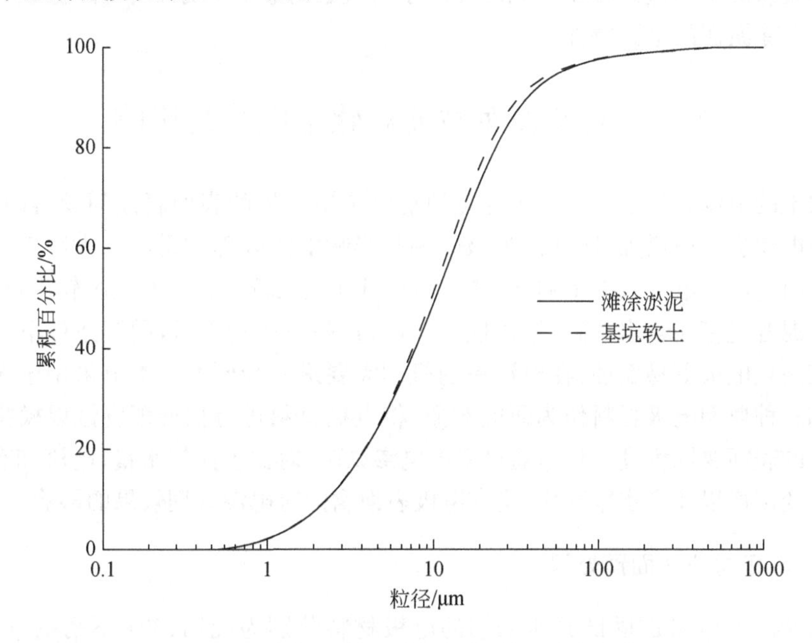

图 3-4-1　滩涂淤泥和基坑软土颗粒粒径分布曲线对比

表 3-4-2　滩涂淤泥和基坑软土成分对比

滩涂淤泥		基坑软土	
成分	质量分数/%	成分	质量分数/%
O	45.1	O	46.7
Si	25.5	Si	27.7
Al	10.2	Al	10.0
Fe	6.11	Fe	5.80
K	3.41	K	3.32
Ca	3.37	Ca	2.10
Mg	2.08	Mg	1.93
Na	1.63	Na	1.18
Cl	1.34	Cl	0.225
Ti	0.609	Ti	0.600
Mn	0.150	Mn	0.120
S	0.0856	S	0.0980

对比滩涂淤泥和基坑软土的颗粒粒径分布曲线，可以看到两者的区别并不明显；对比滩涂淤泥和基坑软土的成分，两者的主要成分均为SiO_2、Al_2O_3、Fe_2O_3，最大区别是氯离子含量。滩涂淤泥的孔隙水特性已经接近海水，其可溶盐成分显著影响了滩涂淤泥的电渗特性。

3.5 电极表面腐蚀对软土电渗的影响

软土的电渗处理过程中不可避免地遇到金属电极的表面腐蚀问题，且其腐蚀程度随电渗进行而增加，通常认为该问题是影响电渗处理效果的一大因素。关于电极表面腐蚀对电渗效果影响方面的研究，目前文献较少。滨海地区软土，特别是滩涂淤泥普遍存在含水率高、渗透性差、含盐量高等影响因素，同等条件下电渗的电流较高且电极更易腐蚀，在电渗中的机理需要进一步研究。本节采用宁波滩涂淤泥和三种典型电极材料作为研究对象，将电极材料进行预处理腐蚀以模拟电渗过程中的表面腐蚀程度变化。通过室内电渗试验，对比土体排水量、电流和有效电势的演变规律以及含水率变化，研究电极表面腐蚀对电渗处理效果的影响。

3.5.1 电极材料表面预处理

滩涂淤泥电渗加固试验所采用的电极材料分别为纯铝、304 不锈钢、H62 黄铜，尺寸均为 130mm×120mm×4mm。阴极板和阳极板在电渗前分别进行处理。阴极板采用激光打孔，直径为 4mm 的圆孔 7×8 个，使阴极板在与土体接触良好的前提下拥有良好的排水性能。根据电化学腐蚀原理以及工程实际，电渗过程阳极板的腐蚀程度远大于阴极板，因此仅对阳极板进行腐蚀预处理以供后续电渗试验使用。试验电源采用 HSPY-60-02 直流电源，如图 3-5-1 所示，提供的最高输出电压和电流分别为 60V 和 2A，可实时显示实际输出电压和电路中的电流。

图 3-5-1 试验采用的直流电源

电渗试验开展前，需要先对金属电极作电化学腐蚀预处理。由于软土和电极板的接触不佳，并且在通电过程中接触面积会发生变化，软土不适合直接用于腐蚀预处理。相对而言，液体能够维持固定的液面高度并保证与电极板表面接触良好，使腐蚀面较为均匀。采用浙江宁海胡陈港附近的海水，在电化学腐蚀预处理之前过滤除去海水的表面悬浮物和底部砂石。海水中的可溶盐浓度：300.4mg/L Ca^{2+}，993.4mg/L Mg^{2+}，9000mg/L Na^{+}，294.6mg/L K^{+}，2216.2mg/L SO_4^{2-}，16000mg/L Cl^{-}，118.9mg/L HCO_3^{-}，pH=7.8。

由于电渗过程中阴极腐蚀量极低，预处理腐蚀仅针对阳极板进行。事实上，为研究电渗过程中的电极表面腐蚀对电渗的影响，腐蚀预处理与正式电渗试验的电极减重水平需要接近。因此将电化学腐蚀预处理的控制条件定为恒电流 1A，使 20h 的正式试验腐蚀量介于 12～36h 的电化学腐蚀量之间。分别以 0h(不腐蚀)、12h、24h、36h 作为时间长度进行腐蚀预处理，试验装置如图 3-5-2 所示。

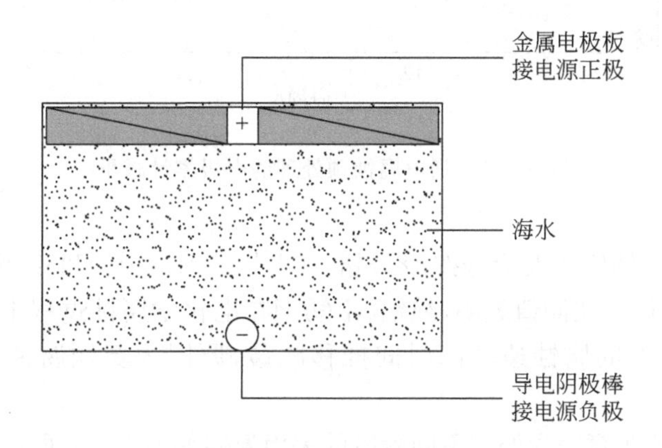

图 3-5-2　电化学腐蚀预处理装置

当 1mol 还原体转化为氧化体时，电极从还原体得到数值等于 n 个法拉第常数电量的电子。根据法拉第定律[12]，通电腐蚀消耗质量与电极板材料、电流、时间等存在以下关系：

$$m_e = \frac{M}{NF_0} It \tag{3.5.1}$$

式中，m_e为金属腐蚀量，g；M 为金属摩尔质量，g/mol；N 为阳极反应中的金属价态变化；F_0 为法拉第常数，等于 96485C/mol；I 为电流强度，A；t 为电流持续时间，s。

通电腐蚀预处理后电极质量的减少量即腐蚀量，处理后的电极均用海水冲洗表面残渣并擦干后称重。图 3-5-3 表明了不同腐蚀时间下电极板的累计减重，虚线为按法拉第定律计算的理论值。

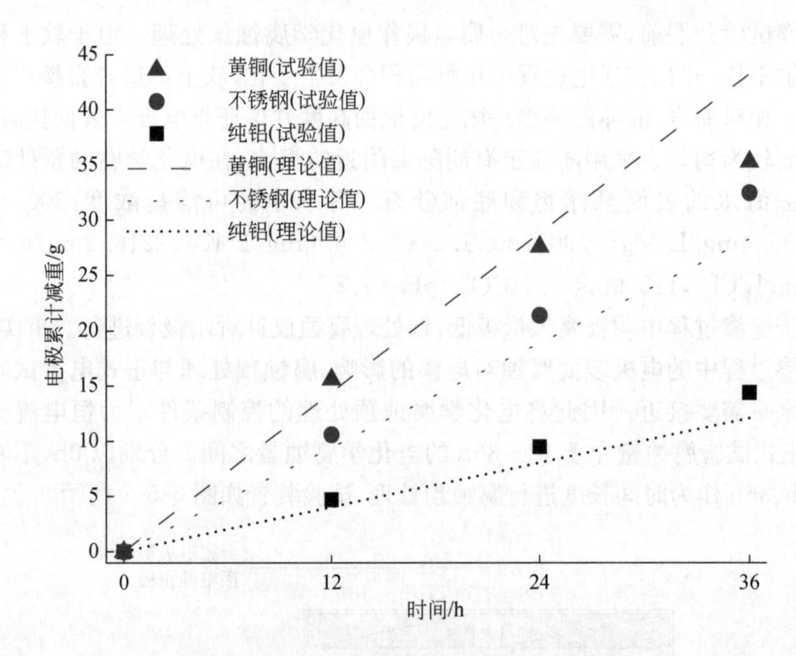

图 3-5-3　通电腐蚀预处理的电极累计减重

其中，304 不锈钢主要成分按 18%铬、10%镍、72%铁计；H62 黄铜主要成分按 62%铜、38%锌计。实测值表明，纯铝、不锈钢在电化学腐蚀过程中的腐蚀速率基本保持不变；黄铜的腐蚀速率随时间推移减缓，原因为黄铜腐蚀过程中的钝化效应。

三种电极板在腐蚀预处理不同阶段的表面形貌如图 3-5-4 所示。

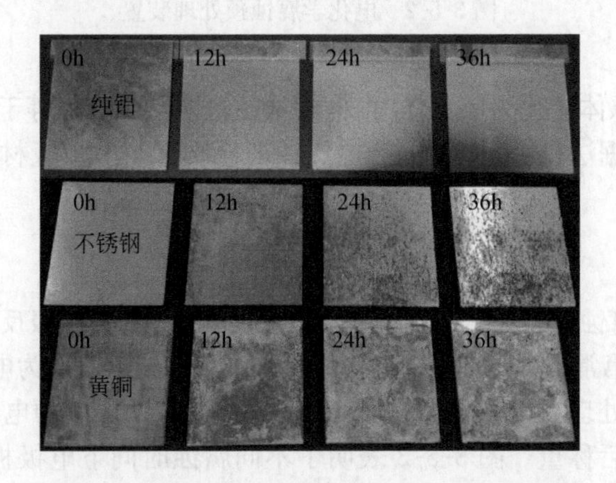

图 3-5-4　通电腐蚀预处理不同阶段电极板表面形貌

3.5.2　试验设计与方案

考虑滩涂淤泥的流动性、吸水性和电渗处理效果，试验前将原状土粉碎烘干并加水搅拌、调制成目标含水率为94%的重塑土样。重塑后通过落雨法分层填筑的方式分别装入12组试验箱，土样干密度在0.73g/cm^{3}左右。所有模型试验箱均填入180mm×120mm×120mm的等体积重塑土，土表面距离试验箱顶面10mm。土样填筑前在箱内壁涂抹凡士林，消除侧壁摩擦力带来的土体收缩沉降不良；填筑后覆上透明薄膜，尽可能减少水分蒸发。通电之前，在模型试验箱中静置12h使土样在自身重力下密实并与电极板接触良好。

采用改进的Miller Soil Box作为模型试验箱进行电渗试验。模型试验箱采用有机玻璃板制成，板厚为5mm，除电极板外有效内部尺寸为180mm(长)×120mm(宽)×130mm(高)。在同组实验中，阴极板和阳极板为同种金属，厚度均为4mm。阳极板按前文所述流程进行腐蚀预处理并接电源正极；阴极板上打孔并设置尼龙纱网，起滤土排水作用。对纱网作适当的润湿处理，不影响其初始排水效果。电渗过程中，土样水分运移的趋势为阳极区域至阴极区域，并经由尼龙纱网从阴极板的小孔排出，排水量通过排水区下方的烧杯称重计算。按照上述试验装置设计，所处理土样的横向渗流速率很小，可视为一维电渗渗流问题。

为避免电渗后期土体脱开电极造成电势测针测量电势失效，根据滩涂淤泥电渗加固过程中的实际变形范围，分别在距离阴阳极3cm处，沿重力方向插入直径为1mm的两根不锈钢丝作为电势测针，使用万用表测量土体的电势分布。最后将直流电源与阴阳极连接，通电进行电渗试验。本次试验研究相关内容是电极材料及其表面腐蚀对电渗的影响，各组试验的其他控制参数均保持一致。模型试验装置和测点位置如图3-5-5(a)和(b)所示。

电渗试验研究采用的电势梯度范围较大，李瑛等[13]通过室内试验确定适合杭州软黏土的电势梯度在1.25V/cm左右。但电势梯度的选取与土质、电极材料和形状、加载方式等密切相关，高含盐量的滩涂淤泥在该电势梯度下的电流过高以至于超过设备承受范围。经过多次试验测试后，采用1V/cm的电势梯度，即按照18V的恒定电压进行加载。

本次试验在阳极腐蚀预处理后进行，共进行12组试验T1～T12，如表3-5-1所示。12组试验均采取相同尺寸的模型试验箱，相同的电势梯度1V/cm。通电时间根据铝电极的前期试验结果确定，各组试验均为20h。试验前将阴阳极电极板固定在试验箱两端，电渗过程中每隔1h读取一次电流、排水量、电势数据。电渗试验结束后，于3个点测试含水率，测试点位于土表面以下1cm处。

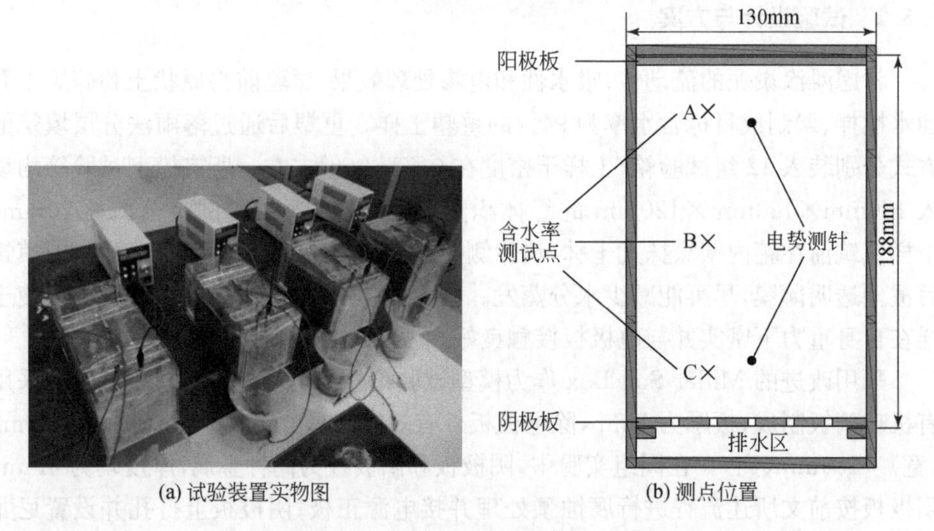

(a) 试验装置实物图　　(b) 测点位置

图 3-5-5　模型试验装置及测点位置

表 3-5-1　试验方案及含水率测试结果

电极材料	试验编号	腐蚀时间/h	初始含水率/%	测点 A 含水率/%	测点 B 含水率/%	测点 C 含水率/%
纯铝	T1	0	93.4	47.9	40.6	70.3
	T2	12	92.4	46.9	42.9	70.2
	T3	24	92.9	49.6	39.2	73.8
	T4	36	92.7	47.7	42.5	74.4
不锈钢	T5	0	94.4	54.6	45.7	88.3
	T6	12	93.4	53.6	45.5	85.7
	T7	24	95.2	51.7	39.7	83.2
	T8	36	94.4	51.0	46.2	85.3
黄铜	T9	0	95.9	71.3	83.7	84.6
	T10	12	93.7	66.1	84.9	83.1
	T11	24	95.1	71.2	85.0	79.9
	T12	36	95.1	73.2	88.3	83.2

3.5.3　试验结果与分析

根据试验方案，电渗排水通过排水区域下方的漏斗收集进入烧杯然后称重计量。土样在自身重力条件下静置 12h 的排水量为 16～20mL,远小于通电期间的排水量,通电结束后排水立刻停止。纯铝、不锈钢和黄铜试验组电渗过程中总排水量随时间的变化见图 3-5-6(a)～(c)。

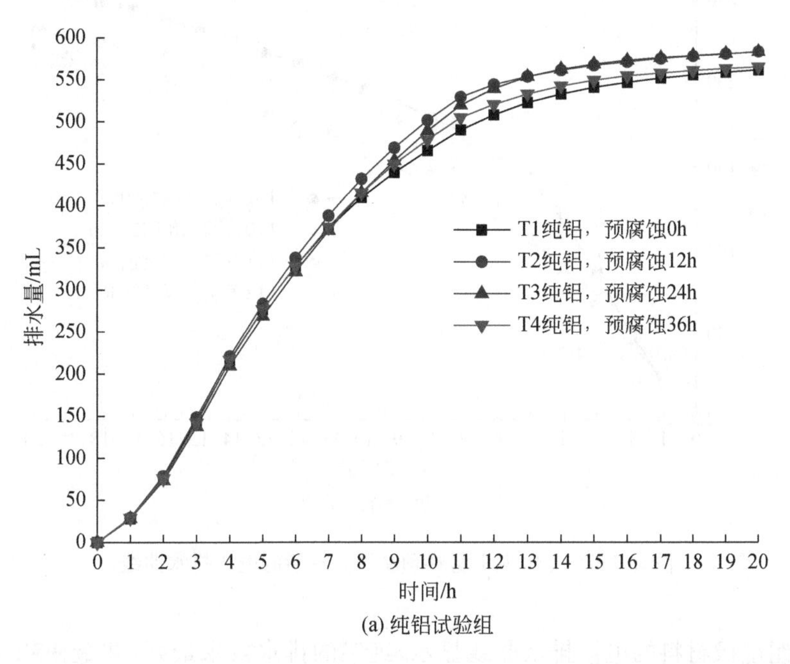

(a) 纯铝试验组

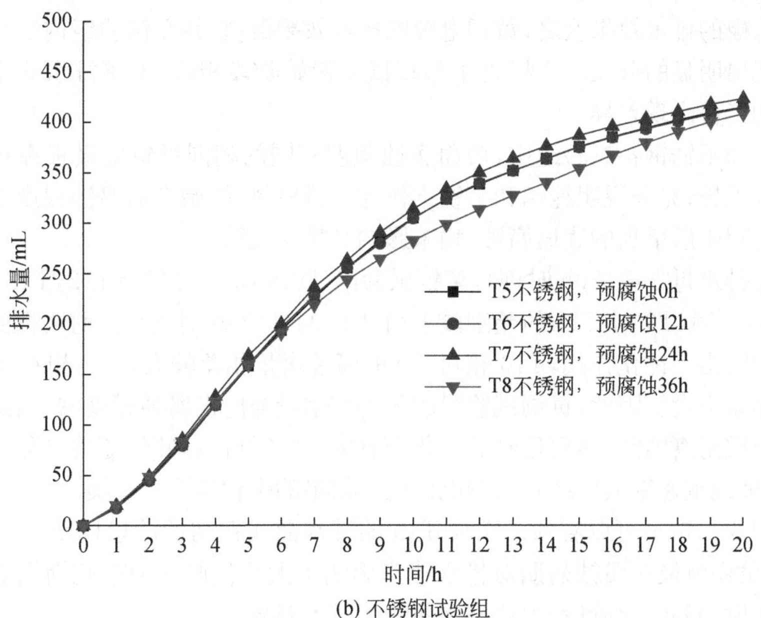

(b) 不锈钢试验组

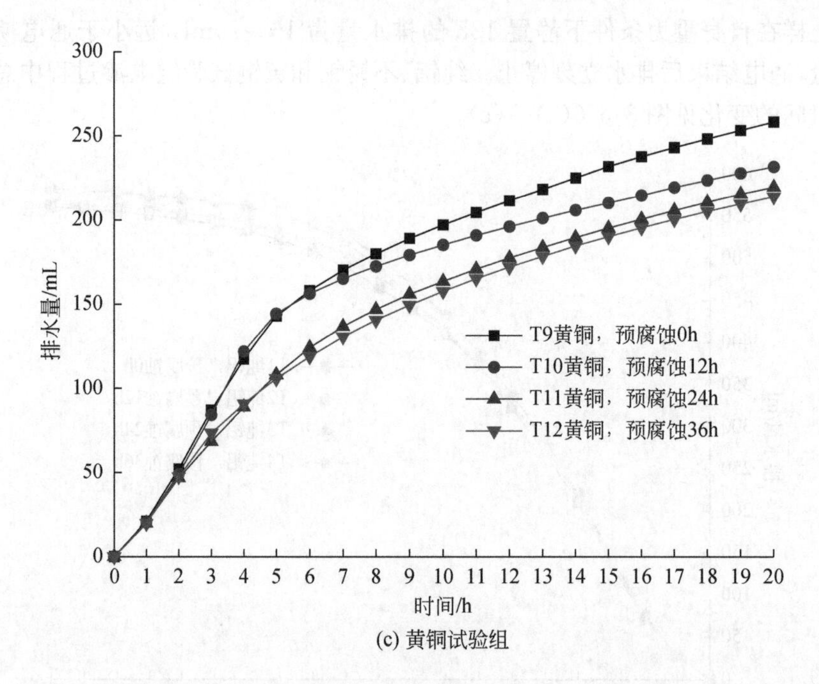

(c) 黄铜试验组

图 3-5-6 三组电极材料预腐蚀处理后的电渗排水曲线

三组电极材料的电渗排水曲线显示，纯铝的排水效果最好，并最快趋于平稳；不锈钢电极的排水效果次之；黄铜电极的排水效果最差，并在试验组内的排水量曲线上体现出明显的分叉。土样含水率在试验初始阶段相近，电渗排水速率的不同使曲线的走势出现差异。

纯铝和不锈钢各试验组中，表面腐蚀程度不同的相同材料电极板在排水量曲线上基本无异，充分说明纯铝和不锈钢作为电极材料，初始表面腐蚀程度的不同以及电渗过程中所增加的表面腐蚀，均未影响其排水效果。

最终排水量方面(20h 时刻)，黄铜试验组 T9＞T10＞T11＞T12，T12 相对 T9 减少约 17.2％，T9 与 T10 的差别较大而 T11 与 T12 差别较小。前文提到电极腐蚀预处理时由于钝化作用，T10 相对 T9 的腐蚀增量相差较大，T12 相对 T11 的腐蚀增量相差不大。因此，黄铜试验组的最终排水量与电极腐蚀程度密切相关，这与其表面形成耐腐蚀的、薄而致密的钝化膜有关。同时可以判断，随着电化学腐蚀的变缓(电极减重速率的变缓)，黄铜电极电渗效果的劣化速率也变缓。

由图 3-5-6(c)可以看到，T9 与 T10 的排水曲线在初始阶段(0h→5h)基本重合，说明黄铜电极在腐蚀初期对排水速率影响不大。我们认为在此期间黄铜并未明显进入腐蚀和钝化阶段，因此排水曲线无较大差异。

12 组试验结束时，每组试验测试三个点的含水率，结果见表 3-5-1。从土体含水率分布上看，纯铝和不锈钢电极体现出一致的规律：阴极＞阳极＞中间，试验箱中部区域的含水率最低。而黄铜试验组处理后的土样在阳极附近含水率最低。

与电渗排水曲线类似，纯铝和不锈钢两个试验组中，表面腐蚀程度不同的相同材料电极板在电流曲线上基本无异，如图 3-5-7(a)～(c)所示。

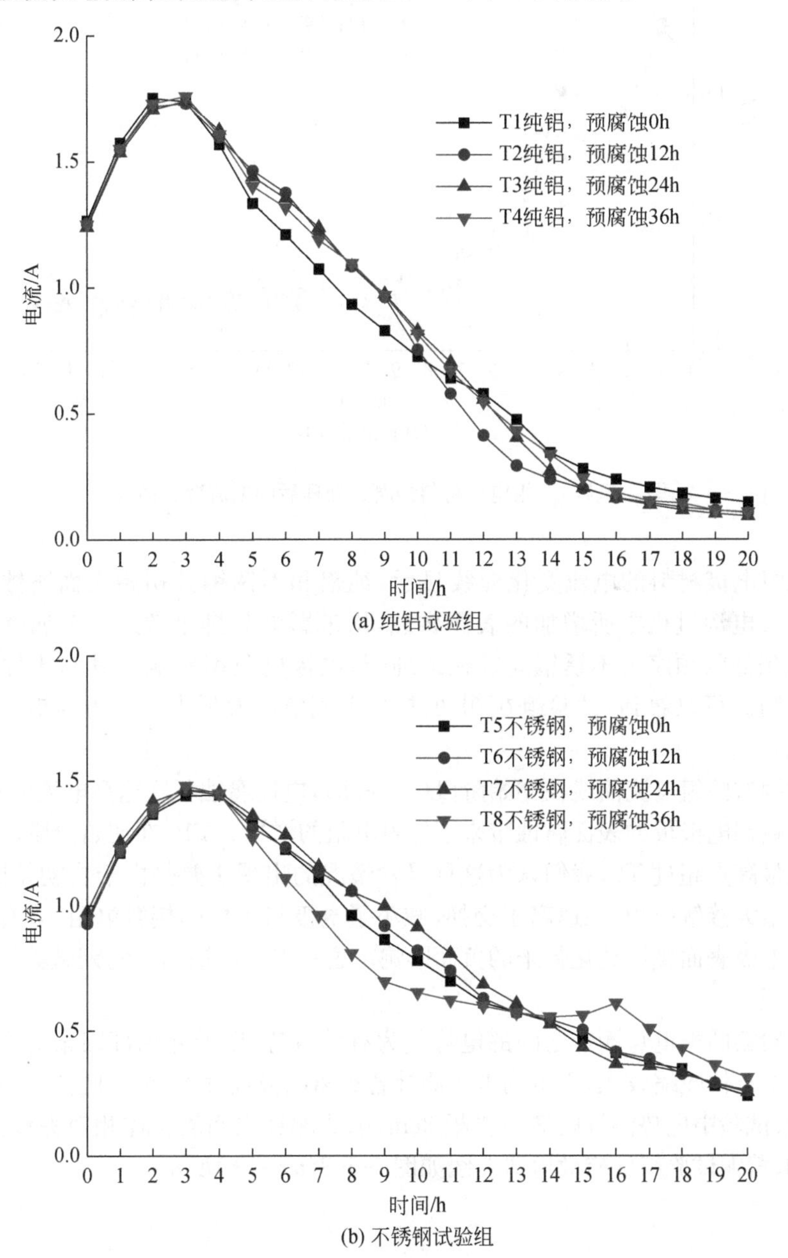

(a) 纯铝试验组

(b) 不锈钢试验组

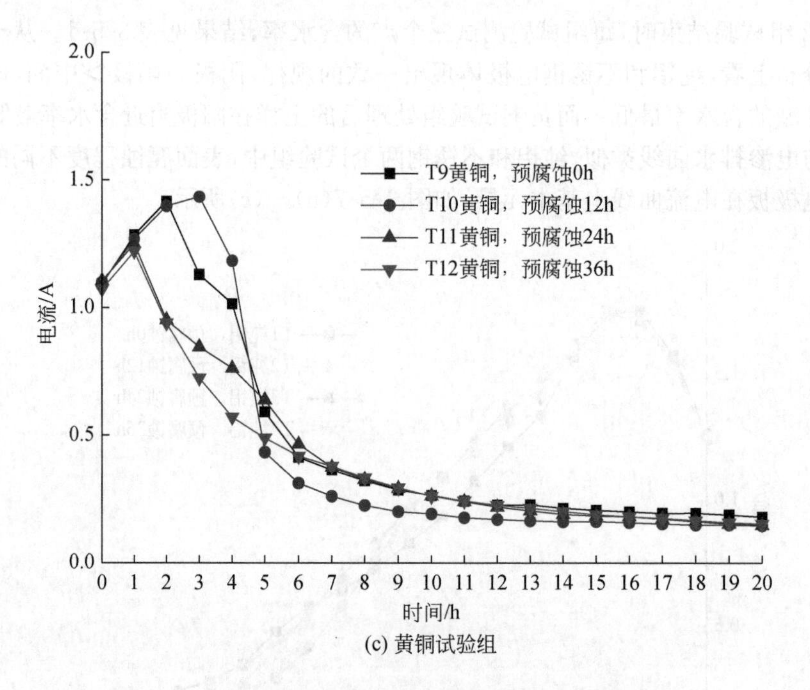

(c) 黄铜试验组

图 3-5-7　三组电极材料预腐蚀处理后的电流变化曲线

三组电极材料的电流变化曲线显示，纯铝和不锈钢其初始表面腐蚀程度的不同以及电渗过程中所增加的表面腐蚀，均未影响其排水效果。金属材料电阻率从高到低的顺序为不锈钢＞黄铜＞纯铝，电极电阻率影响了其与土样的表面接触电阻。可以看到，试验组在0h的初始电流值从大到小分别为纯铝＞黄铜＞不锈钢。

黄铜试验组电流曲线在初始阶段(0h→5h)，电极腐蚀程度越高电流值越低，这意味着黄铜电极板的表面腐蚀带来了接触电阻的增长。T10在初始阶段(0h→5h)的电流最高点超过T9，我们认为这种异常情况的出现主要是由于在初始阶段，轻微腐蚀增大接触面积、加速离子交换，减小了电极与土样的接触电阻，该有利因素超过了电极表面腐蚀钝化带来的负面影响。这一点在纯铝和不锈钢试验组中也有轻微体现。

试验箱两根电势测针之间的电势差为有效电势，以消除局部因素的干扰。由于电渗中土体收缩较大，固定的电势测针若距离电极板过近，极易脱离引发测量失败，本次试验中电势测针距离电极板3cm，电势测针之间的土体相对完整。纯铝、不锈钢、黄铜试验组的有效电势曲线如图3-5-8(a)～(c)所示。

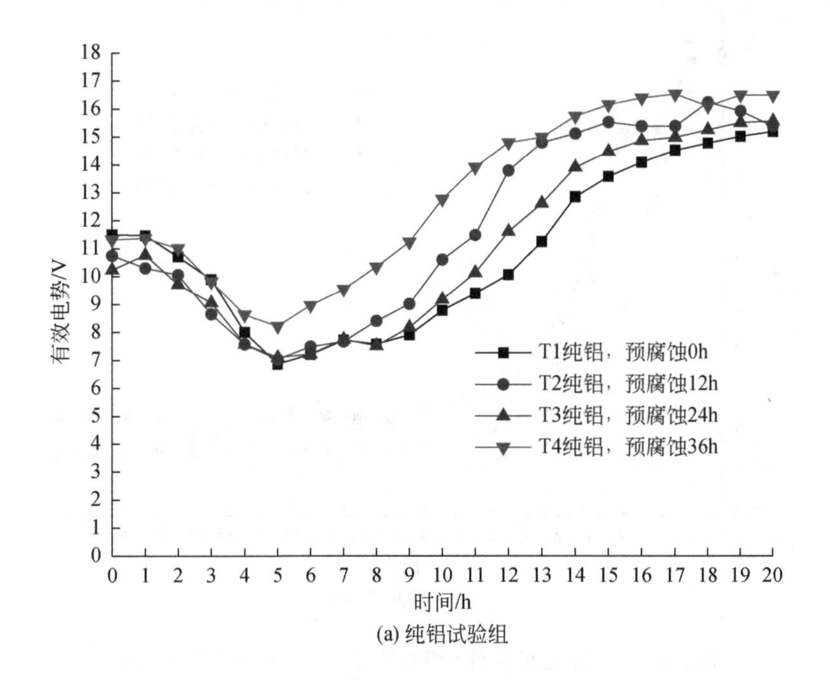

(a) 纯铝试验组

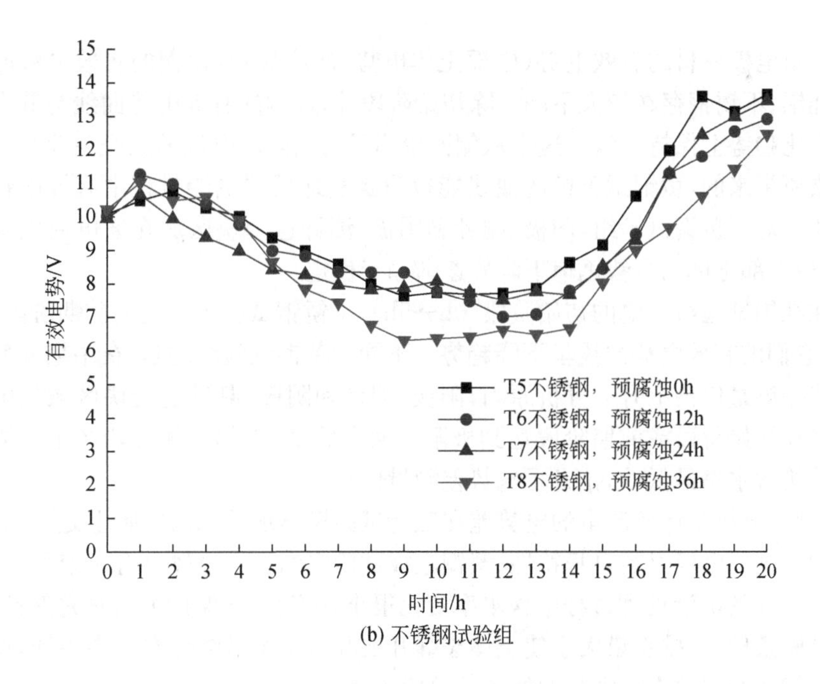

(b) 不锈钢试验组

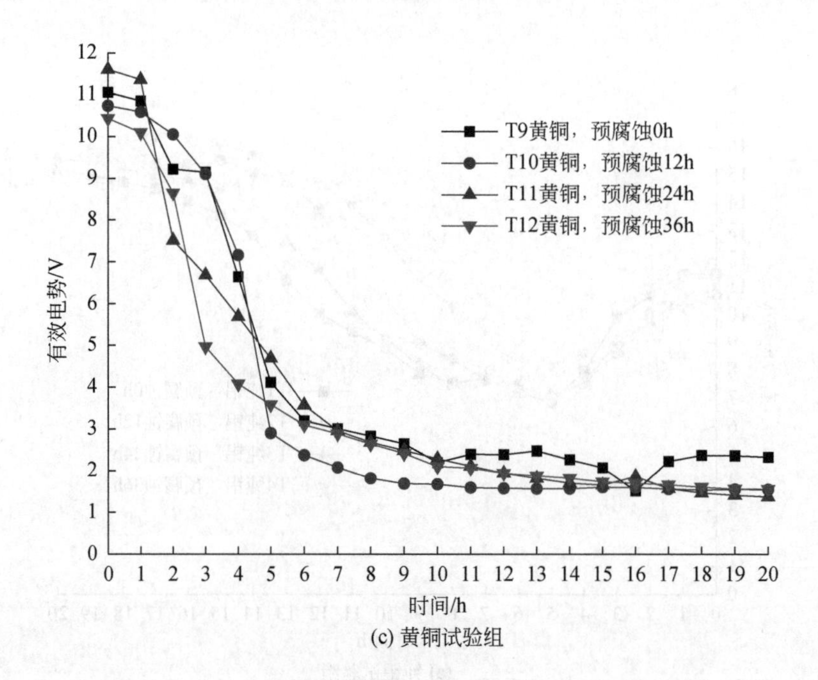

(c) 黄铜试验组

图 3-5-8　三组电极材料预腐蚀处理后的有效电势变化曲线

三组电极材料的有效电势(中部土体电势)曲线显示,黄铜的有效电势曲线相较于纯铝、不锈钢存在较大不同。除初始阶段外,黄铜的有效电势曲线与其电流曲线在变化趋势上保持一致。这也从侧面说明了初始阶段电流的上升主要是两侧电极因素所带来的,黄铜试验组的曲线能较为真实地反映电渗过程中有效电势的变化规律。对于黄铜试验组,阳极-测针和阴极-测针这两块区域在通电后电阻增长较快,使中部土体的电势迅速下降并逐渐趋于稳定。

在纯铝试验组通电的初始阶段(0h→5h)、不锈钢试验组通电的前期阶段(0h→12h),它们的有效电势曲线呈下降趋势。不同于黄铜试验组的是,在中期或后期阶段电势差测量值会上升。分析原因,阳极-测针和阴极-测针这两块区域的电阻增长已经在初始阶段或前期阶段达到极限。而在后期,中部土体开始产生裂缝并成为试验箱含水率最低处,拉升了电势差测量值。

因此,电势测针所测量的电势差在三组试验里体现的原因实际上是不同的、分阶段的。这与电极材料自身特性、黄铜电极试验组的排水量较小有一定关系;黄铜电极在 20h 的电渗处理过程中含水率变化很小,试验土样保持了相对完整且均匀。本次试验条件下,排水量大小使土体裂缝开展和含水率最终分布存在不同,使纯铝和不锈钢试验组的有效电势曲线需分阶段来讨论。

电渗运移量可由电渗排水速率与通电电流的比值获得，三组电极材料的电渗运移量由图 3-5-9 所示。

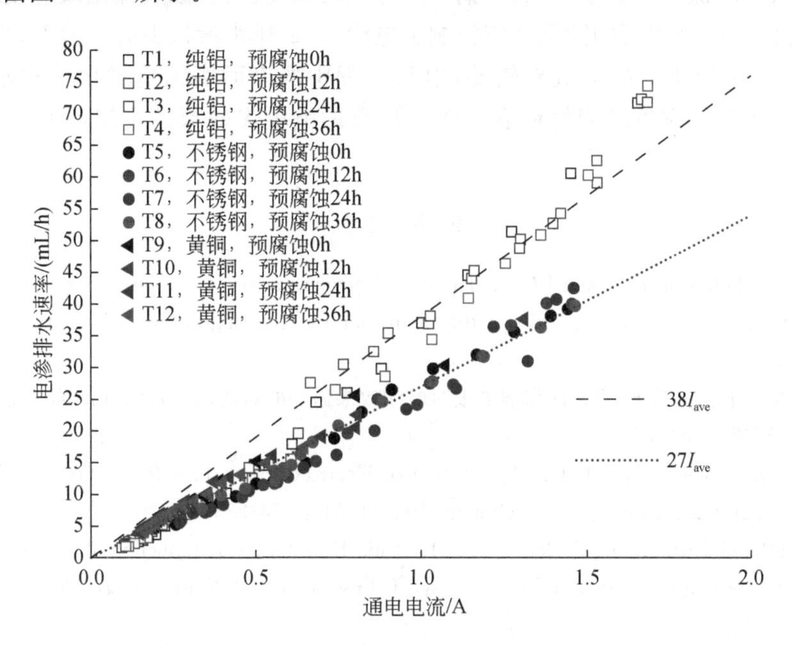

图 3-5-9　纯铝与不锈钢、黄铜试验组的电渗运移量

可以看到，纯铝电极试验组的电渗运移量达到 38mL/(A·h)，远远高于不锈钢电极和黄铜电极试验组，而后两者的电渗运移量差别较小。

3.5.4　结论

软黏土在电渗过程中排水效率逐渐降低，伴随阳极表面的腐蚀程度不断增加。对纯铝、不锈钢和黄铜电极在不同腐蚀程度下的电渗效果进行了模型试验研究，从排水量、含水率、通电电流、有效电势、电渗运移量等方面进行分析，得到以下结论：

(1) 恒电流条件下，纯铝和不锈钢电极的电化学腐蚀速率基本保持不变。黄铜电极在初期腐蚀速率基本不变，对电渗的影响也很小；后期由于表面钝化原因，电化学腐蚀速率降低较快。

(2) 按 1V/cm 电势梯度对滩涂淤泥进行电渗，不同电极材料排水效率从高到低的顺序如下：纯铝＞不锈钢＞黄铜。该条件下，黄铜电极有效电势曲线与其电流曲线在变化趋势上保持一致，纯铝、不锈钢电极有效电势曲线需分阶段讨论。土体裂缝开展和含水率最终分布存在不同是需分阶段讨论的主要原因。

(3) 黄铜与纯铝、不锈钢在电极表面腐蚀特性及因腐蚀导致排水效率劣化方面存在差别。以纯铝和不锈钢电极为例，阳极表面腐蚀对电渗的不利影响极小，不是电渗效率降低的主要原因；而黄铜作为电极时，其表面腐蚀及钝化效应使电渗效率迅速降低，电极表面的钝化效应影响了电渗效果，排水量减少值约为 17.2%。

(4) 黄铜电极的电渗效果较差，电渗过程中的表面腐蚀更劣化了排水效果。建议工程中尽量避免采用材料表面腐蚀严重影响电渗效果的金属（如黄铜）作为电极。

参考文献

[1] Mohamedelhassan E, Shang J Q. Effects of electrode materials and current intermittence in electro-osmosis[J]. Proceedings of the Institution of Civil Engineers-Ground Improvement, 2001, 5(1): 3-11.

[2] 陶燕丽，周建，龚晓南，等. 铁和铜电极对电渗效果影响的对比试验研究[J]. 岩土工程学报, 2013, 35(2): 388-394.

[3] Bjerrum L, Moum J, Eide O. Application of electro-osmosis to a foundation problem in a Norwegian quick clay[J]. Geotechnique, 1967, 17(3): 214-235.

[4] Kalumba D, Glendinning S, Rogers C D F, et al. Dewatering of tunneling slurry waste using electrokinetic geosynthetics [J]. Journal of Environmental Engineering, 2009, 135 (11): 1227-1236.

[5] Holm R. The Contact Resistance. General Theory[M]. Berlin, Heidelberg: Springer, 1958.

[6] Malekzadeh M, Lovisa J, Sivakugan N. An overview of electrokinetic consolidation of soils[J]. Geotechnical and Geological Engineering, 2016, 34(3): 759-776.

[7] 龚晓南，焦丹. 间歇通电下软黏土电渗固结性状试验分析[J]. 中南大学学报（自然科学版）, 2011, 42(6): 1725-1730.

[8] 陈卓，周建，温晓贵，等. 电极反转对电渗加固效果的试验研究[J]. 浙江大学学报（工学版）, 2013, 47(9): 1579-1584.

[9] Alshawabkeh A N, Gale R J, Ozsu-Acar E, et al. Optimization of 2-D electrode configuration for electrokinetic remediation[J]. Journal of Soil Contamination, 1999, 8(6): 617-635.

[10] Tao Y, Zhou J, Gong X, et al. Electro-osmotic dehydration of Hangzhou sludge with selected electrode arrangements[J]. Drying Technology, 2016, 34(1): 66-75.

[11] Zhuang Y F, Wang Z. Interface electric resistance of electroosmotic consolidation[J]. Journal of Geotechnical and Geoenvironmental Engineering, 2007, 133(12): 1617-1621.

[12] El Maaddawy T A, Soudki K A. Effectiveness of impressed current technique to simulate corrosion of steel reinforcement in concrete[J]. Journal of Materials in Civil Engineering, 2003, 15(1): 41-47.

[13] 李瑛，龚晓南，卢萌盟，等. 堆载-电渗联合作用下的耦合固结理论[J]. 岩土工程学报, 2011, 32(1): 77-81.

第 4 章　软土电渗加固的土体微观结构演变规律

4.1　微观测试技术原理与方法

4.1.1　软土微观结构基本特征

黏性土的微观结构是其重要的物理特性之一，其宏观性质是微观结构的外在表现，微观结构的变化对土体的宏观性质有很大的影响，研究黏性土的微观结构对指导工程实践具有重要意义。土的结构指土中各组分在空间上的存在形式，结构特征又受各组分的成分、定量比例和相互作用力控制，可分为以下三类特征[1]。

(1) 形态学特征：指结构单元体的大小、形状、表面特征及其定量的比例关系；

(2) 几何学特征：指各单元体在空间上的排列状况；

(3) 能量学特征：指各单元体间的连接特征。

关于结构分级主要有两分法和三分法。两分法分为宏观结构和微观结构两级[2]，三分法[3]分为宏观结构、中观结构和微观结构，具体含义[1]如下。

(1) 宏观结构：指自然土体或原状土体中可用肉眼观察的结构特征。单元体的大小可由数米到几毫米，各单元体的形状、大小、状态，相互间的排列及接触特征，裂隙方向、大小、有无充填及充填物的性质，土体的颜色特征等一起构成土体的宏观结构特征。

(2) 中观结构：指利用偏光显微镜对薄片、光片进行观察获得的结构特征，结构单元体的大小为 2～0.05mm，即为砂、粉粒组、原生矿物颗粒及黏粒的集聚体组成。此种结构实际上仍属宏观结构范畴。

(3) 微观结构：指用各种电子显微镜和 X 射线衍射仪等现代技术手段揭示的结构特征。结构单元体小于 0.05mm，它由单粒、团聚体、叠聚体和孔隙等组成。微观结构包括这种微小单元体的特征、在空间的分布状况以及它们之间的接触连接特点和微观孔隙特征。

通过微观结构的研究可以认识土体某些工程性质的本质，对于了解土质人工改良机理和解释宏观现象均有重要意义。Xu 等[4]发现，电渗可以使土体中团粒更为密集，絮凝结构的破坏是土体沉降和电渗排水速率降低的主要原因。李文宇等[5]指出，将羟基铝溶液加入电渗中以改良土性，可使土体的比表面积和孔隙大小明显下降，进而提高土体的内摩擦角以提高抗剪强度。

电渗法加固软土的原理与传统地基处理方法，如堆载预压、真空预压等方法有所不同，电渗法并未在土体上施加实际的应力，土中有效应力的产生得益于负的孔隙水压力。因此不同于如堆载预压中有效应力与重力方向一致，土体在外加力的作用下其中的团粒以及团粒间的接触及排列方式、土体内部的孔隙分布和团粒的定向性均会随着土体的固结而发生改变，电渗法加固时土体的有效应力是三维的，加固土体时并没有对土体施加实际的应力，而是加速土中孔隙水的排出进而达到加固的目的，土体结构的变化也有所不同。本章主要探讨软土电渗加固的土体微结构演变规律。

4.1.2 真空冷冻干燥原理与仪器

黏性土的微结构对含水率变化非常敏感，一般来说都具有失水收缩的性质。然而扫描电子显微镜（SEM）测试和压汞（MIP）测试均要求所测试土样为干燥土样，因为水分会影响到扫描电子显微镜腔体内部的真空度和压入土体孔隙中汞的体积，且土样在高真空状态下易于失水变形，影响原始结构。因此在进行土体微观结构测量前，必须先对土样进行干燥处理。

土样干燥的方法很多，如风干法、烘干法、置换法和真空冷冻干燥法[6]。风干法是将土样放在阴凉处慢慢风干，适用于胶结好、成岩作用高、结构致密的黏土，以及天然含水率低于缩限的黄土。烘干法是将土样置于高温烘箱中，保持恒温烘干土中的水分。置换法利用的是乙醇或丙酮等低表面张力的特性，将土中孔隙水置换为这种液体，再将其置于自然环境下蒸发。真空冷冻干燥法是将土体置于液氮中快速冷却，形成非结晶冰，避免由于孔隙水由液相变成固相时体积约 9% 的膨胀，减少其对土体微观结构的破坏，并在低温真空条件下使之升华干燥的方法。李生林等[7]对比了几种干燥方法对不同矿物干燥前后的体积变化，如表 4-1-1 所示。采用风干法土样结构变化很大，对于液限较高的蒙脱石其体缩率达到了 98.5%；即使是对液限较低的高岭石其体缩率也有约 15%。显然，风干法会严重影响土样的微结构特征，不适合用来制备测试土样。而采用冻干法制备的土样其线缩率、体缩率都较小，基本都在 2% 和 5% 以内，可以满足研究精度要求。

表 4-1-1 黏土经风干和冻干之后的线缩率和体缩率 （单位：%）

试样名称	液限	风干法		冻干法	
		线缩率	体缩率	线缩率	体缩率
高岭石	58	5.6	14.8	0.4	1.1
伊利石	101	10.1	23.1	0.1	2.4
蒙脱石	357	84.5	98.5	2.1	4.7

电渗试验结束后对所需测试的土样进行干燥，具体的操作步骤如下：

(1) 将土体从试验箱中取出，在所需测试位置处取土。取土用锋利刀片将土样切成大约 $1cm^3$、上窄下宽的梯形土样。

(2) 将土样放入温度约为 −190℃ 的液氮中，充分冷却，避免仅有土体外表形成冻壳而内部尚未完全冻结的情况，一般这个过程需要 3～5min。

(3) 将冷冻后的土样放入真空冷冻干燥机的冷阱中，设置冷阱温度为 −50℃。为加快升华干燥，打开真空机对冷阱内抽真空，降低冷阱内的真空度。所采用的干燥机为 SJ-10N 型真空冷冻干燥机，可一次性冻干多份土样，使用时打开真空泵可确保冷阱内的真空度低于 15Pa。

(4) 干燥过程持续大约 24h，干燥后的土样颜色变浅。用手轻轻捏住土样表面，土样上会有微小颗粒掉下形成粉末，此时可以认为土样已经完全干燥。

4.1.3　扫描电子显微镜工作原理和仪器

扫描电子显微镜的制造依据是电子与物质的相互作用，原理是利用聚焦的非常细的高能电子束在试样上扫描，激发出各种物理信息。当一束极细的高能入射电子轰击扫描样品表面时，被激发的区域将产生二次电子、俄歇电子、特征 X 射线和连续谱 X 射线、背散射电子、透射电子，以及在可见、紫外、红外光区域产生的电磁辐射。同时可产生电子-空穴对、晶格振动(声子)、电子振荡(等离子体)，通过对这些信息的接受、放大和显示成像，获得测试试样表面形貌的观察。

二次电子来自表面 5～10nm 的区域，能量为 0～50eV。它对试样表面状态非常敏感，其数量与入射电子束的入射角有关，能有效地显示试样表面的微观形貌。二次电子产额随原子序数的变化不大，它主要取决于表面形貌。二次电子信号被探测器收集转换成电信号，经视频放大后输入到显像管栅极，调制与入射电子束同步扫描的显像管亮度，得到反映试样表面形貌的二次电子像。

为了使样品表面发射出二次电子，样品在干燥、固定之后需要喷涂上一层重金属微粒，使重金属在电子束的轰击下发出次级电子信号。试验所用扫描电子显微镜为浙江大学分析测试中心的热场发射扫描电子显微镜(thermal field emission scanning electron microscope)，型号为 SIRION-100。

试验步骤如下：

(1) 将经真空冷冻干燥机干燥过的土样折断，暴露出未受扰动的新鲜断面，断面边长约 5mm。将其用导电胶固定金属托盘上，使断面朝上。

(2) 将试样放入真空离子溅射仪，在其表面镀一层金膜，使试样具有良好的导电性。

(3) 将镀好金膜的试样放入扫描电子显微镜的样品室中，对样品室抽真空使其达到仪器所需真空度,就可以拍摄扫描电子显微镜图像了。拍摄时需遵循由低倍数到高倍数、平均取点拍摄的原则。先从低倍数拍摄可迅速找到典型的结构单元体,再以高倍数拍摄,平均取点拍摄可保证能观察到试样表面整体与局部的形貌特征。

4.1.4 压汞测试原理和仪器

压汞仪可在低压和高压状态下通过压入汞的体积数来分析粉末或块状固体的开放孔和裂隙孔尺寸、孔体积及其他参数,可广泛用于对试验样品的微观结构进行测定和分析,是测定孔隙结构特征的一种有效方法。由于水银对一般固体具有不浸润的特性,要使水银进入孔隙则必须施加一定的外界压力以抵抗水银的表面张力。根据 Washburn[8] 提出的公式,圆柱形孔隙注入液体时所需压力大小为

$$p=\frac{2\sigma\cos\theta}{r} \tag{4.1.1}$$

式中,p 为渗透压;σ 为导入液体的表面张力,相对于汞取值为 0.484N/m;θ 为液体与固体的接触角,本次试验测得为 130°;r 为孔隙的半径。

试验中,只需测出施加的渗透压以及压入汞的体积量,就可以计算出土体中孔隙的分布。

4.2 不同电极电渗加固前后的土体微观结构

4.2.1 试验设计与方案

试验装置由有机玻璃箱、稳压直流电源以及万用表组成。有机玻璃箱的内部尺寸为 200mm(长)×130mm(高)×100mm(宽),玻璃箱的阴极处设有宽 10mm 的排水口。稳压直流电源的最高输出电压为 60V,最高输出电流为 2A;稳压直流电源可直接显示电路中电流值。电极采用板状电极,尺寸为 5mm(厚)×130mm(高)×100mm(宽),且在阴极板上设有若干 5mm 直径的小孔方便排水;试验时将阴极用多孔土工布包裹起滤土排水作用。

试验用土为宁海某处的滩涂淤泥,其天然孔隙率高,无明显结构性,承载力低,含盐量高。将原状滩涂淤泥烘干研磨成粉,过 2mm 筛后与蒸馏水充分混合按 100%目标含水率配制重塑土,实测为 101.9%。安装好电极后将重塑土分层填入试验箱中,每次填完轻轻拍打土体表面使土中的气泡排出。填完后土样高度为 10cm,即土样总体积为 180mm(长)×100mm(高)×100mm(宽)。装样完毕后在有机玻璃箱上覆盖一层保鲜膜,尽量减少土中水分在电渗过程中蒸发。

本次试验所采用的电势梯度为 0.9V/cm,稳压直流电源输出电压为 16.2V,

设置了两组对比试验，分别采用了铜、铝作为阴阳极材料。将配制好的土样分层填入试验箱，将两组实验装置安放平稳后连接导线，并静置 24h。待土样完全填充满试验箱，且由土体自重产生的固结排水完全排出，阴阳极均足够湿润之后，打开稳压直流电源对装置通电。电渗前期排水速率较快时每隔 30min 测量排水量，中期每隔 1h 测量一次，试验后期由于电渗排水速率很小，其具体数值对试验结果影响不大，可放宽测量区间时长。同时读取稳压直流电源上的电流读数。通电时间为 48h。

停止通电后，分别在不同位置中部深度处取土，进行 SEM、MIP 测试。取土的位置以及相应的编号如表 4-2-1 所示。

表 4-2-1　取土试样位置及编号

试样	SEM		MIP	
	距阳极距离/cm	编号	距阳极距离/cm	编号
铜电极试验组	1	S1	1	M1
	9	S2	9	M2
	17	S3	17	M3
铝电极试验组	1	S4	1	M4
	9	S5	9	M5
	17	S6	17	M6
重塑土	—	S7	—	—

4.2.2　试验结果及分析

1. 电渗排水及含水率

两组试验的排水量如图 4-2-1 所示。在试验的前 10h，两组试验的排水量增长较快，且铝电极试验的总排水量始终高于铜电极试验；20h 之后，总排水量的增长较为缓慢，从 20h 到试验结束时的排水量仅占总排水量的 26.06%（铜）和 14.52%（铝），说明电渗的大部分排水都发生在试验的中前期。从图 4-2-2 可以看出，两组电渗试验的排水速率在电渗刚开始时急速上升，且在 5h 左右时达到峰值，铜电极试验的排水速率最大值为 38.6mL/h，铝电极试验为 62.5mL/h；而后排水速率缓慢降低，两者在 18h 时均达到 10mL/h，直到试验结束，排水速率的波动不大。电渗结束时，铜电极总排水量为 509.1mL，铝电极总排水量为 779.7mL。

电渗排水速率与电流的大小呈正相关，如图 4-2-3 所示，电流的变化规律与排水速率的变化规律基本一致。铝电极的电流在电渗的中前期始终高于铜电极，在

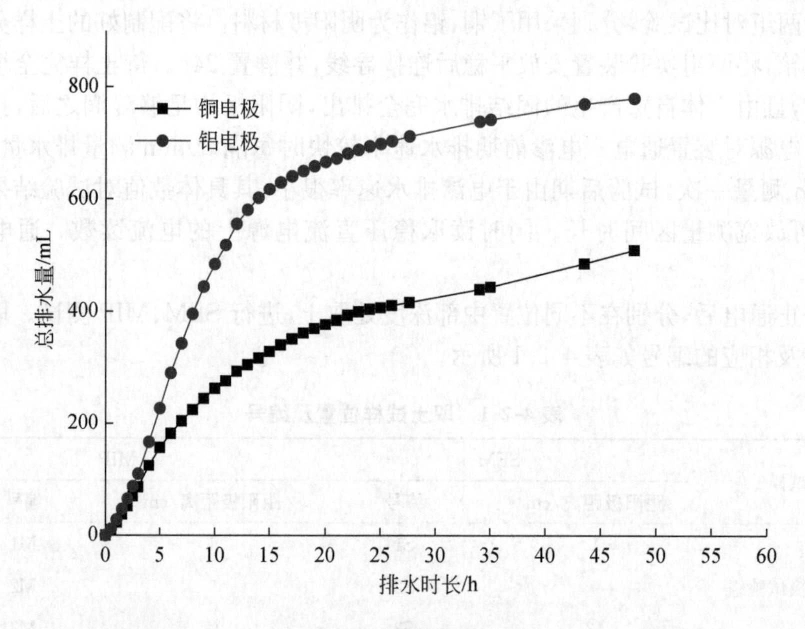

图 4-2-1　电渗总排水量

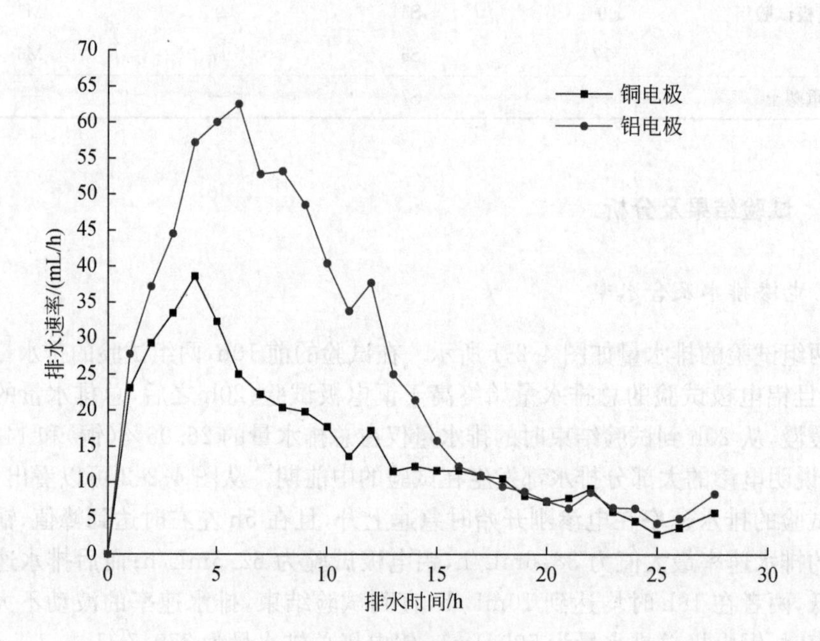

图 4-2-2　电渗排水速率

电渗初期均有一小幅度的增加，峰值出现在 5h 左右，铜电极组的电流峰值为 1.203A，铝电极组的电流峰值为 1.451A。到达峰值之后，电流开始缓慢变小，且这种变小的趋势随电渗时间的增加不断减小。

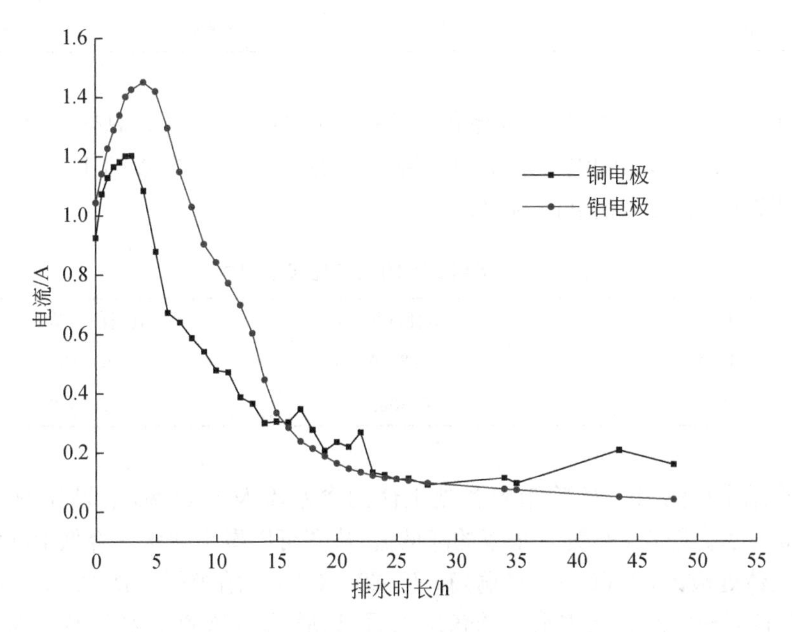

图 4-2-3　电渗电流

值得注意的是，在 16h 之后，铜电极试验组的电流强度超过了铝电极试验组，原因可能是铜电极试验箱底部存在一定量的积水尚未排出，底部土体的含水率相较于上部土体更高，中下部土体的导电性相比于铝电极试验箱中的土体导电性更好[9]，反映出来的现象就是电流值会更高。电渗的实质是在电场作用下，水化阳离子携带一定量的水分子由阳极迁往阴极，并且在阴极处阳离子被中和，释放自由水分子并通过阴极排出，形成电渗排水的宏观表现。电流的大小决定了水化阳离子的多少，进一步决定了电渗排水速率的大小。此处，定义运移量为单位电荷在电场作用下移动时所携带的水分子个数。通过电流和通电时间计算得出电子数量，通过排水量计算得出水分子数量。如表 4-2-2 所示，电路中总计通过 47387C(铜电极试验组)和 62684C(铝电极试验组)电子，单位电荷分别平均携带 57.51 和 66.56 个水分子。从这个角度来看，铝电极试验箱中，平均每移动一个电荷，能带出 66.56 个水分子，高于铜电极试验箱中的 57.51 个水分子，其电渗效果更好。

表 4-2-2　水化阳离子的平均电渗运移量

电极	电子数	水分子数	单位运移量
铜电极	2.961×10^{23}	1.703×10^{25}	57.51
铝电极	3.918×10^{23}	2.608×10^{25}	66.56

表 4-2-3 为电渗试验的总能耗和单位排水量的平均能耗。总体上，铝电极总能耗要多于铜电极，为铜电极的 1.169 倍，但排水量约为铜电极的 1.532 倍，平均能耗低于铜电极，约为铜电极的 76.4%。

表 4-2-3　两组试验的总能耗与平均能耗

电极	总能耗/kW·h	平均能耗/(kW·h/L)
铜电极	0.2599	0.5104
铝电极	0.3039	0.3898

电渗结束后测量了试验箱内各处土体的含水率及孔隙率，结果如图 4-2-4、图 4-2-5 所示。图 4-2-4 为含水率的降低值，从图可以看出含水率降低值在试验箱的中部土体处最大，为 66.02%(铜)和 78.28%(铝)。阳极附近次之，阴极附近最小，仅为 15%～20%。从排水量的角度来看，试验箱中部的土体电渗排水处理效果最好。图 4-2-5 为电渗之后各处土体的孔隙率，其结果与图 4-2-4 有所差别：阳极附近土体的孔隙率最小，中部土体次之，阴极最大。表明电渗处理之后的土体，中部土体所排出的水量最大，但体积压缩量却小于阳极附近土体。这说明在电渗过程中，中部土体的体积固结量小于所排出的水的体积，土体已经转化为非饱和土体。在之后的 MIP 试验中也可以得到同样的结论。关于土体在电渗过程中转变为非饱和土的现象及其对电渗过程中影响将在后续章节讨论，此处暂略。

2. 扫描电子显微镜图像

将冻干法制取的土样放入 SEM，拍摄 2000、5000 倍的 SEM 图像。图 4-2-6 为两组试验中阳极附近土体、中部土体和未经处理的重塑土的 2000 倍微观图像。如图 4-2-6(e)所示，原状土体黏粒多为蜂窝-空架式结构，黏粒间孔隙较大，黏粒之间的连结方式多为边-边、边-面连结，黏粒单元虽无明显清晰分界线，但仍可明确划分。孔隙直径大多分布在 1～10μm，最大孔隙直径接近 20μm；由于土体经历重塑过程，其天然结构特征已被破坏，黏土颗粒未呈现明显的定向排布特征。经过电渗固结之后阳极附近土体、中部土体，孔隙所占比例明显变小，孔径减小，出现较多的小孔隙；黏粒之间的连结方式主要为面-面连结的形式，空架结构破裂，形成团聚絮

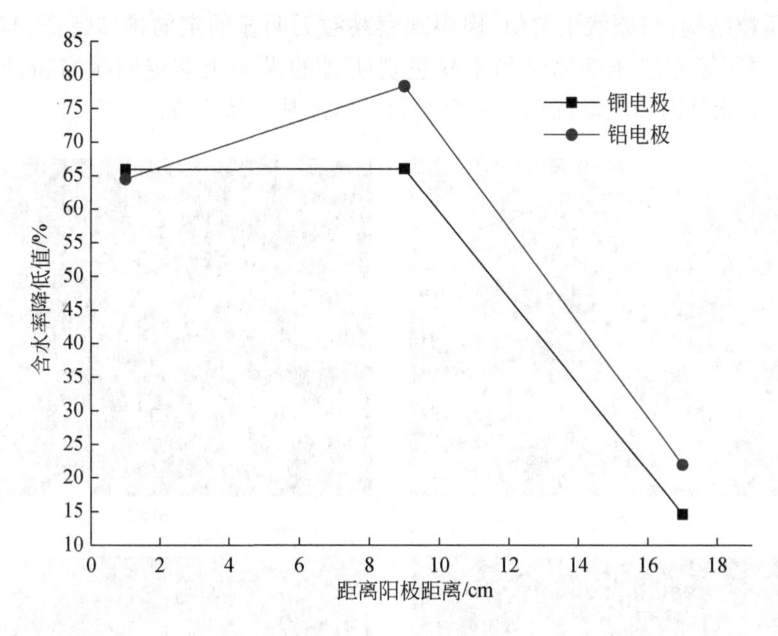

图 4-2-4　试验后土体含水率的降低值

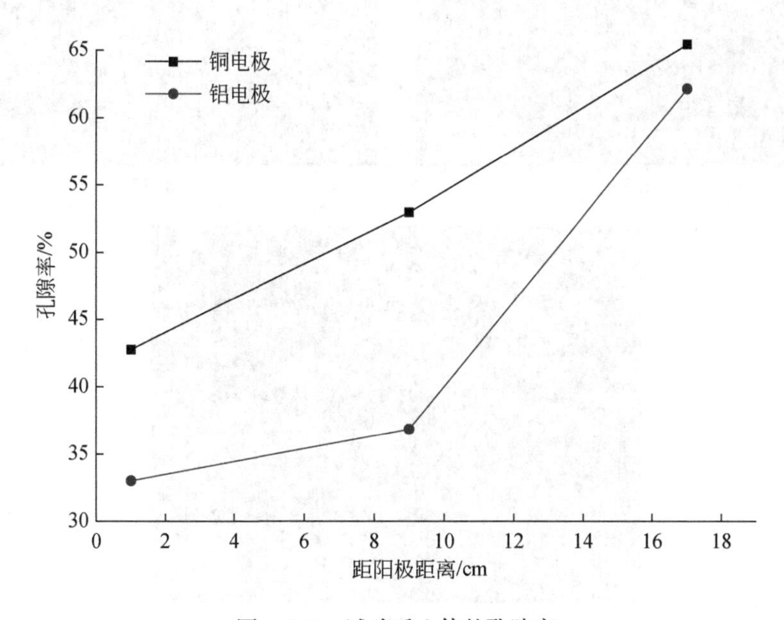

图 4-2-5　试验后土体的孔隙率

凝状的团粒结构；与原状土类似，肉眼观察黏粒无明显的定向排布特征，与经过荷载、真空预压等方法压缩固结的土样呈现明显的纵向土体定向排布特征有所不同[10]，这可能是因为电渗固结并不会对软土施加某一特定方向的应力。

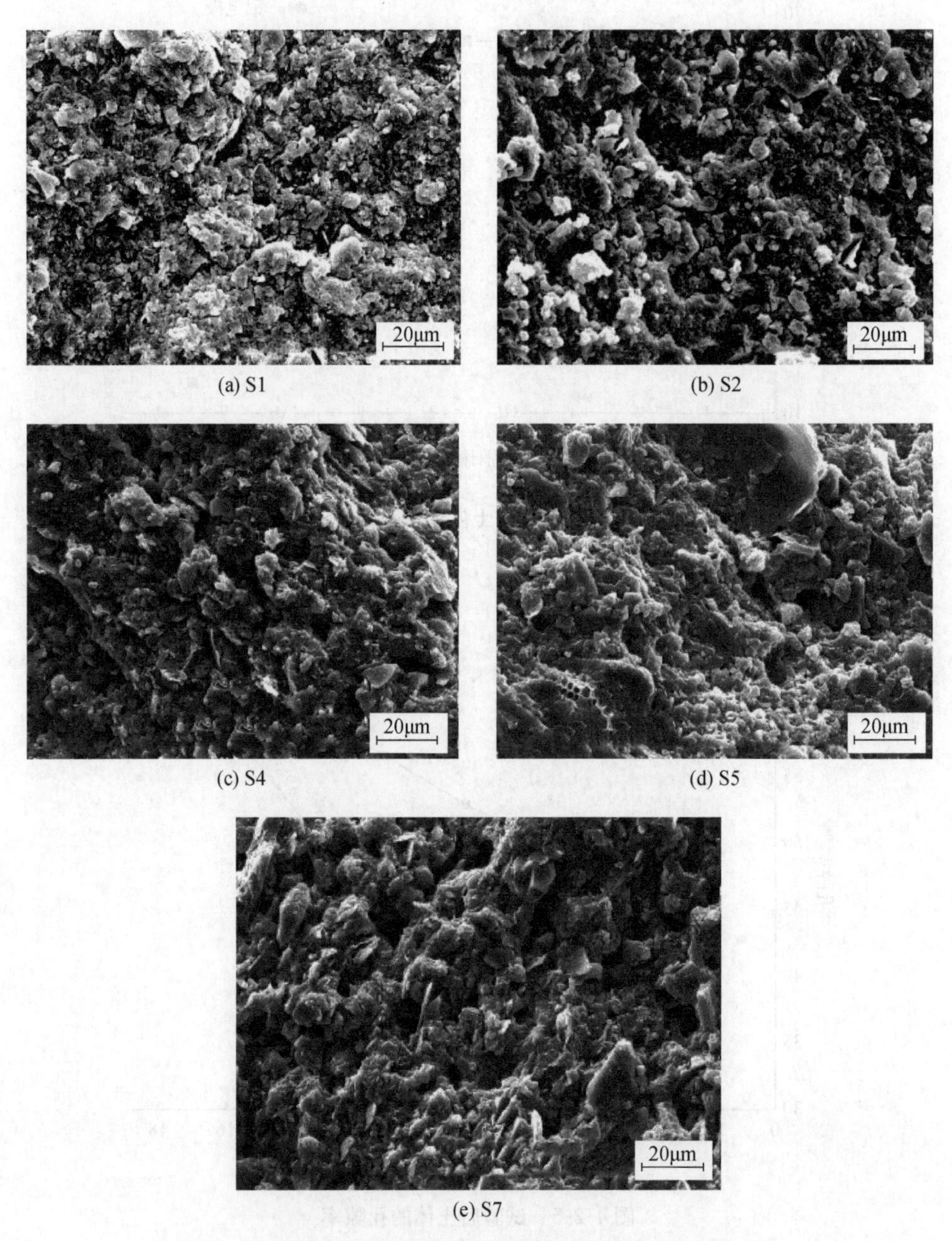

图 4-2-6　经电渗后土体各区域的 SEM 图像(放大倍数 2000)

3. SEM 图像定量分析

为进一步对比电渗前后中土体微观孔隙结构的改变，对 5000 倍的 SEM 图像，采用图像处理软件 ImageJ 对其进行二次处理，如图 4-2-7 所示。

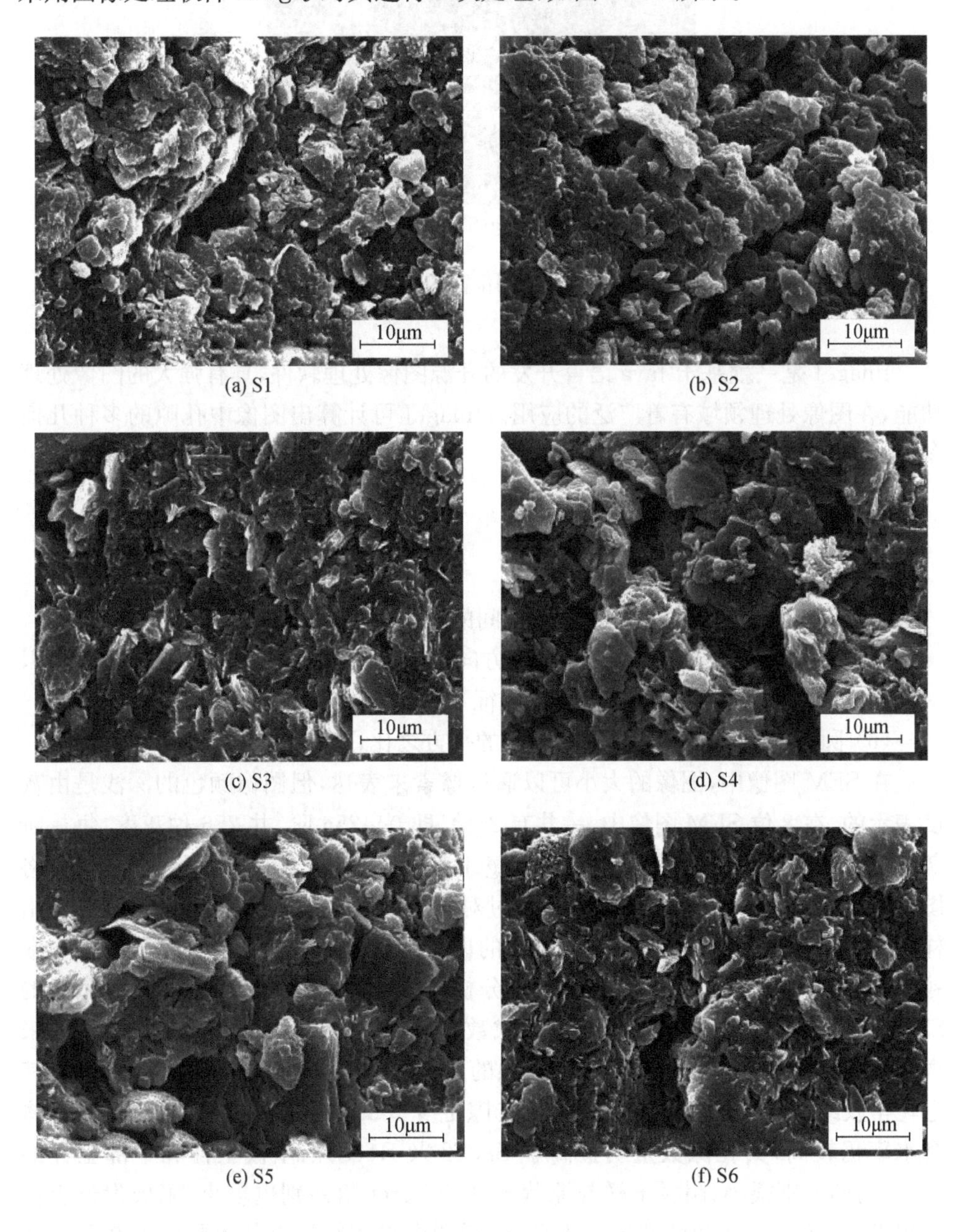

(a) S1　(b) S2　(c) S3　(d) S4　(e) S5　(f) S6

(g) S7

图 4-2-7 电渗前后土体不同位置 SEM 图像(放大倍数 5000)

ImageJ 是一款基于 Java 语言开发的开源图像处理软件,具有强大的图像处理功能,在图像处理领域有着广泛的应用。ImageJ 可计算出图像中孔隙的多种几何参数,常见的参数有以下几种:

(1) 孔隙面积;

(2) 孔隙周长;

(3) 孔隙平均周长;

(4) Feret 直径(孔隙上任意两点之间的最大距离);

(5) Feret 角(Feret 直径与 X 轴正方向之间的夹角,孔隙为正圆时此值为 0°,一定程度上可以表征孔隙的定向排列特征);

(6) 圆度(孔隙面积的 4π 倍与周长的平方之比,孔隙为正圆时为 1)。

在 SEM 图像中,图像的大小可以通过像素来表达,但图像颜色的深浅是由灰度表示的,在 8 位 SEM 图像中,一共有 2^8 种,即 0～255 阶,共 256 种灰度,每一阶灰度代表不同深浅的颜色。在使用 ImageJ 对 SEM 图像进行二次处理时,首先将图像转变为 8 位的二值化图像,然后通过对不同灰度的颜色进行统计,可以分析出样品的表面性质。图 4-2-7 中,颜色深的区域代表孔隙,颜色浅的区域代表土颗粒。表 4-2-4 列出了经由 ImageJ 处理分析后图 4-2-7 的统计数据。靠近阳极的 S1 和 S4 在其所在试验箱中无论从孔隙数量、平均面积、总面积及平均周长上来说,值都是最小的。此外,由于阳极腐蚀的原因,阳极周围所分布的金属离子及其电化学胶结产物较多,土体更为密实,孔隙更少。S3 和 S6 由于在阴极附近,土体含水率仍较高,其孔隙数量明显高于 S1、S2 及 S4、S5。阳极土样和中部土样的 Feret 角的差别很小,阴极土样与原状土样的 Feret 角差别也较小;阳极附近土样与阴极土样的 Feret 角的差值也不显著,说明电渗固结没有使土颗粒由杂乱无序的排列转变为具有明显定向排布的特征。

表 4-2-4　各土样 SEM 图像统计数据

编号	数量	总面积/μm²	平均面积/μm²	平均周长/μm	圆度	Feret 角/(°)
S1	468	19.965	0.043	0.686	0.888	35.109
S2	525	27.246	0.052	0.712	0.868	36.938
S3	720	40.807	0.057	0.722	0.888	39.067
S4	160	5.344	0.033	0.551	0.899	34.903
S5	266	6.547	0.025	0.532	0.901	35.582
S6	549	41.158	0.075	0.793	0.888	39.286
S7	1487	77.889	0.052	0.726	0.870	38.998

4. MIP 结果及分析

MIP 可定量地给出土中孔隙的分布，根据 Mitchell[2]、Wang 等[11]所提出的分类标准，黏土中的孔隙可分为以下几类。

(1) A 型孔隙：团粒间孔隙，直径为 0.1～1μm；

(2) B 型孔隙：团粒内部黏粒叠合成的孔隙，直径为 0.01～0.1μm；

(3) C 型孔隙：黏土团粒内片层间孔隙，直径<0.01μm；

(4) 宏观孔隙。

图 4-2-8 给出了电渗处理后各试样的孔隙分布，图中横轴为孔隙直径，竖轴注入汞增量代表特定直径下该直径孔隙总体积。首先对比铜电极试验箱中阳极土体 M1、中部土体 M2 和阴极土体 M3。M1 和 M2 相比于 M3，团粒内部黏粒叠合成的孔隙（B 型孔隙）和团粒间孔隙所占体积比例变大，A、B 型孔隙占主导地位，土体中宏观孔隙所占体积相比于 A、B 型孔隙很小，可以认为宏观孔隙在电渗固结的过程中完全破裂，形成更小尺寸的孔隙。M3 中，占主导地位的为 1～10μm 孔径的孔隙，且大尺寸的宏观孔隙的体积量不可忽略。由于 C 型孔隙孔径过小，三个试样中其总体积相差不大，但其数量上的差别可能是数量级的。铝电极试验箱中的 M4、M5 试样在和 M6 试样对比时也有同样的规律。说明电渗处理之后的土体，阳极和中部土体的处理效果更好，阴极附近由于水分尚未及时排出，其土体固结的程度不如阳极附近和中部土体。

图 4-2-9 为各试样累计注入量与渗透压力之间的关系，竖轴值的大小反映的是土体在高于某一特定孔径的总体积，渗透压的单位为英制单位磅每平方英寸(lb/in²)，1psia=6.8948kPa。由图 4-2-9 可知，铜电极试验箱中的土体，渗透压为 100psia 时，M2 的累计注入量开始急速上升，说明与此渗透压相对应大小的孔隙数

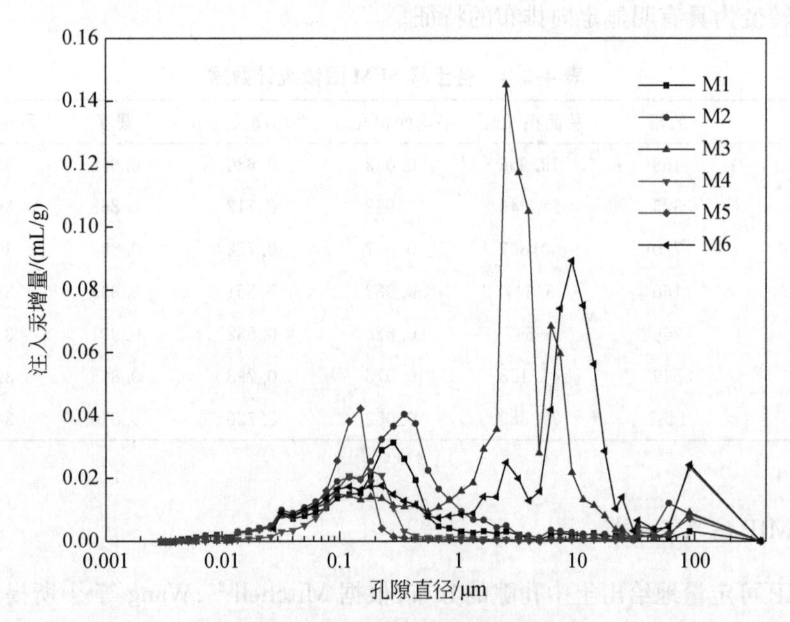

图 4-2-8　电渗后各试样的孔径分布

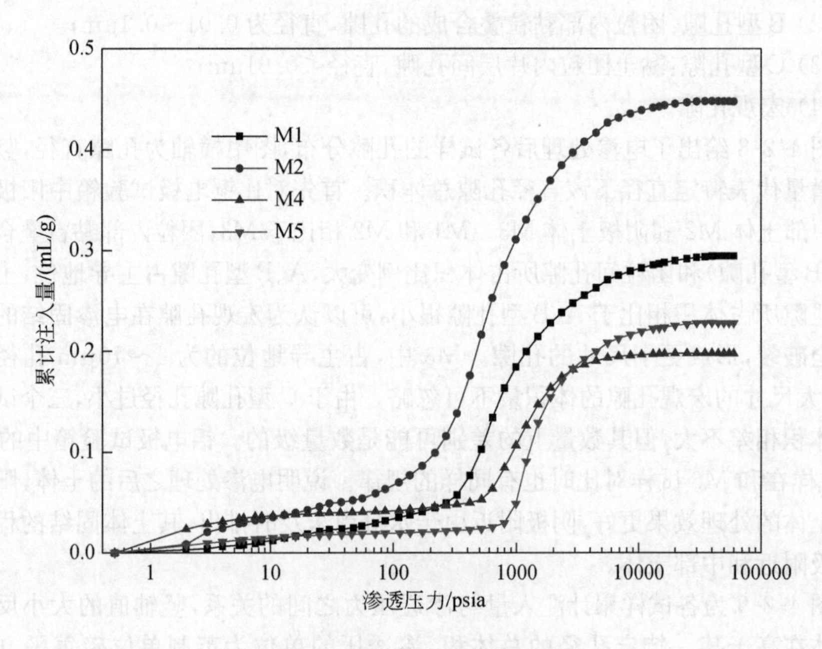

图 4-2-9　累计注入量与渗透压力

量所占比例较高,团粒间孔隙占主导地位。当渗透压增加到 10000psia 时,累计注入量变化已经非常小,说明小尺寸孔隙(C 型孔隙)所占的总体积量很小。M1 试样的快速上升处位于 300psia 处,说明在 M1 中占大多数体积的孔隙其孔径要小于 M2 中占大多数体积的孔隙的孔径;渗透压上升到 10000psia 时汞增量很小,说明 M1、M2 中小尺寸孔隙(C 型孔隙)所占体积比例都很小,而孔径为 0.01～1μm 的孔隙所占体积比例最高。注意到 M2 的累计注入量大于 M1,这与试验结束后的含水率测试结果相悖。土体电渗结束后,中部土体 M2 的含水率略微低于阳极土体,而其孔隙总体积却大于阳极土体。这说明土体在电渗过程中已经由饱和状态转化为非饱和状态。

相同的规律也适用于 M4 及 M5。观察 M4 和 M5,曲线大致在 1000psia 处斜率突然变大,说明铝电极作用下的土体在电渗结束之后,土中孔隙大多数为 0.1μm 以下孔径的团粒内片层间孔隙。与铜电极试验相比,孔径更小且孔隙总体积更小。将图 4-2-8 和图 4-2-9 的数据汇总,列出了不同孔径孔隙所占的体积百分比。分析数据发现,电渗处理效果较好的阳极土体和中部土体中,孔径为 0.01～1μm 的 A、B 型孔隙占土中总孔隙的绝大部分,M1 中为 84.703%,M2 中为 80.277%,M4 中为 87.766%,M5 中为 89.882%;10μm 以上孔径的孔隙在电渗作用下数量上大量减少,所占体积比为 6%～9%。而在较为湿润的阴极土体中,孔径为 1～10μm 及 10μm以上的孔径占了绝大多数,M3 中为 77.677%,M6 中为73.038%。其次,0.1～1μm 的团粒间孔隙也是不可忽略的,分别占 15.217%和 19.569%;更小尺寸孔隙所占的比例很小,与之相比可以忽略不计。

根据试验结果作图得到孔隙体积分布曲线,峰值对应的孔径为最可几孔径,即出现概率最大的孔径。最可几孔径可以反映孔隙分布的情况,其值越大,平均孔径越大。如图 4-2-10 所示,M1～M6 的最可几孔径分别为0.283μm、0.349μm、2.512μm、0.150μm、0.182μm、9.043μm。

以上结果表明,压汞分析所得出的结论与扫描电镜分析所得出的结论一致。两者的结论都表明,经过电渗处理之后的土体,其阳极附近的土体孔隙率最小,阴阳极中部的土体次之,阴极附近土体孔隙率最大。

5. 小结

通过对宁海滩涂淤泥的电渗固结试验的定量分析,以及 SEM、MIP 试验对孔隙结构的定量分析,可以得出以下结论:

(1) 宁海滩涂淤泥在 0.9V/cm 的电势梯度下,铝电极的电渗排水效果要优于铜电极,其排水速率更快、平均能耗较少。这与土体的性质有关,不同的土体其最适用的电极和电势梯度不同。

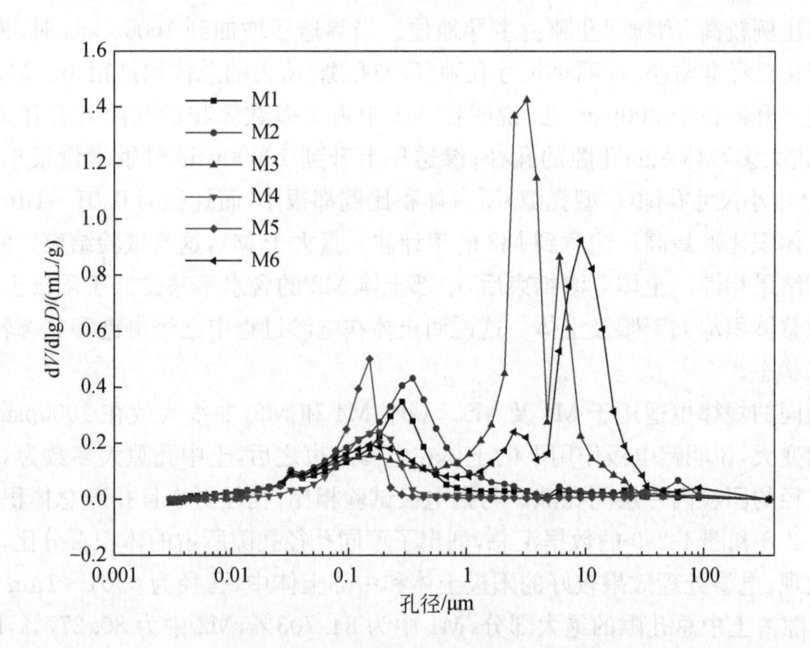

图 4-2-10 电渗后各试样的最可几孔径

(2) 电渗固结完成之后,黏粒结构由空架-蜂窝式结构演化为团聚絮凝结构,黏粒之间的连结方式由边-边连结和边-面连结转化为面-面连结。原状土中 10μm 孔径大小的孔隙占大多数,而在电渗处理效果较好的阳极土体和试验箱中部土体中 0.1～1μm 孔径的小孔隙占主导地位。电渗前后土体黏粒的定向排布特征没有明显改变,这可能是因为电渗并不会对土体施加实际的应力。

(3) MIP 试验定量地给出了土中孔隙的分布规律。阳极附近和中部土体中,A、B 型孔隙占土中孔隙总体积的约 80%;阴极土体中 1～10μm 孔径的孔隙占孔隙总体积的 75%。对土体孔隙分布的分析还发现电渗过程中土体由饱和土体转化为非饱和土体。

4.3 土体微观结构演变规律

4.2 节讨论了电渗前后土体内部微观孔隙结构的对比,然而忽视了电渗过程中孔隙结构的演变规律。本节将在 4.2 节的基础上,通过二维电渗排水室内试验,详细讨论电渗过程中孔隙水在土体内迁移并排出土体后,土体微观孔隙结构的随土体含水率的变化。

4.3.1　试验设计与方案

试验装置由有机玻璃箱、稳压直流电源、万用表及排水收集器组成，有机玻璃箱的内部几何尺寸为 300mm（长）×250mm（宽）×230mm（高），试验箱顶部为开有小孔的有机玻璃盖板，这样做的目的是防止在电渗过程中，由于电阻热导致土体温度升高，表面附近土体水分的过多蒸发。在 4.2 节试验中发现采用铜和铝作为阳极时，均有较大的阳极腐蚀量，故本节试验中采用不锈钢管作为阴阳极材料。不锈钢阴极上每隔 20mm 开有直径约 5mm 的小孔用以排水。试验时将阴极包裹好土工布，穿入有机玻璃盖板并插入土体内部，电极距试验箱 20mm，水平方向的间隔为 260mm，如图 4-3-1 所示。试验所采用的稳压直流电源最高输出电压和电流分别为 60V 和 2A。

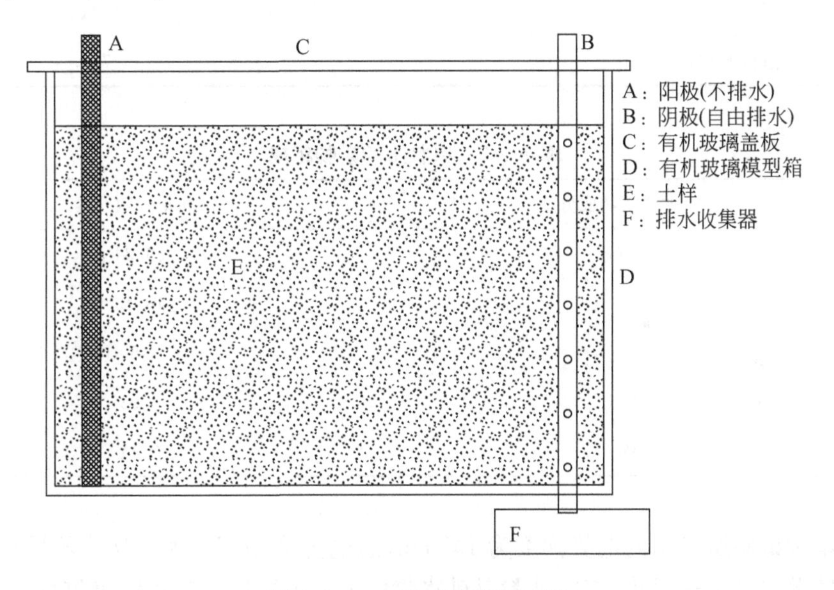

图 4-3-1　电渗试验箱示意图

本次试验用土取自浙江省宁波市某工程，取土深度为 6～8m。原状土的基本物理力学指标、矿物组成分别见表 4-3-1、表 4-3-2。将原状土置于 105℃烘箱烘干 24h，然后碾碎成粉并过 0.2mm 筛，然后与蒸馏水充分混合。本次试验中拟配比初始含水率为 70％的重塑土。安装好电极后，将配制好的重塑土分层填入试验箱中，每层填高 40mm 的土，填入后轻击土体表面以排出土中可能存在的气泡。总共填入高度为 200mm。之后将其静置 24h，并收集因自重原因的排水，试验结果显示这一部分排水接近于 0，相对于电渗排水量可以忽略。

表 4-3-1　原状土的物理力学指标

参数	单位	值
比表面积	m^2/g	1.09
天然密度	g/cm^3	1.70
天然含水率	%	46.2
塑限	%	30.7
液限	%	53.1
塑性指数	—	22.4
土粒比重	—	2.61
孔隙比 e	—	1.244
原状土 pH	—	7.3

表 4-3-2　原状土的矿物组成

主要矿物成分	质量分数/%
SiO_2	59.34
Al_2O_3	18.43
Fe_2O_3	8.50
K_2O	3.93
MgO	3.14

本次试验所采用的电势梯度为 1V/cm，总电势为 26V。为了研究不同排水阶段土体微观结构的变化，本次试验以排水量作为试验变量来控制电渗过程的长短。如表 4-3-3 所示，首先进行两次平行标定试验（EO6 试验），持续时间为 48h，测得平均总排水量 W。然后独立进行 EO2～EO5 的电渗排水试验，试验控制因素为排水量，分别为 $0.2W$、$0.4W$、$0.6W$、$0.8W$。为减小试验误差，电渗排水试验 EO2～EO6 均独立进行两次，后文中讨论的试验结果均为两者的平均值。试验 EO1 为平行对比试验，即将重塑土静置 48h。一旦监测到总排水量达到了预定值，记录试验持续时长并立刻切断电源，取土进行下一步 MIP 和 SEM 试验。取土的位置如图 4-3-2 所示。取出土样后对土样进行真空冷冻干燥处理（同 4.2 节处理方式）。

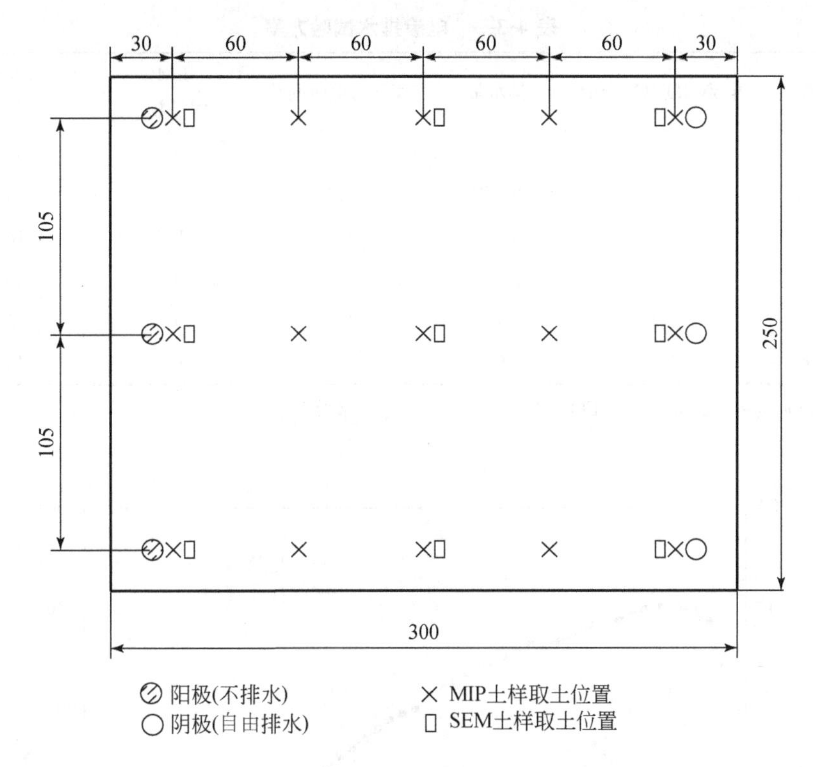

图 4-3-2　电极分布和取土位置(单位:mm)

4.3.2　试验结果与讨论

1. 土体水分迁移

经测试,标定试验 EO6 的总排水量为 2140.8mL,由此 EO2～EO5 试验的排水量分别为 428.1mL、856.3mL、1284.5mL 和 1912.6mL,各试验的实际持续时间也列在了表 4-3-3 中。图 4-3-3 列出了标定试验 EO6 的排水速率和土体中的电流,是典型的二维条件下的电渗固结排水试验,其排水速率和土体中的电流均遵循先快后慢的规律。在 5～6h 区间内,土体排水速率达到了全过程最大值,为 111.7mL/h;在 4～5h 内土体电流达到最大值 0.706A。停止通电前,土中电流为 0.366A,且最后三个小时的排水量为 48.7mL,仅占总排水量的 2.3%,可以认为电渗固结已经完成[12]。

表 4-3-3 电渗排水试验方案

分组	电势梯度/(V/cm)	排水量	实际通电时间/h	SEM 样品数	MIP 样品数
EO1	0	0	0	3	3
EO2	1.0	0.2*W*	4.5	9	15
EO3	1.0	0.4*W*	9.0	9	15
EO4	1.0	0.6*W*	16.0	9	15
EO5	1.0	0.8*W*	25.5	9	15
EO6	1.0	*W*	48.0	9	15

注：EO6 为标定试验，EO2～EO5 的排水量是由 E6 总排水量决定。

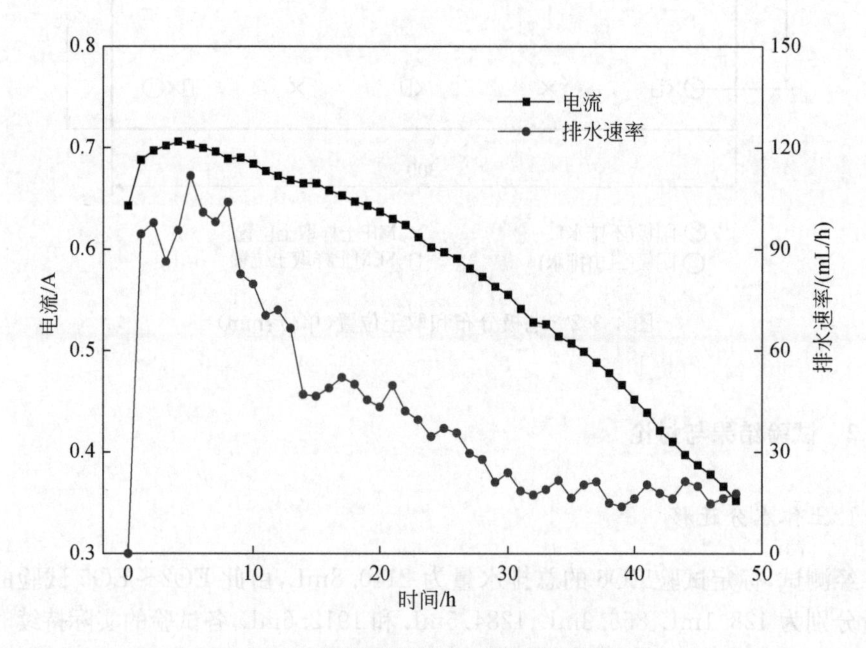

图 4-3-3 标定试验 EO6 的排水速率和电流

各试验达到预定排水量后，切断电源并从标定位置取出土样，测量其含水率，其结果绘制在图 4-3-4 和图 4-3-5 中。总体来说，电渗处理时间越长的土体其平均含水率越低，这是符合常理的。为了方便分析，以 A(anode)、NA(near anode)、M(middle)、NC(near cathode)和 C(cathode)来代表阳极、阳极附近、中部、阴极附近和阴极土体。EO1 试验组并未进行电渗处理，在结束时刻土体各处的含水率无明显变化，均为初始值。EO6 试验组的含水率最低，其 A 和 NA 土体含水率分别为

41.38%和 38.51%。在对比各试验的终了含水率时我们发现，在 EO2(处理时长 4.5h)试验结束时，其 NA 土体含水率变化很小，仅从 70.16%降低至 69.02%，反观此时 C 土体的含水率由 70.16%下降至 52.96%，降低了 17.20 个百分点。这说明电渗前期 NC 土体已经有较多水分排出，NA 土体由于位于阳极水分迁移的路径上，接受了由阳极迁移过来的水分，表现为含水率变化不明显。这说明电渗固结排水中各区域土体的含水率存在明显的时效性。具体分析如下。

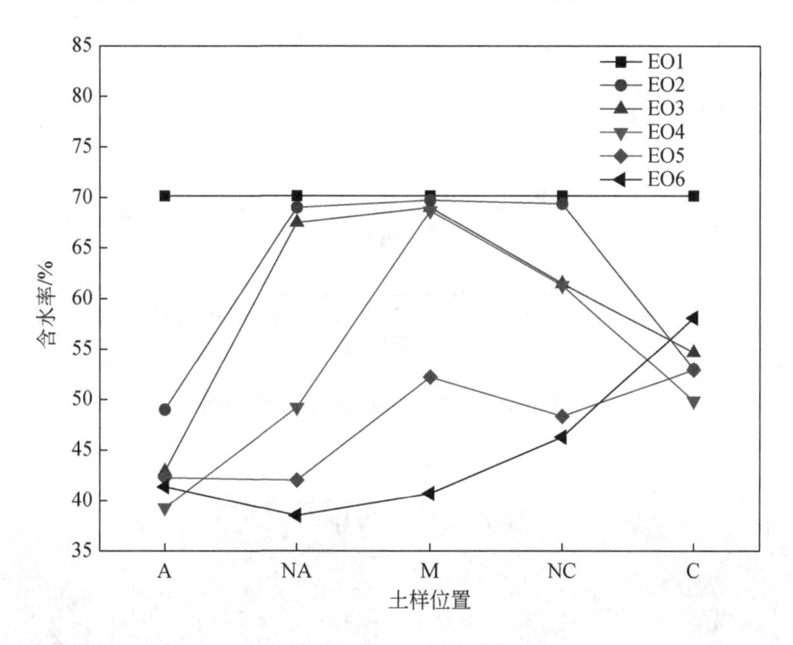

图 4-3-4　试验 E1～E6 终了时刻含水率

如图 4-3-5 所示，尽管 C 土体的含水率在 EO2 阶段有明显下降，但随着电渗的开展，其含水率在电渗中后期甚至有明显的上升，在电渗处理结束时其含水率达到了 58.08%，超过了土体的液限，我们记录了处理后的土体表面情况，如图 4-3-6 所示。A 土体的含水率也是一开始下降非常明显，但在 EO2～EO6 阶段的改变就很小了，说明电渗中后期尽管 A 土体消耗了电能，但这部分电能并不能有效地使 A 土体的含水率降低，从能耗的角度来说这是不经济适用的。这给电渗处理软土地基提供了新思路，如刘飞禹等[13]报道了一种名为阳极跟进技术的电渗处理方法，即当阳极区域土体因固结排水产生土体收缩，进而脱离阳极导致阳极区界面电阻急剧增大时，将阳极拔出向阴极跟进，插设于靠近阴极且土体含水率较高的区域，能使阳极与周围土体重新接触，使急剧增大的界面电阻有效减小，并能使原先远离阳极区而未能得到有效加固的土体得到进一步加固。

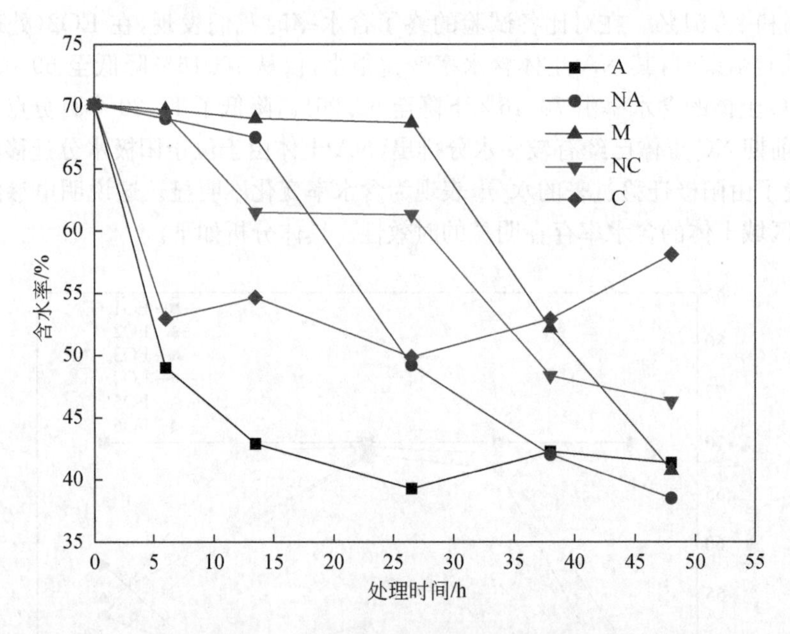

图 4-3-5 土中各测试点的含水率变化

(a) 阳极土体 (b) 阴极土体

图 4-3-6 处理后的土体表面

对于位于试验箱中部及靠近电极的土体(NA、M、NC)而言,其含水率也有明显的突变点,区别在于各试样含水率迅速变小的时间点不同。NA 土体发生在 EO3～EO4(约 9～16h)期间,含水率降低值为 18.31%;M 和 NC 土体发生在 EO4～EO5(约 16～25.5h)期间,含水率降低值分别为 16.48%和 12.94%。这种不同区域的土体分时刻含水率迅速降低的现象是很容易理解的,因为在电渗处理土体的初期,由于 C 土体距离排水口最近,其含水率必然会迅速下降,此时 A 及 M 土体的水分尚未迁移至阴极;随着电渗的开展,水分在土体中由阳极往阴极方向迁移,最终到达位于阴极的排水口,此时 C 土体的含水率必然会重新升高。

2. 阳极土体孔径分布

试验结束时对其土体内部孔隙分布进行测试,EO1～EO6 试验中阳极土体的孔径分布如图 4-3-7 所示,曲线和横轴所围成的面积代表土体中孔隙的总体积。EO1 为未经电渗处理的重塑土,其曲线有明显的双峰特征,分别位于 3μm 和 0.1μm 左右,重塑土的孔径主要分布在 0.01～1μm 和 1～10μm 的区间,其体积分数分别为 26.71%和 70.01%。

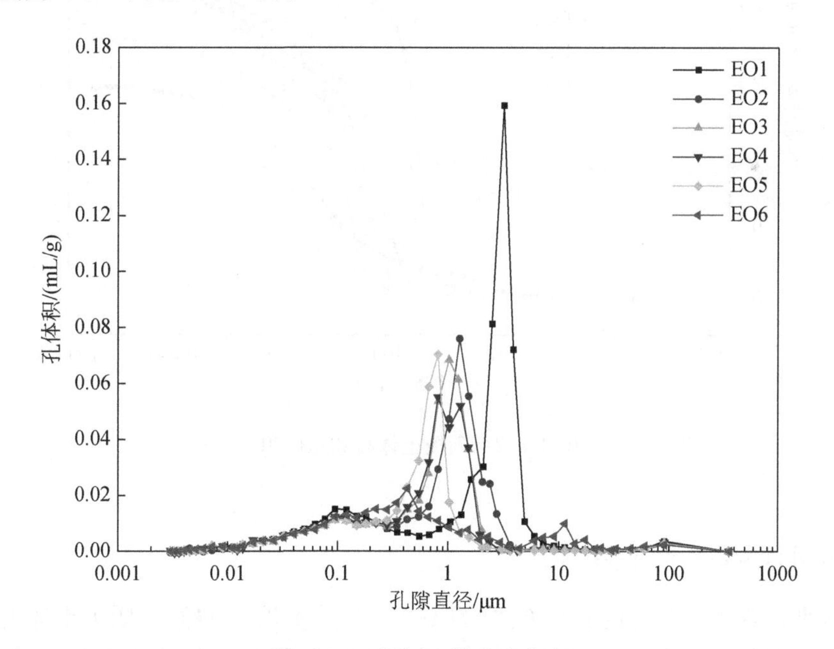

图 4-3-7　阳极土体孔隙分布

由图 4-3-7 可知,电渗处理主要影响土体中孔径为 0.01～10μm 的孔隙。Griffiths 等[14]指出,当土中孔隙小于某一特定值时,其形态结构不受应力或基质吸力的影响，他们认为这一临界孔径值是 0.01μm。本次试验数据佐证了这一说法，即电渗对于孔径小于 0.01μm 的孔隙影响较小。土体经电渗处理后，其孔径分布曲线由双峰特征变成明显的单峰曲线，峰值相比于未经处理的土体在土中往左下偏移，移至大约 1μm 附近。这是因为随土体中有效应力的增大土体结构薄弱处开始坍塌，原本结构间的孔隙被土颗粒侵占挤压，形成了新的孔径更小、数量更多的孔隙。

不仅如此，电渗处理土体除了改变土体孔隙组成，也会影响其总体积(图 4-3-8)。未经处理的重塑土的孔隙总体积为 0.5909mL/g，在经历最初的 EO1～EO2 排水阶段后，孔隙总体积下降了 25.94%，至 0.4376mL/g；随后的 EO2～EO6 阶段，孔隙总体积逐渐减小，最终变为 0.2930mL/g。

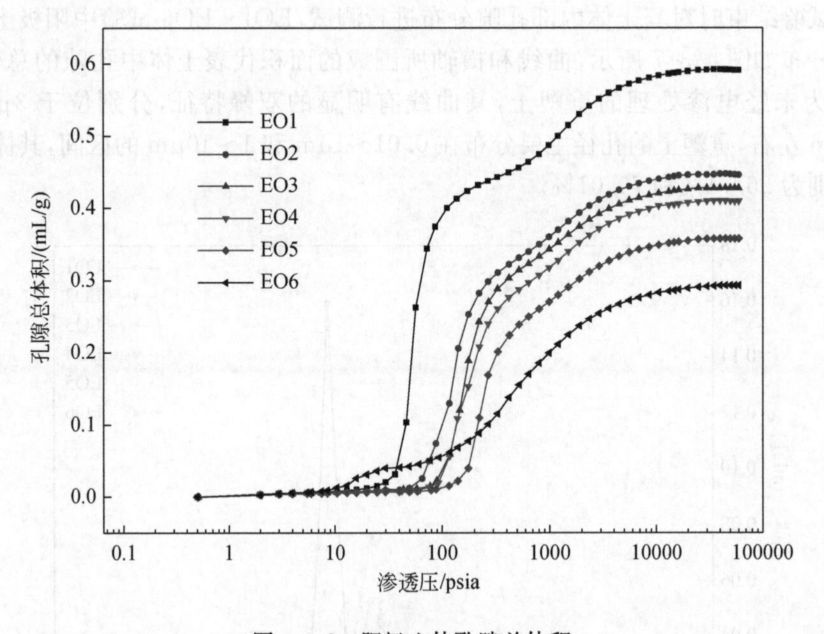

图 4-3-8　阳极土体孔隙总体积

3. 阴极土体孔径分布

参照阳极土体孔径的分析方法，图 4-3-9 和图 4-3-10 描述了阴极土体的孔径分布。与阳极土体不同，阴极土体在经历电渗处理后，其峰值孔径先减小后增大，EO6 试验后其峰值孔径超过了重塑土的 3μm 达到了 13μm。这可能是因为电渗后期孔隙水富集在阴极附近。电渗后期，阴极土体的含水率高达 58.08%，高于土体的液限，团粒间的孔隙被水填满且孔隙扩大，表现为出现更大孔径的孔隙。这是因为根据液限的定义，当土体含水率达到液限时土骨架间的内应力为零，且此时土体的抗剪强度也为零。由此，阴极土体孔隙总体积在EO3结束时达到最小0.4047mL/g，在EO6结束时上升至0.4353mL/g。在土体承载力上也有类似的规律，阴极土体的承载力在EO3结束时最大，之后就开始逐步减小。

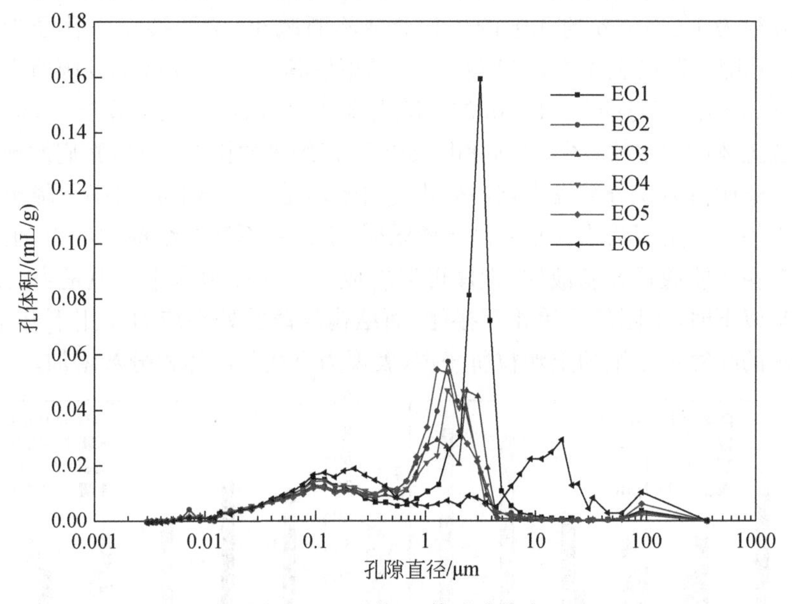

图4-3-9　阴极土体孔隙分布

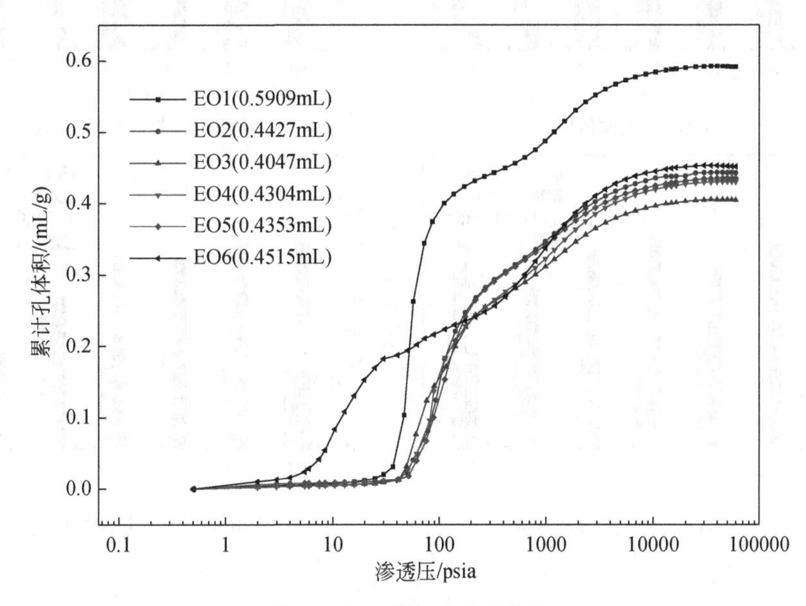

图4-3-10　阴极土体总体积

将土中不同孔径孔隙所占的体积分数绘制在同一张图上，可以更明显地看出电渗作用对土体微观结构的影响，如图 4-3-11 所示。由图可知，土中孔径＜0.01μm 的孔隙和＞10μm 的孔隙，其体积分数总体改变很小，因此电渗加固主要影响的是土体中孔径为 0.01～1μm 和 1～10μm 的孔隙。总体来说，随着电渗加固的开展，土体中孔径为 1～10μm 的孔隙的体积分数不断减小，主要裂变为孔径为0.01～1μm的小孔隙。阳极土体中，在 EO6 处理结束后其 0.01～1μm 的孔隙所占体积分数高达 90.38%，相对的 1～10μm 的孔隙由刚开始的 70.01%下降至 5.90%。

结合土体的含水率(图 4-3-4 和图 4-3-5)仔细观察图 4-3-11，我们发现这两种孔径的孔隙所占体积分数发生剧烈变化的时候均是在土体的含水率下降至液限以下时发生的。这是因为当含水率高于液限时，土体中不存在结构性应力，土骨料之间的孔隙相互联通且充满液体，土体可以看成“浮”在孔隙水中。但是当含水率下降至液限以下时，土团粒开始相互接触，而结构的薄弱处在应力作用下开始坍塌，土团粒间的孔隙被更细的土颗粒所侵占，表现为小孔隙的体积分数增加。

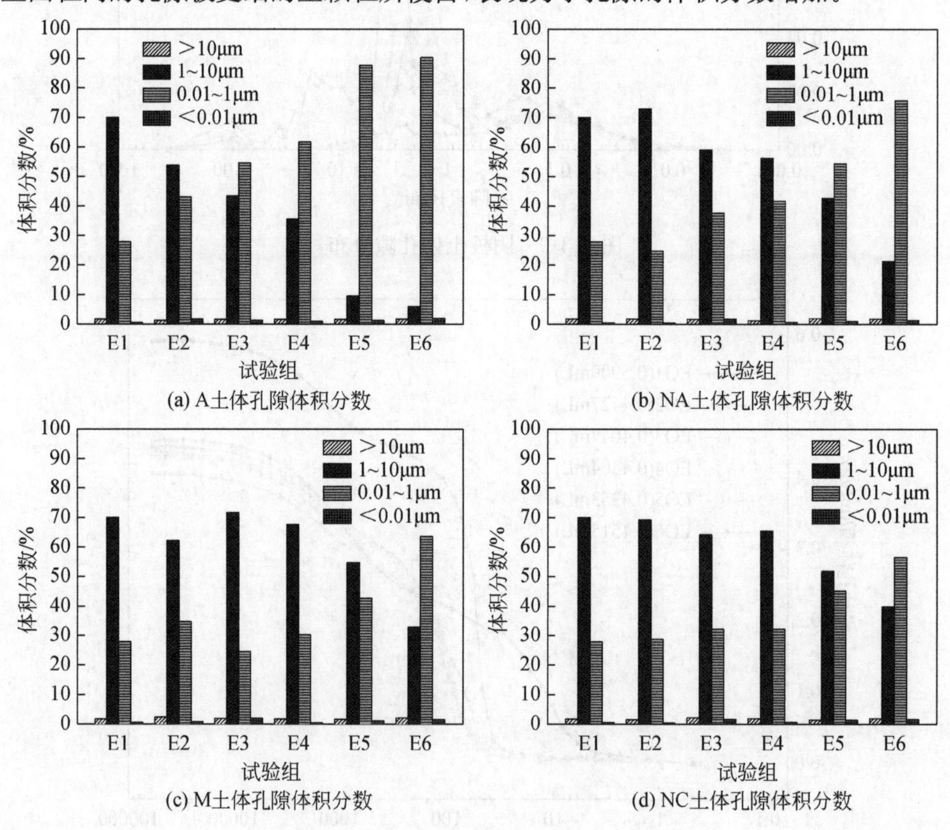

(a) A土体孔隙体积分数　(b) NA土体孔隙体积分数

(c) M土体孔隙体积分数　(d) NC土体孔隙体积分数

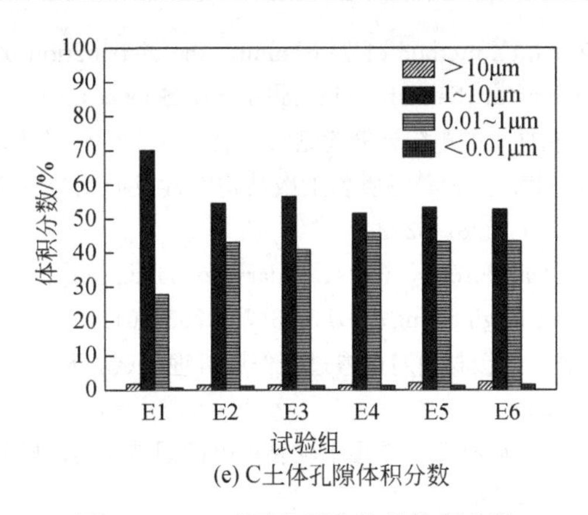

(e) C土体孔隙体积分数

图 4-3-11　不同孔径孔隙的体积分数

4. 小结

(1) 电渗过程中土体内部的水分迁移具有明显的时效性，土体含水率与电渗处理的时间以及土体距排水口的距离紧密相关。

(2) MIP 试验结果表明，电渗加固软土仅能影响土体中孔径大于 0.01μm 的孔隙，主要集中在孔径为 0.01～1μm 和 1～10μm 的孔隙。这两种孔隙的体积分数在土体含水率下降至液限以下时开始迅速改变，体现为大孔隙转化为小孔隙。对于阳极土体而言其改变效果最明显，孔径为 0.01～1μm 的孔隙在电渗处理 48h 后其体积分数达到了 90.38%。

参考文献

[1] 施斌. 黏性土微观结构研究回顾与展望[J]. 工程地质学报，1996，4(1)：39-44.

[2] Mitchell J K. Fundamentals of soil behaviour[M]. 2nd ed. New York：John Wiley & Sons Inc，1993.

[3] Osipov J B，Sokolov B A. On the texture of clay soils of different genesis investigated by magnetic anisotropy method[C]//Proceedings International Symposium on Soil Structure，Gothenburg，1973：21-29.

[4] Xu H，Ding T. Influence of vacuum pressure，pH，and potential gradient on the vacuum electro-osmosis dewatering of drinking water treatment sludge[J]. Drying Technology，2016，34(9)：1107-1117.

[5] 李文宇，江美英. 膨胀土的电化学改性试验研究[J]. 长江科学院院报，2017，34：1-7.

[6] 柴寿喜，韩文峰，王沛，等. 用冻干法制备微结构测试用土样的试验研究[J]. 煤田地质与勘探，2005，33(2)：46-48.

[7] 李生林，施斌. 中国膨胀土工程地质研究[M]. 南京：江苏科学技术出版社，1992.

[8] Washburn E W. Note on a method of determining the distribution of pore sizes in a porous material[J]. Proceedings of the National Academy of Sciences,1921,7(4)：115-116.
[9] 龚晓南,焦丹,李瑛. 黏性土的电阻计算模型[J]. 沈阳工业大学学报,2011,33(2)：213-218.
[10] 孔令荣,黄宏伟,张冬梅. 上海淤泥质黏土微结构特性及固结过程中的结构变化研究[J]. 岩土力学,2008,29(12)：3287-3292.
[11] Wang Y H,Xu D. Dual porosity and secondary consolidation[J]. Journal of Geotechnical and Geoenvironmental Engineering,2007,133(7)：793-801.
[12] 陶燕丽,周建,龚晓南. 电极材料对电渗过程作用机理的试验研究[J]. 浙江大学学报(工学版),48(9)：1618-1623.
[13] 刘飞禹,张乐,王军,等. 阳极跟进作用下软黏土电渗固结室内试验研究[J]. 土木建筑与环境工程,2014,36(1)：52-58.
[14] Griffiths F J,Joshi R C. Change in pore size distribution due to consolidation of clays[J]. Géotechnique,1989,39(1)：159-167.

第5章　软土饱和度变化对电渗透系数的影响

5.1　引　　言

电渗固结理论的发展落后于实际工程的应用，是制约电渗法广泛应用的重要因素。一是因为影响电渗固结的因素众多，如土的种类、含盐量、电极材料和电势梯度等因素，电渗的作用机理尚未完全清楚；二是现有的理论大部分假设土体在固结过程中物理参数保持不变，与实际情况相差较大[1]，在工程实际应用中很难准确预测电渗的工期、能耗等参数。电渗透系数作为电渗固结理论中的重要参数，其定义与水力渗透系数类似，均是表征孔隙水在外加场的作用下通过孔隙骨架的难易程度。电渗透系数的实验室测量可根据式(5.1.1)计算：

$$k_e = \frac{Q_e \cdot \Delta L}{A \cdot t \cdot \Delta V} \tag{5.1.1}$$

式中，k_e为电渗系数；Q_e为电渗排水总量，m^3；$\Delta V/\Delta L$ 为电势梯度，V/m；A 为过水断面面积，m^2；t 为时间，s。

传统地基处理方法，如采用真空预压、堆载预压、砂井等，均可由理论计算得出较为准确的工期，这得益于学术界对水力渗透系数的深入研究。由此，若能准确预测电渗透系数，则根据 Esrig 一维条件下的电渗固结解(式(5.1.2))，土体中的任意时刻的孔隙水压力和平均固结度也会更加准确，有利于电渗法加固软土地基的推广应用。基于此，学者们对电渗透系数进行了大量的研究。

$$u(x,t) = -\frac{k_e}{k_h}\gamma_w V(x) + \frac{2k_e\gamma_w V_M}{k_h\pi^2} \times \sum_0^{\infty} \frac{(-1)^n}{m^2}\sin\left(\frac{m\pi x}{L}\right)\left[\exp(-m^2\pi^2 T_v)\right] \tag{5.1.2}$$

式中，$u(x,t)$为距离阴极 x，时间为 t 时刻的孔隙水压力；k_h是水力渗透系数；$V(x)$是土体中的电压；V_M是其最大值；γ_w为水的重度；T_v为时间因子；其他参数为与 k_e、γ_w和 k_h相关的因子。

虽然，电渗透系数的研究较多，但目前尚无统一定论，不同学者的研究结果相差较大，甚至会出现相反的结论。Mitchell[2]对比了多种土体的电渗透系数和水力渗透系数，发现电渗透系数一般均在 $1\times10^{-9}\sim1\times10^{-8}m^2/(s \cdot V)$之间，认为电渗透系数是土本身的性质，与外界因素不相关(参见表 1-1-1)；Jones 等[3]指出，电渗透系数比水力渗透系数对土体类型等参数更不敏感。但也有研究表明，电渗透系数受多种因素，如施加外电压[4,5]、电极间距[6,7]、含盐量[8,9]、pH 等[10-12]的影响。

目前关于电渗透系数的研究广为接受的是 Helmholtz-Smoluchowski(H-S)理论，是 Smoluchowski 在 Helmholtz 模型的基础上提出的修正模型。该模型假设稳定流条件下作用在离子上的电场力和由于孔隙水流速不均匀导致的黏滞力互相平衡，进而得出电渗透系数 k_e 的数学表达式，即

$$k_e = \frac{n\varepsilon}{\eta}\zeta \tag{5.1.3}$$

式中，n 为土体的孔隙率；ε 为孔隙水的介电常数，F/m；η 为孔隙水的黏度，Pa·s；ζ 为 Zeta 电势，V。

式(5.1.3)表明电渗透系数与土体的 Zeta 电势成正比例，Zeta 电势越高则电渗透系数越大。Zeta 电势受土体的 pH 影响，有研究表明[13,14]，特定 pH 下黏土颗粒表面不携带任何净电荷，在外电场作用下不会产生电渗流；当 pH 下降到一定程度时，黏土颗粒表面携带的负电荷会变成正电荷，这时电渗流会由阴极流向阳极。然而胡平川等[15]发现，当土体孔隙液为 pH 为 11.36 的 Na_2CO_3 溶液时电渗透系数为 $7.93\times10^{-5}\,cm^2/(s\cdot V)$，孔隙液为 pH 为 3.56 的 $AlCl_3$ 溶液时电渗透系数为 $8.80\times10^{-5}\,cm^2/(s\cdot V)$，两者相差仅 10%左右。这说明 H-S 模型在某些特殊情况下不具备普遍通用性。土体电渗透系数实测值通常要比预测值小一个数量级，胡平川等[15]认为这是因为孔隙水中离子所受的电场力并未完全成为水流的驱动力。H-S 理论模型建立在电场力与黏滞力平衡的基础上，然而孔隙水中的离子并非全是携带水分子的水化阳离子，只有携带水分子移动的水化阳离子才是水流的驱动力。而且模型还忽略了孔隙中抗衡离子的存在以及剩余离子对表面电荷的平衡的影响[16]。因此 H-S 模型夸大了水流的驱动力。

另一方面，随着电渗开展土体含水率的降低，以及电极附近水解反应生成的 H_2 和 O_2 等气体进入土体，土体势必会由饱和状态转变为非饱和状态。土体饱和度下降甚至会产生裂缝阻碍孔隙水排出，造成能量利用效率不高。饱和度降低一方面会导致土体电阻的增大，另一方面造成电渗透系数的降低。流体在经过非饱和土时，其行为表现与其经过饱和土时大有不同。在研究非饱和土的水力渗透系数时，通常认为流体不仅受位置水头和压力水头的作用，也受吸力水头的作用，尤其是在细粒土中基质吸力在饱和度较低时的作用远大于其他水头[17]。学术界对于土体非饱和状态下的水分迁移有较为深入的研究，20 世纪后期 Fredlund 等[18]学者以基质吸力为研究对象建立了土体的非饱和固结理论。Likos 等[19]认为非饱和土中控制液相迁移的关键参量为土体吸应力，吸应力为颗粒间的宏观力，包括物理化学力、黏结力、表面张力以及负孔隙水压力等。土体的吸应力曲线随土体饱和度、含水率及基质吸力改变的量，因此可以有效地对非饱和土中应力状态进行描述。而在 H-S 模型中尚未考虑这一部分力的作用，在土体为非饱和状态时不适

用。这就解释了当假定电渗透系数为恒定值时，理论建模或数值分析的结果往往与实际情况有较大的误差，尤其是在电渗后期饱和度下降较多时，通常表现在预测沉降比实际沉降大，实际工期长于预测工期，实际能耗高于理论值等方面。查阅已有的文献可以发现，电渗透系数会随电渗的开展而逐步降低的，如图 5-1-1 所示。

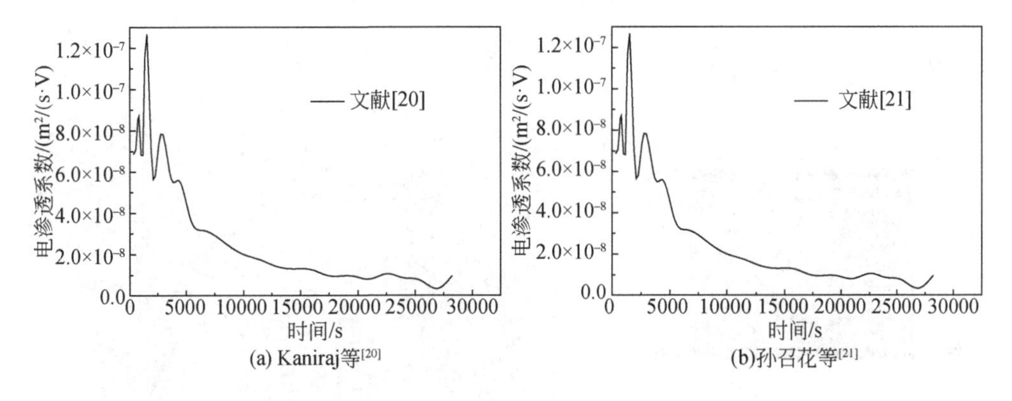

图 5-1-1　电渗透系数变化趋势

综上所述，为了更准确地预测土体电渗固结时孔隙水压力和沉降的发展，有必要了解电渗过程中电渗透系数的变化规律，尤其是当土体饱和度下降时。现有的文献中仅有 De Wet[22] 和 Gabrieli 等[23] 对电渗透系数进行试验研究，但其试验数据中饱和度最低值仅为 80％左右，尚不能完全反映电渗过程中土体饱和度的变化范围。基于以上原因，本章基于一维电渗排水试验，实时监测土体的沉降和排水量以研究电渗透系数与土体饱和度的关系。

5.2　土体饱和度变化对电渗透系数影响的试验研究

5.2.1　试验装置和试验用土

为避免二维条件下电渗排水试验土体含水率的不均匀分布，本次试验仅在一维，即电流方向、荷载方向、排水方向均一致条件下开展。试验装置如图 5-2-1 所示，为一向上开口的有机玻璃箱，内部尺寸为 100mm(长)×100mm(宽)×120mm(高)。另有一有机玻璃盖板，尺寸为 100mm(长)×100mm(宽)×5mm(厚)，玻璃板上均匀地开有 5 个直径 1mm 的小孔，试验时通过插入电势测针可测得施加在土体上的有效电势，插入深度为 10mm。试验时在有机玻璃盖板上施加外部荷载 $q=$ 1kPa，以保证阳极与土体的良好接触。在有机玻璃板上设有两个百分表，可以监测土体的沉降。试验用电极为不锈钢板，具有良好的耐腐蚀性，尺寸为 100mm(长)×100mm(宽)×5mm(厚)，阴极板上均匀地开有 16 个直径 4mm 的孔以保证水分的排出；阳极上均匀地开有 5 个直径 1mm 的小孔。阳极位于土体的上方，阴极位于土体的下方，电渗流的方向竖直向下。

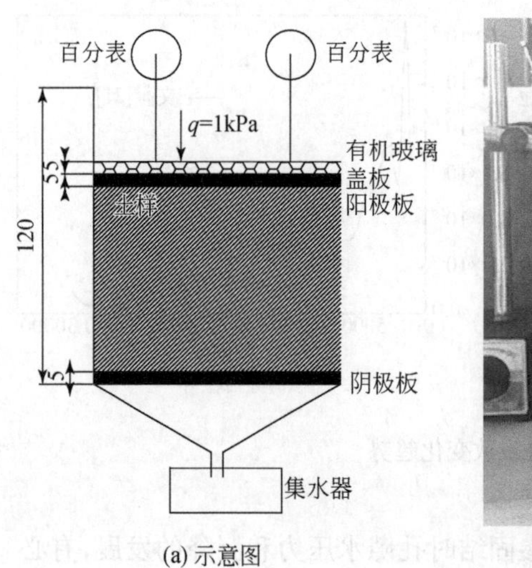

(a) 示意图

(b) 实物图

图 5-2-1　电渗试验箱

为了对比不同土体在一维电渗排水试验中的表现，试验土为商用高岭土和取自于浙江省宁波市某工程的软黏土，其基本物理性质指标见表 5-2-1，土的粒径组成和比表面积使用 Mastersize 2000 激光粒度仪测试；XRF 可定量测得土体的矿物成分；土体的水力渗透系数按照《土工试验方法标准》(GB/T 50123—1999)进行测试[24]。商用高岭土为干燥粉末，可直接用于试验。对于软黏土，试验前将其烘干并碾碎，过 2mm 筛以过滤掉土体中的较大颗粒和杂物。有研究表明[25]，电渗法处理软黏土较为合适的初始含水率要高于土体本身液限，因此本次试验中的初始含水率设为 60%～65%，具体见表 5-2-2。试验前将适量的土与蒸馏水充分混合搅拌均匀配制成试验所需的重塑土样，静置 24h 使土体含水率均匀。试验所用电源为稳压直流电源，最大输出电压为 60V，电源上可直接读取电路中的电流。

5.2.2　试验步骤和方案

各组试验的试验方案如表 5-2-2 所示，其中编号 K 代表高岭土，编号 C 代表黏土。试验步骤如下：

表 5-2-1　土样基本物理性质指标

指标	黏土	商用高岭土
天然含水率/%	35.94	—
土粒比重 G_s	2.66	2.62
比表面积/(m^2/g)	1.77	1.09
粒径组成/μm	d(0.1):1.26 d(0.5):7.61 d(0.9):25.24 均值:3.38	d(0.1):2.67 d(0.5):10.25 d(0.9):32.49 均值:5.51
原状土 pH	6.8	7.2
液限	49.64	57.21
塑限	27.65	29.34
水力渗透系数/(m/s)	1.56×10^{-8}	1.88×10^{-8}
Zeta 电势/mV	−118.0	−54.5
含盐量/(g/kg)	0.4	0.7
矿物组成	Al_2O_3:18.30% SiO_2:58.43% Fe_2O_3:10.04% K_2O:4.02%	Al_2O_3:36.89% SiO_2:55.12% Fe_2O_3:2.19% K_2O:4.52%

表 5-2-2　试验方案

编号	试验用土	原始高度/mm	施加电压/V	电势梯度/(V/cm)	处理总时长/h	初始含水率 w/%	初始孔隙率 n
K1	高岭土	77	23.1	3.0	14	66.39	0.6347
K2		73	14.6	2.0	14	66.39	0.6347
C1	黏土	71	14.2	2.0	11	63.04	0.6264
C2		52	15.6	3.0	11	63.04	0.6264
C3		82	16.4	2.0	9	62.24	0.6234
C4		78	15.6	2.0	9	62.24	0.6234

(1) 用土工布将阴极板裹好并安装在试验箱底部。

(2) 将少量凡士林均匀涂抹在试验箱内壁上,并将配制的重塑土样分层填入试验箱中,击实土样以排出土体中的气泡。土样填入试验箱后,安装好阳极和上覆有机玻璃板,并在有机玻璃板上施加外荷载 $q=1$kPa。

(3) 静置 24h,使土体因自重和外荷载作用的排水完全排出。

(4) 安装电势测针和百分表,连接导线并接通电源。

(5) 每隔一定时间,测量土体的排水量、沉降、有效电势和电流等参数。若已知土体的初始孔隙比和含水率,则通过监测土体的沉降和排水量可以反算土体的平均饱和度 $S_{r,ave}$;通过对电渗排水量和通电时间的测量即可知电渗透系数。

(6) 到达预定试验时间时切断电源,从试验箱中取出土体测试其电渗后的含水率和 pH。pH 的测定采用标准 pH 试纸,测量精度为 0.5。特别地,从阴阳极附近用环刀取土,测量电渗结束后阴阳极土体的饱和度。

5.2.3 试验结果

1. 电渗排水

为方便对比,仅选取各组试验的前 9h 的数据分析其电渗排水速率及土中电流随时间变化的规律(见图 5-2-2、图 5-2-3)。电渗排水速率在电渗刚开始时最快,C2 试验组达到了 67.94mL/h;在试验初始阶段的 2h 内所有试验组的排水速率迅速下降,随后稳定在 10mL/h 左右且随时间逐渐减小,最终排水速率趋近于 0。土体中的电流也反映了类似的规律,土中电流在电渗初期达到了全过程的最大值(C2,0.636A),随后开始逐渐减小。高岭土试验组的电流值较为稳定,维持在 0.04～0.10A,且 K1 试验组由于施加的外电压更高,其电流值也高于 K2 试验组。注意到高岭土试验组的排水速率和电流远低于黏土试验组,一方面是因为高岭土的 Zeta 电势(−54.5mV)低于软黏土(−118mV),单位体积土体内的水化阳离子数量要少于软黏土,在同样外加电场条件下迁移水分子数量更少,宏观表现为电渗排水速率慢于软黏土试验组;另一方面,据胡黎明等[26]报道,含水率为 50%的高岭土电阻率约为 140～210Ω · m,高于相近含盐量条件下黏性土电阻率 20～60Ω · m[27],宏观表现为电流更小。

2. 土体饱和条件下的电渗透系数

水的介电常数和黏度在电渗过程由于土体温度改变而引起的变化较小可认为是常量,近似地认为电渗过程中温度恒定为 25℃,则查表可得孔隙水的介电常数 81.5F/m,黏度为 0.8949×10^{-3}Pa · s。

表 5-2-3 对比了本次试验实际电渗透系数 $k_{e,m}$ 和根据 H-S 理论(25℃)推算所得的电渗透系数 $k_{e,p}$,并比较了文献[28]中的数值。实际电渗透系数 $k_{e,m}$ 根据式(5.2.1)计算:

$$k_{e,m}=\frac{\Delta Q_e \Delta L}{At\Delta V} \tag{5.2.1}$$

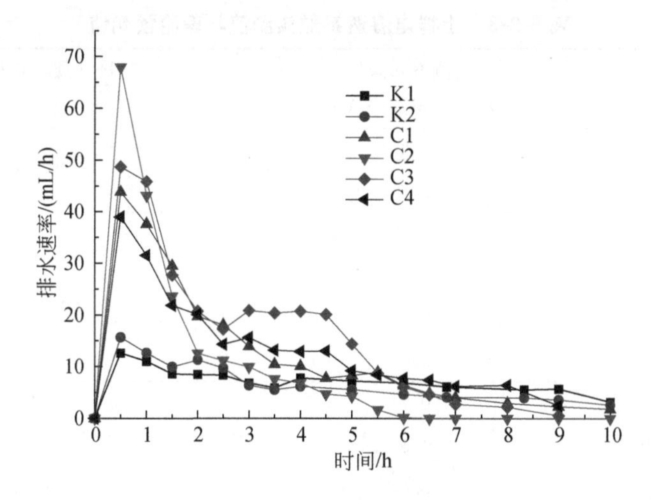

图 5-2-2　排水速率随时间变化关系

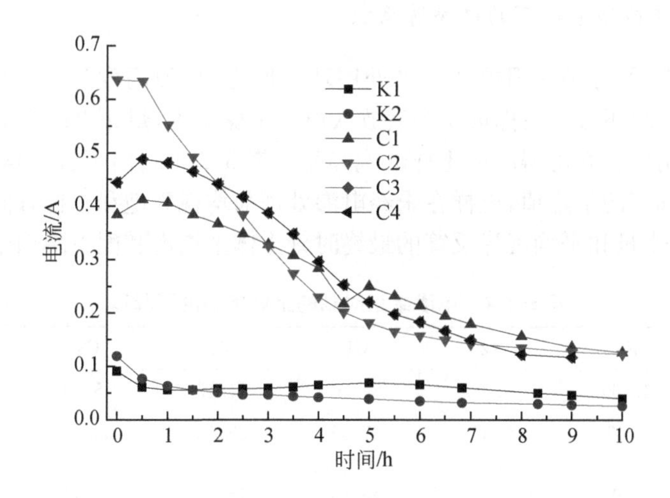

图 5-2-3　土中电流随时间变化关系

式中，ΔQ_e 为时间 t 内的电渗排水量；过水断面横截面积 A 为 100cm^2；ΔV 为有效电势；ΔL 为土体高度。

注意到土体饱和度会随电渗的开展而下降，因此为了减小误差，表 5-2-3 仅采用电渗开始后 1h 的数据，这是因为电渗刚开始时可认为土体是完全饱和的。与文献中数据的规律相一致，电渗透系数的实测值通常比 H-S 理论所预测的值要小一个数量级。如前所述，这是因为 H-S 理论夸大了电场对水流的驱动力。

表 5-2-3 土样电渗透系数实测值与理论预测值

土样	实测值 $k_{e,m}$/ ($\times10^{-9}m^2/(s\cdot V)$)	H-S 预测值 $k_{e,p}$/ ($\times10^{-9}m^2/(s\cdot V)$)
K1	1.20	26.38
K2	2.27	
C1	6.74	57.11
C2	7.10	
C3	7.17	
C4	5.82	
磷酸盐土	0.7	44
Wallaceburg 土	1.5	62
高岭土	3.6	91

3. 土体非饱和条件下的电渗透系数

试验结束后，分别在阳极和阴极处用环刀取土，环刀高度为 20mm，公称直径为 61.8mm。对环刀样品称重完毕后放入恒温干燥箱中，烘干 24h 后再称重，由此经土体三相指标换算可得所取土样的饱和度。表 5-2-4 列出了各土样经历完整电渗过程后饱和度的下降值，土样在未经电渗处理前均视为饱和土样，即 $S_r=100\%$。另外，根据排水量和平均沉降反算的最终时刻土体平均饱和度下降值也列在表中。

表 5-2-4 电渗结束时刻的土体饱和度下降值 (单位：%)

电极	K1	K2	C1	C2	C3	C4
阳极	19.69	20.26	39.90	51.47	45.89	40.88
阴极	2.45	2.99	27.66	29.18	35.30	31.88
平均饱和度下降值	6.49	7.58	13.75	18.66	16.41	14.31

在考虑电渗透系数与饱和度之间关系时，采用土体的平均饱和度是不太准确的，采用阳极区域土体的饱和度来分析更为合理，结合图 5-2-4 可以定性地解释。在 t 时刻，将土体均分为 n 层（$n\to\infty$），考虑其中第 i 层土层，其厚度为 L/n，饱和度为 S_{ri}，电渗透系数为 k_{ei}，施加在此土层上的电压为 dV_i，电势梯度为 ndV_i/L，则单位时间内流经第 i 层土层的电渗流 dq_i 为

$$dq_i=nk_{ei}dV_i/L \tag{5.2.2}$$

又因为水流连续的假设，单位时间内流经任意过水断面的水量相等，所以有

$$dq_1 = dq_2 = dq_3 = \cdots = dq_i = dq_n \tag{5.2.3}$$

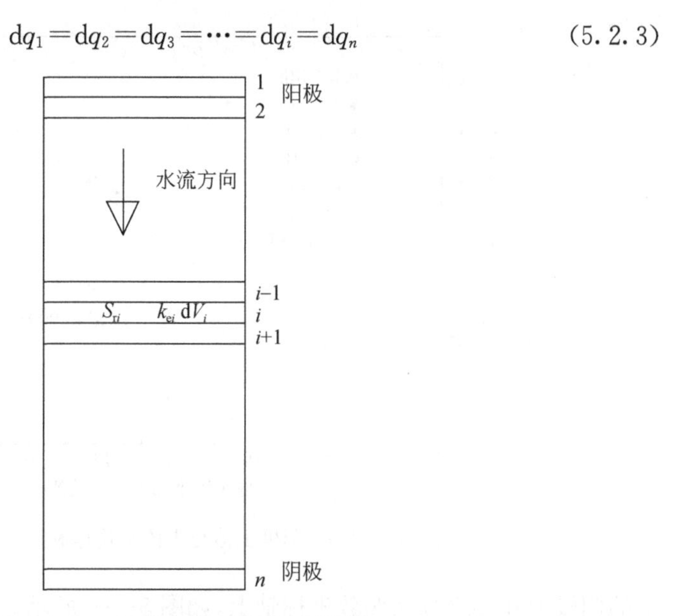

图 5-2-4　t 时刻土体电渗排水示意图

试验中，水的运动方向是由阳极迁往阴极，因此越靠近阳极的土层其饱和度越低，电渗透系数越低，而靠近阴极区域的土层由于不断地有水分补充其含水率和饱和度要高于阳极土体，尚未完全发挥电渗排水能力。类似于多层地基串联排水情况，其排水能力取决于多层地基中水力渗透系数最小的那层土，在本次试验中电渗透系数最小的土体为阳极区域的土体。然而实际试验中，实时监测阳极区域土体的饱和度实现难度较大，需要更为复杂的仪器和设备。通过对阳极土体的饱和度下降值和土体饱和度平均下降值进行拟合，两者存在简易的线性关系，如图 5-2-5 所示。由图可知，阳极土体饱和度下降值为平均饱和度下降值的 2.816 倍。作为一种估算方法，可以近似地认为在电渗过程中任意时刻阳极土体的饱和度下降值约为平均饱和度下降值的 2.8 倍。因此，只要监测土体的排水量和平均沉降，就可以通过土体平均饱和度来实时计算阳极土体的饱和度。

研究非饱和土的水力渗透系数时通常以相对水力渗透系数作为研究对象，即给定某一饱和度下的水力渗透系数与土体完全饱和时的水力渗透系数之比值。类似地，此处引入相对电渗透系数 $k_{e,rel}$ 的概念，定义为土体饱和度为 S_r 时的电渗透系数 $k_{e,Sr}$ 与土体饱和时的电渗透系数 $k_{e,sat}$ 的比值。本次试验中，$k_{e,sat}$ 定义为电渗开始第一个小时内的电渗透系数，即表 5-2-3 中的实测值 $k_{e,m}$。

$$k_{e,rel} = k_{e,Sr} / k_{e,sat} \tag{5.2.4}$$

由于阳极土体的饱和度下降值约为平均饱和度下降值的 2.8 倍，将测得的土体平均饱和度代入此关系式可得阳极土体的饱和度。将各试验所测得的 $k_{e,rel}$ 和对

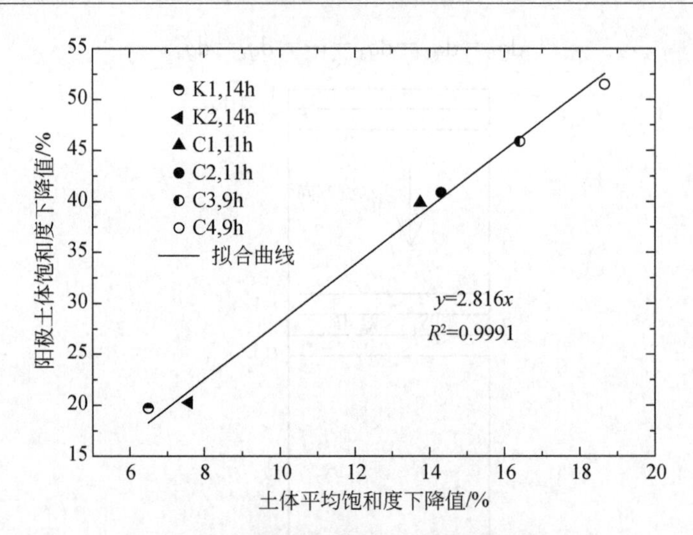

图 5-2-5　阳极土体与土体平均饱和度下降值

应的阳极饱和度绘制在对数坐标轴上，如图 5-2-6 所示。

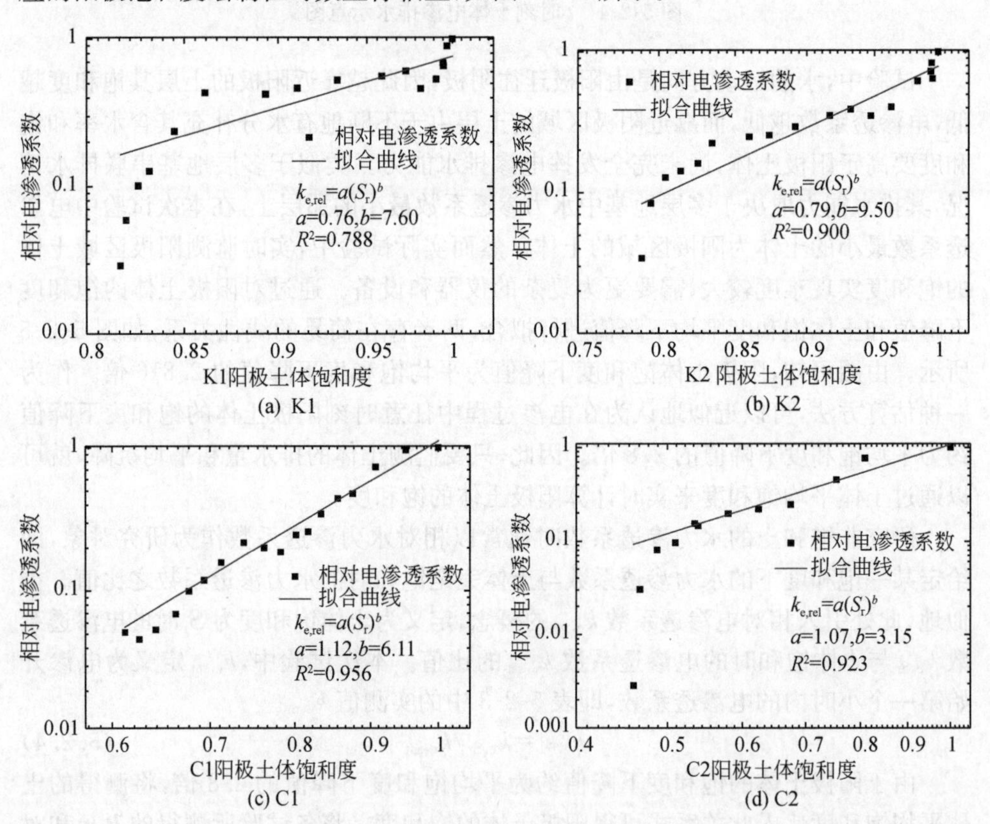

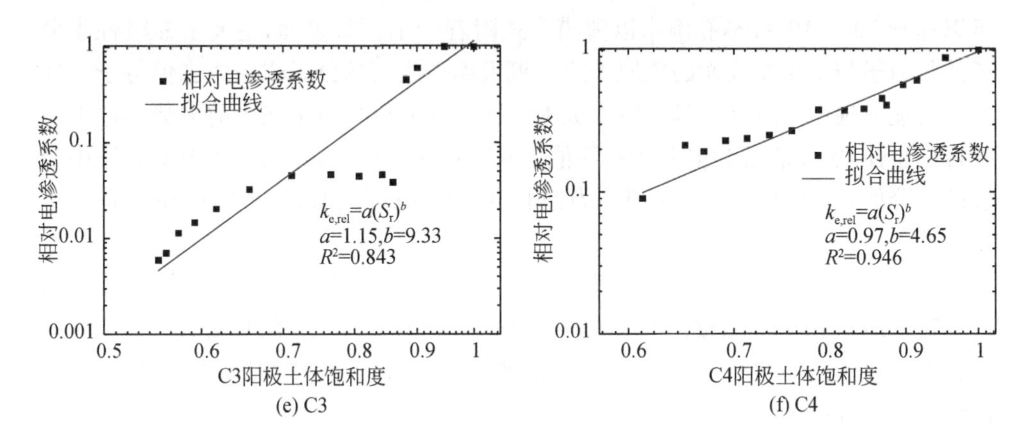

图 5-2-6　相对电渗透系数和饱和度的拟合曲线

高岭土试验组的饱和度最低下降至 80%左右，而黏土试验组的饱和度最低下降至 50%左右，这说明电渗排水越多的土体饱和度下降程度越高。对数据点进行曲线拟合，相对电渗透系数 $k_{e,rel}$ 与阳极土体饱和度之间存在幂函数的关系，六组试验的函数关系式均可用 $k_{e,rel}=a(S_r)^b$ 表示，其中 a、b 为拟合参数，R^2 为曲线的决定系数，列在表 5-2-5 中。其中试验数据拟合较好的 C1、C2 和 C4 曲线的决定系数 R^2 均达到或超过了 0.923，其他试验组的 R^2 也达到 0.8 左右，可以认为曲线拟合是合理的。注意到图 5-2-6(d)和图 5-2-6(e)中存在几个偏离拟合曲线较多的数据点，不过可以认为，不影响拟合曲线的整体合理性。尽管各拟合函数的指数值不同，但其均表明电渗透系数随饱和度下降呈指数级减小，当饱和度越低时电渗透系数下降得越快。这与 Gabrieli 等[23]的研究结果 $k_{e,rel}=(S_r)^c$ 类似，不同的是本次试验数据所拟合的公式包含 a、b 两个参数。

表 5-2-5　曲线的拟合参数及决定系数 R^2

参数	K1	K2	C1	C2	C3	C4
a	0.76	0.79	1.12	1.07	1.15	0.97
b	7.60	9.50	6.11	3.15	9.33	4.65
R^2	0.788	0.900	0.956	0.923	0.843	0.946

本次试验中测到的饱和度最低值约为 50%，基于以下原因我们认为此相对电渗透系数的拟合公式适用于饱和度下降区间为 100%～50%的土体：一是因为试验数据尚未涉及饱和度低于 50%的土体；二是因为土体的基质吸力随饱和度降低而加速增大，当饱和度过低时土中孔隙水处于“牢固吸附区”[29]，土体的基质吸力

可以达到 $10^4 \sim 10^6$ kPa，孔隙水以薄膜形式附着于土颗粒表面，主要依靠极性水分子的氢原子与土矿物表面的氧原子或氢氧根离子之间的分子作用力来保持于土体内。可能出现由于过高的基质吸力吸附住孔隙水使得孔隙水在当前电势梯度下无法排出土体，宏观表现为电渗透系数值为 0 的情况。因此，建议考虑电渗过程中合理的下降值，当土体由完全饱和转为饱和度 50％范围内时，土体的电渗透系数可以表达为

$$k_{e,rel} = a\,(S_r)^b, \quad 50\% < S_r < 100\% \tag{5.2.5}$$

特别地，当土体完全饱和时，即 $S_r = 100\%$ 时，$k_{e,sr} = k_{e,sat}$，此时 $k_{e,rel} = 1$。其中，拟合参数 a 的范围约为 0.8～1.2，b 的范围约为 3～9，与土体类型、电势梯度、土体微结构特征等有关。

5.2.4 电渗过程中电渗系数降低的原因

电渗透系数的降低有两方面原因。一方面是由于孔隙水排出引起的土体饱和度降低。控制非饱和土中水流的基本热力学参量是孔隙水的总势能，忽略溶质势能的影响，总势能在电渗过程中可以表达为

$$\psi_t = \psi_g + \psi_m + \psi_e \tag{5.2.6}$$

式中，ψ_t 为总势能；ψ_g 为重力势能；ψ_m 为基质势能；ψ_e 为电势能。

一般情况下，当土体含水率降低、饱和度下降至临界含水率时[29]，土体的基质吸力呈几何状迅速增大。而此时土体的重力势能和电势能的改变相对而言就显得微不足道了，水分排出土体也就更加困难了。

H-S 理论认为，电渗透系数与土中孔隙孔径大小及其分布无关；我们认为 H-S 理论仅适用于土体为饱和状态时，而当土体为非饱和状态时电渗透系数与孔隙大小及分布有关。不考虑非饱和土中孔隙气的流动仅考虑液相流动的情况下，相对于砂土和粉土，孔隙尺寸更小的黏土在饱和度降低时，土体基质吸力的增长更为快速，即式(5.2.6)中的 ψ_m 增长更为迅速，对孔隙水排出土体的阻碍更大(见图 5-2-7)，表现为孔隙尺寸越小的土体拟合式(5.2.5)中 b 值越大。

实际工程中电渗处理软土地基后期电渗透系数迅速减小，电能利用率不高且工期较长。为减小饱和度降低带来的负面影响，电渗法通常与别的工法结合处理软土地基，如真空预压、堆载预压、低能量强夯等方法。相比于单一的电渗处理，这类方法均为通过物理方式使土体沉降更大，改善土体的排水条件，变相地增大了土体的饱和度，使电渗透系数保持在较高值，进而提高了电渗法处理地基的效率。Sun 等[30]通过室内试验对比了单一电渗和电渗结合真空预压处理软黏土的效率。试验结果表明，结合－80kPa 真空负压试验组的排水量在 6h 内就超过了单一电渗超过 40h 的排水量，且试验后土体含水率分布更为均匀。

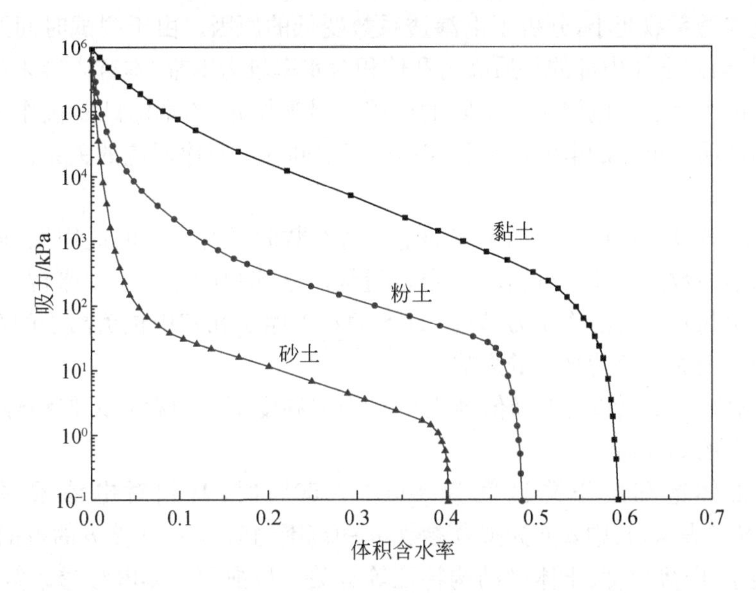

图 5-2-7　典型的砂土、粉土与黏土的土水特征曲线

另一方面，土体中的电化学反应也会引起土体 pH 的变化进而影响电渗透系数的大小[31,32]。黏土颗粒表面所带电荷性质与其溶液 pH 有关，当 pH 下降到一定程度时黏土颗粒表面所带负电荷也可转变为正电荷[11]，此时电渗流会由阴极流向阳极。土体 pH 会随着电极附近电化学反应和水电解反应的发生而改变，为防止黏土的 pH 变化范围过大，Shang[28] 认为电渗透系数的测量应选取电渗中前期的试验数据，此时电化学反应对土体 pH 的影响还较小，这也是本次试验设计时长较短的原因。表 5-2-6 列出了试验处理后土体的 pH，处理前高岭土的 pH 为 6.9，原状土 pH 为 6.8(混合溶液按照土、蒸馏水质量比 1∶10 配制)。可以看出，土体的 pH 数值上最大仅改变了 2 左右，可以认为电化学反应对土体 pH 的影响较小。

表 5-2-6　试验处理后土体的 pH

位置	K1	K2	C1	C2	C3	C4
阳极	4.5	4.5	4.8	5.3	4.8	4.3
中部	4.7	5.8	6.5	6.0	5.3	6.0
阴极	7.5	7.5	7.8	7.3	8.5	8.3

5.2.5　结论

通过一维条件下的室内电渗排水试验，研究了电渗过程中由于土体饱和度降低引起电渗透系数变小,分析了电渗透系数变低的原因。由于测试时间及仪器设备的原因,监测土体内部的基质吸力和体积含水率较为困难,本章内容未能定量地分析饱和度下降引起电渗系数下降的原因。尽管如此,本章的试验仅作为初步的探讨确实证明了土体的电渗透系数与饱和度之间存在有序对应的关系。试验结果表明:

(1) H-S模型在预测饱和土体的电渗透系数时具有一定的适用性,通常而言实测电渗透系数值要比预测值小一个数量级。这其中的差异主要来源于H-S模型夸大了电场对水流的作用力,以及H-S模型忽略了孔隙中抗衡离子的存在以及剩余离子对表面电荷的平衡的影响。

(2) 阳极土体饱和度下降值与土体平均饱和度下降值存在近似线性关系,前者约为后者的2.8倍。

(3) 土体饱和度下降区间为100%~50%时,其相对电渗透系数可用$k_{e,rel}=a(S_r)^b$表示,其中a、b为拟合参数,a的范围约为0.8~1.2,b的范围为3~9,与土体类型、电势梯度、土体微结构特征等有关。与饱和土体电渗透系数不同,非饱和土体的电渗透系数与土体孔隙的孔径大小有关,土体孔隙尺寸越小,b值越大。

5.3 关于电渗透系数测定方法的探讨

学术界和工程界对水力渗透系数已有较多的研究,已有文献表明土体的水力渗透系数受等效粒径[33]、孔隙率[34]、曲率系数[35]、不均匀系数[36]、颗粒尺寸及级配[37]、孔隙水温、矿物组成等因素影响,与水力梯度呈线性或非线性[38]关系。

饱和土体的水力渗透系数的测量方法通常有常水头法和变水头法,常水头法适用于粒径较粗的砂土,变水头法适用于细粒土,实验室测量时可依据《土工试验方法标准》(GB/T 50123—1999)[24]。测定非饱和土体的水力渗透系数时根据土体状态可分为瞬态测量法和稳态测量法。对于稳态测量法,土-水实验系统的流量、水力梯度与含水率均为常数;对于瞬态测量法,这些参数都随时间的改变而变化。稳态测量法又可细分为常水头法、常流量法和离心法。常水头法与饱和土体常水头测试方法相类似,在渗流过程中土样水头保持恒定,基质吸力由外加的气压控制,通常可采用两个Mariotte瓶和一套压力式面板-滴管系统即可保证试验条件、试验步骤和结果分析较为简单;但其缺点在于试验达到稳定条件需要很长时间,流速过低时很难准确测定。常流量法是通过控制流量来代替测定流量,避免了直接测定低渗透率或低饱和度土极低流量的问题。离心法[39]则是利用旋转离心机快速建立非饱和土样的稳定液体流动的室内试验技术。对于现场的测量技术也有诸多报道[40,41]。总而言之,学者们为准确测量不同状态下土体的水力渗透系数提出了多种假设、开发了多种测试技术、设计了多种测试设备。

电渗流的原理与水力渗流的原理类似,水力渗流中重力的作用对象为液体本身,而电渗流中电场力的作用对象为液体中的带电粒子。两者的作用力场均是有源无旋场,其数学表达形式应遵循类似的规律。同样,对于电渗流和水力渗流测量方法的原理也是类似的。然而在现存文献中,能查询到的电渗透系数的测定方法均较为单一,且不同工况下对电渗透系数的测定结果也有较大的偏差。一般而言,对土体的电渗透系数进行测试时采用的是矩形试验槽或轴对称圆柱形试验容器,将待测土体放入容器内通电,测量一定时间内的排水量反算电渗透系数。如 Lo 等[42]采用改进的三轴试验仪对 Wallaceburg 黏土和 Champlain 海相黏土进行测试,可对土体的围压及反压进行控制,实时监测土体的沉降及排水量。Shang[28]为避免电渗过程中土体含水率下降给电渗透系数的测量带来误差,将土体与一个小型蓄水器接通,保持在常水头条件下测量电渗流和水力渗流的总排水量。Bruell 等[43]则采用内径 7.6cm,有效测试长度为 30.5m 的中空管来测试污染土的电渗透系数。但是土体在外加电场作用下的行为表现受多种因素的影响,如果事先没有设定实施规范和准则,单纯地通过某一试验所测得的电渗透系数值来评价土体的电渗适用性是不合理的。

表 5-3-1 统计了文献中所采用试验设备的相关信息,常见的设备形状为矩形和圆柱形,常用的电极多为铁、铜、EKG 等。

表 5-3-1　文献中电渗试验详情统计

研究者	设备形状	几何尺寸/mm	电极材料	初始含水率/%	试验时长/h
Shang[28]	矩形	—	—	40～100	—
Fourie 等[44]		300×200×200	EKG	147	1440
王宁伟等[7]		250×170×150	钢筋	23	75
胡俞晨等[45]		450×450×600	碳纤维塑料	37.5	480
Bruell 等[43]	圆柱形	76(*r*)×305	铁	80	120
Lo 等[46]		101(*r*)×305	铜	40～90	约 26.6
吴辉等[47]		188(*r*)×200	铁丝	100	100
Bruell 等[43]		76(*r*)×560	铁、石墨	80	720

分析表明,电渗系数的测定,应该像水力渗透系数测定一样,有一个统一规定的方法和流程,如水力渗透系数常水头试验测定一样,规定了统一的水头高度,测试对象采用原状土或重塑后的原状土,统一规定所有因素,测得的排水速率和渗透系数只取决于土的性质。在参数统一的情况下测定水力渗透系数的

值,这样不同地区不同土质才有了可比性。所以不同土体的电渗系数不应该通过改变工况来改变,类似于水力渗透系数不能通过改变试验用水头来改变。地基处理可以改变排水条件(如打设砂井、排水板)以加快排水速率,但这并不使水力渗透系数提高;提高电势梯度、添加离子溶液可以说提高了电渗效率,同理也不可以说是提高了电渗系数。电渗系数应该像水力渗透系数一样,把渗透系数和工程处理效果分离开,在渗透系数测定试验中应统一所有试验参数,让渗透系数只取决于土本身的性质。结合文献中的试验实例,可以从以下几个方面考虑标准化电渗透系数的测定程序。

(1) 几何尺寸。实验室测量电渗透系数需要考虑其方便性及可操作性,因此电渗透系数测量的尺寸不应太大,过大的试验箱需配制大量的重塑土,耗费大量时间。但测量试验箱也不能太小,过小的试验箱存在明显的尺寸效应[48],即土体受试验箱内壁约束作用明显。作者认为,室内测量电渗透系数时可采用改进的Miller Soil Box,内部尺寸为100mm(长)×100mm(宽)×130mm(高),即本章室内试验测试用电渗试验箱。试验应保持在一维条件下进行,电渗流的方向应与电场方向一致。

(2) 电极材料。原则上应采用抵抗电腐蚀性较高的材料,如石墨电极、EKG电极等,但研究发现石墨作为电极材料时其接触电阻会在短时间内迅速增大,电渗排水量下降速度很快,因此不适合应用于土体电渗透系数测量。EKG电极虽然没有上述问题,但其获取渠道较为困难。考虑电极的抗腐蚀性和常见性,不锈钢电极是一种非常合适的实验用电极材料。

电极形状方面,推荐采用与Miller Soil Box同截面积的板状电极而非管状电极。采用板状电极,土体中的电场分布更为均匀,有效电场面积更大。Alshawabkeh等[49]根据不同的电极布置形式将土体可分为无效电场和有效电场两部分,同性电极间的面积为无效面积(白色区域),相异电极间的面积为有效面积(黑色区域),增加电极数量可使有效电场面积增大;如图5-3-1所示,极限情况下若为板状电极,则无效电场面积为零,土体的横截面积即为有效过水断面面积。

(3) 电势梯度。选取某一电势梯度时应注重加快电渗排水速率与限制土中电化学反应的平衡。针对杭州软黏土,李瑛等[6]推荐较为合适的电势梯度约为1.25V/cm;郑凌逶等[50]统计了文献中常用的电势梯度为0.1～2.0V/cm。在工程的实际应用中,考虑到施工的安全性电势梯度不宜过高,通常设置在1V/cm以下[51]。

(4)初始含水率。初始含水率对电渗透系数的测定影响是显而易见的,土体含水率越高,土体的孔隙率n也越高,排出水的难度就越低。选取液限作为初始含水率是较为合理的,一方面土体含水率处于液限时其抗剪强度接近于0,符合工程实

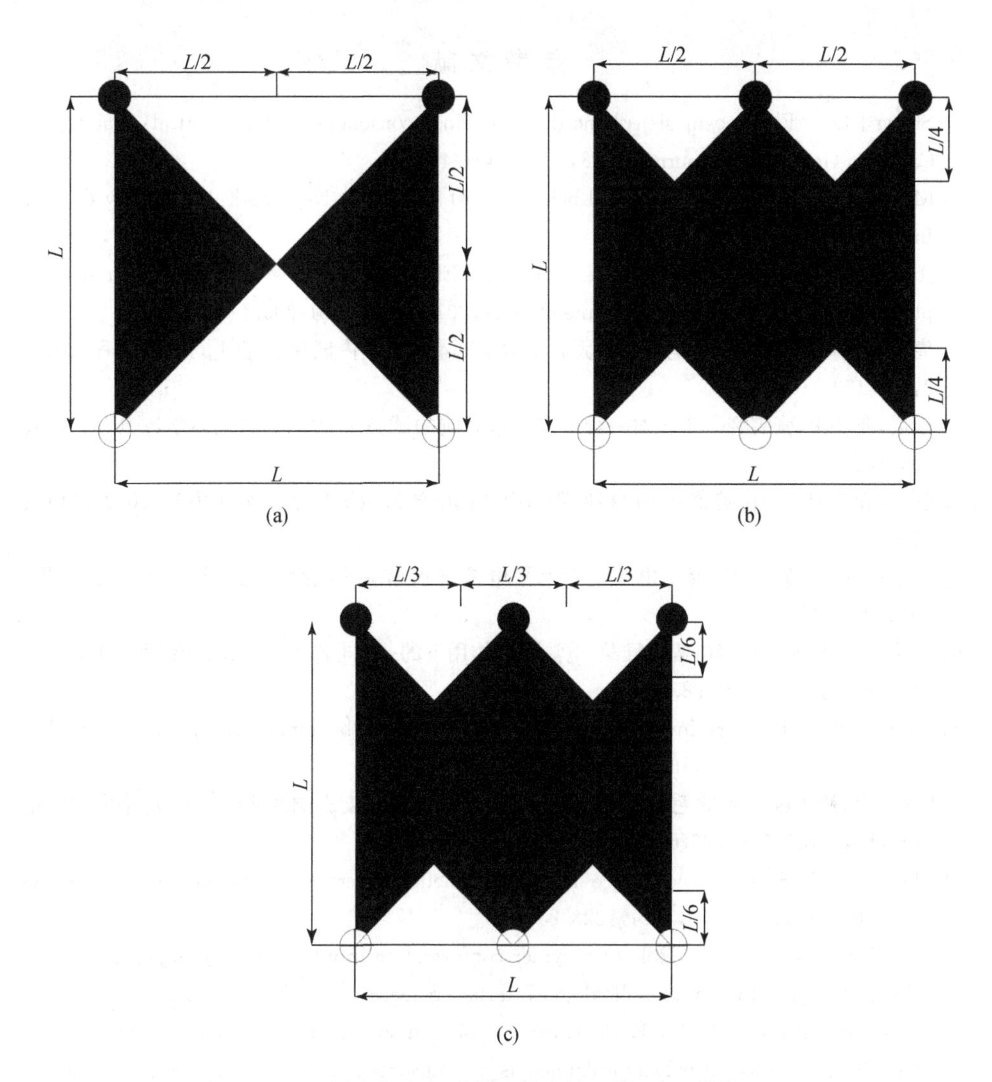

图 5-3-1　不同电极布置形势下的有效电场面积(单位：mV)

际中电渗法处理疏浚淤泥、吹填淤泥等的实际情况；另一方面，从土体微观孔隙结构的角度来说，土体强度提升的含水率临界点位于液限，在本书第 4 章曾有描述。

综上所述，土体电渗透系数的标准测定程序应是以小型改进的 Miller Soil Box 为基础，采用板状不锈钢电极，施加 1V/cm 左右的电势梯度，土体初始含水率应设定为液限或略高于液限；测定时间应设定在整个电渗排水的中前期，即电渗排水速率尚未急剧减小的时间段。

参 考 文 献

[1] Shang J Q. Electroosmosis-enhanced preloading consolidation via vertical drains[J]. Canadian Geotechnical Journal,1998,35(3):491-499.

[2] Mitchell J K. Fundamentals of soil behaviour[M]. 2nd ed. New York:John Wiley & Sons Inc.,1993.

[3] Jones C J F P,Lamont-Black J,Glendinning S. Electrokinetic geosynthetics in hydraulic applications[J]. Geotextiles and Geomembranes,2011,29(4):381-390.

[4] 庞宽,刘斯宏,吴澎,等. 电渗法加固软土地基基本参数室内试验研究[J]. 水运工程,2011,3:148-153.

[5] 李瑛,龚晓南,张雪婵. 电压对一维电渗排水影响的试验研究[J]. 岩土力学,2011,32(3):709-714.

[6] 李瑛,龚晓南. 等电势梯度下电极间距对电渗影响的试验研究[J]. 岩土力学,2012,33(1):89-95.

[7] 王宁伟,矫军,修彦吉,等. 电极距对水平电渗排水影响的试验研究[J]. 岩土工程学报,2012 (S1):177-181.

[8] 王柳江,刘斯宏,王子健,等. 堆载-电渗联合作用下的一维非线性大变形固结理论[J]. 工程力学,2013,30(12):91-98.

[9] Laursen S. Laboratory investigation of electroosmosis in bentonites and natural clays[J]. Canadian Geotechnical Journal,1997,34(5):664-671.

[10] 李红旗,沈忠耀. 高效毛细管电泳中介质 pH 对电渗速度影响的研究[J]. 清华大学学报(自然科学版),1996,36(6):83-87.

[11] Lorenz P B. Surface conductance and electrokinetic properties of kaolinite beds[J]. Clays and Clay Minerals,1969,17(4):223-231.

[12] Yu X,Somasundaran P. Role of polymer conformation in interparticle-bridging dominated flocculation[J]. Journal of Colloid and Interface Science,1996,177(2):283-287.

[13] Yukselen-Aksoy Y,Reddy K R. Effect of soil composition on electrokinetically enhanced persulfate oxidation of polychlorobiphenyls[J]. Electrochimica Acta,2012,86:164-169.

[14] Eykholt G R,Daniel D E. Impact of system chemistry on electroosmosis in contaminated soil[J]. Journal of Geotechnical Engineering,1994,120(5):797-815.

[15] 胡平川,周建,温晓贵,等. 电渗-堆载联合气压劈裂的室内模型试验[J]. 浙江大学学报(工学版),2015 (8):1434-1440.

[16] Park H M,Lee W M. Helmholtz-Smoluchowski velocity for viscoelastic electroosmotic flows[J]. Journal of Colloid and Interface Science,2008,317(2):631-636.

[17] Lu N,Likos W J. Suction stress characteristic curve for unsaturated soil[J]. Journal of Geotechnical and Geoenvironmental Engineering,2006,132(2):131-142.

[18] Fredlund D G,Rahardjo H,Rahardjo H. Soil Mechanics for Unsaturated Soils[M]. New York:John Wiley & Sons Inc.,1993.

[19] Likos W J, Jaafar R. Pore-scale model for water retention and fluid partitioning of partially saturated granular soil[J]. Journal of Geotechnical and Geoenvironmental Engineering, 2013, 139(5): 724-737.

[20] Kaniraj S R, Huong H L, Yee J H S. Electro-osmotic consolidation studies on peat and clayey silt using electric vertical drain[J]. Geotechnical and Geological Engineering, 2011, 29(3): 277-295.

[21] 孙召花,余湘娟,高明军,等. 真空-电渗联合加固技术的固结试验研究[J]. 岩土工程学报, 2017, 39(2): 250-258.

[22] De Wet M. Electro-kinetics, infiltration and unsaturated flow[J]. Unsaturated Soils, 1995, 1: 283-291.

[23] Gabrieli L, Jommi C, Musso G, et al. Influence of electroosmotic treatment on the hydro-mechanical behaviour of clayey silts: preliminary experimental results[J]. Journal of Applied Electrochemistry, 2008, 7(38): 1043-1051.

[24] 中华人民共和国住房和城乡建设部. 土工试验方法标准 GB/T 50123—1999[S]. 北京:计划出版社, 1999.

[25] Malekzadeh M, Lovisa J, Sivakugan N. An overview of electrokinetic consolidation of soils[J]. Geotechnical and Geological Engineering, 2016, 34(3): 759-776.

[26] 胡黎明,洪何清,吴伟令. 高岭土的电渗试验[J]. 清华大学学报(自然科学版), 2010, 50(9): 1353-1356.

[27] 聂艳侠,胡黎明,温庆博. 土壤电阻率与饱和度定量关系的确定[J]. 岩石力学与工程学报, 2016, 35(A01): 3441-3448.

[28] Shang J Q. Zeta potential and electroosmotic permeability of clay soils[J]. Canadian Geotechnical Journal, 1997, 34(4): 627-631.

[29] McQueen I S, Miller R F. Approximating soil moisture characteristics from limited data: Empirical evidence and tentative model[J]. Water Resources Research, 1974, 10(3): 521-527.

[30] Sun Z, Gao M, Yu X. Dewatering effect of vacuum preloading incorporated with electro-osmosis in different ways[J]. Drying Technology, 2017, 35(1): 38-45.

[31] Acar Y B, Hamed J T, Alshawabkeh A N, et al. Removal of cadmium (II) from saturated kaolinite by the application of electrical current[J]. Geotechnique, 1994, 44(2): 239-254.

[32] Shang J Q, Dunlap W A. Improvement of soft clays by high-voltage electrokinetics[J]. Journal of Geotechnical Engineering, 1996, 122(4): 274-280.

[33] 黄文熙. 土的工程性质[M]. 北京:水利电力出版社, 1983.

[34] 崔荣方,陈建生,许霆. 无黏性土粒径特征对其渗透性的影响[J]. 山西建筑, 2006, 32(6): 97-98.

[35] 朱崇辉. 粗粒土的渗透特性研究[D]. 杨凌:西北农林科技大学, 2006.

[36] Shepherd R G. Correlations of permeability and grain size[J]. Groundwater, 1989, 27(5): 633-638.

[37] 郭庆国．粗粒土的工程特性及应用[M]．郑州：黄河水利出版社，1991.

[38] Nithiarasu P, Seetharamu K N, Sundararajan T. Natural convective heat transfer in a fluid saturated variable porosity medium[J]. International Journal of Heat and Mass Transfer, 1997, 40(16): 3955-3967.

[39] Nimmo J R, Rubin J, Hammermeister D P. Unsaturated flow in a centrifugal field: Measurement of hydraulic conductivity and testing of Darcy's law[J]. Water Resources Research, 1987, 23(1): 124-134.

[40] Hillel D, Gardner W R. Measurement of Unsaturated Conductivity and Diffusivity by Infilatration Through AN Impeding Layer[J]. Soil Science, 1970, 109(3): 149-153.

[41] Bouma J, Hillel D I, Hole F D, et al. Field Measurement of unsaturated hydraulic conductivity by infiltration through artificial crusts 1[J]. Soil Science Society of America Journal, 1971, 35(2): 362-364.

[42] Lo K Y, Inculet I I, Ho K S. Electroosmotic strengthening of soft sensitive clays[J]. Canadian Geotechnical Journal, 1991, 28(1): 62-73.

[43] Bruell C J, Segall B A, Walsh M T. Electroosomotic removal of gasoline hydrocarbons and TCE from clay[J]. Journal of Environmental Engineering, 1992, 118(1): 68-83.

[44] Fourie A B, Johns D G, Jones C J F P. Dewatering of mine tailings using electrokinetic geosynthetics[J]. Canadian Geotechnical Journal, 2007, 44(2): 160-172.

[45] 胡俞晨，王钊，庄艳峰．电动土工合成材料加固软土地基实验研究[J]．岩土工程学报，2005，27(5)：582-586.

[46 Lo K Y, Ho K S, Inculet I I. Field test of electroosmotic strengthening of soft sensitive clay [J]. Canadian Geotechnical Journal, 1991, 28(1): 74-83.

[47] 吴辉，胡黎明．真空预压与电渗固结联合加固技术的理论模型[J]．清华大学学报(自然科学版)，2012，52(2)：182-185.

[48] 温晓贵，胡平川，周建，等．裂缝对电渗模型尺寸效应影响的试验研究[J]．岩土工程学报，2014，36(11)：2054-2060.

[49] Alshawabkeh A N, Gale R J, Ozsu-Acar E, et al. Optimization of 2-D electrode configuration for electrokinetic remediation[J]. Journal of Soil Contamination, 1999, 8(6): 617-635.

[50] 郑凌逶，谢新宇，谢康和，等．电渗法加固地基试验及应用研究进展[J]．浙江大学学报(工学版)，2017，51(6)：1064-1073.

[51] Casagrande I L. Electro-osmosis in soils[J]. Geotechnique, 1949, 1(3): 159-177.

第 6 章　污染土电动加固修复试验研究

6.1　污染土基本参数与试验方案设计

土体污染根据污染物来源的不同分为无机污染和有机污染两种，前者主要是重金属离子污染，而有机污染以生活源污染土中最为典型[1]。

目前对生活源污染土的研究大多数集中在其工程性质[2-4]，以及垃圾填埋场的沉降、稳定、渗透、扩散等方面，而在其室内排水加固方面的研究极少。随着城市建设的加快，生活源污染土被开发为建筑场地，一般粉土等污染后性质变化不明显，但是黏土被污染后性质变化明显，其密度、液塑限、孔隙比等土性参数都会发生较大的变化，Kaniraj 等[5]对有机质土的电渗排水加固效果进行了研究，分析认为与普通黏土电渗加固效果有较大不同，电渗加固的最优条件也存在一定差别。无机污染土中因为存在重金属离子，所以目前大多数研究主要集中于探究无机污染土中重金属离子的运移特性和去除方法上。

除此之外，电渗在土木工程中的应用已经有很长的历史，Esrig[6]最早建立了电渗排水固结的相关理论；陶燕丽等[7]研究了电压、电极材料、含盐量等因素对于电渗排水加固效果的影响；李瑛等[8]研究了电压对电渗效果的影响。以上普通土的电渗加固参数是否适用于生活源污染土还存在疑问，有必要开展相应的研究。本章以生活源污染黏土为研究对象，选用电渗法对其进行处理加固提高其承载力，通过设计正交试验探究了生活源污染土电渗加固影响因素排序以及最佳条件组合，为生活源污染土的研究以及处理提供新的思路和方法，同时也为工程实践中污染场地地基土电渗加固设计提供参考。

6.1.1　试验用土样制备

由于填埋场生活源污染土不易获取且均匀性较差，所以本章采用室内装置模拟制作生活源污染土，再现普通黏土的污染物渗流过程，土体污染程度和状态与生活垃圾填埋场后期场地软基和衬垫层土体类似。本章所用未污染土体的基本参数如表 6-1-1 所示。

本次试验所用的污染土样全部取自于室内物理模型装置中的生活源污染土样[9]，模型装置如图 6-1-1 所示。

表 6-1-1 未污染土体的基本参数

参数	塑限 W_P/%	液限 W_L/%	塑性指数 I_P/%	天然含水率 w_P/%	密度 ρ/(g/cm³)
数值	17.20	34.25	17.05	23.00	1.64

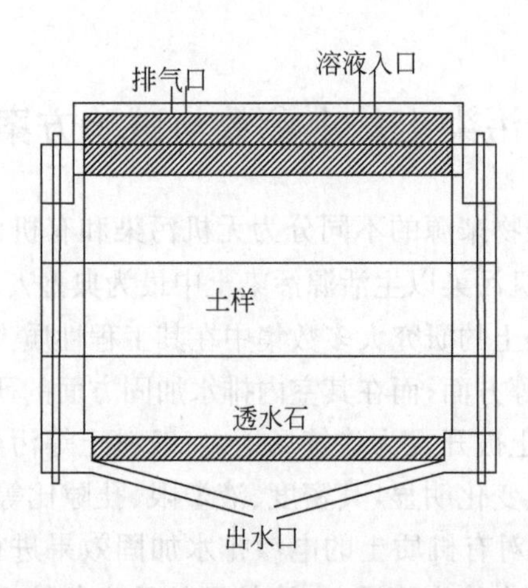

图 6-1-1 生活源污染土样制备装置

其中生活垃圾组成参考了我国相关资料及文献[9]，基本成分如表 6-1-2 所示。

表 6-1-2 生活垃圾的主要组成以及含量

组成	有机组分/%			无机组分/%		混合组分/%	
	厨余	果蔬	落叶	废纸	炉渣	煤灰	泥土
含量	15.00	61.00	4.50	3.40	4.40	8.30	3.40

6.1.2 生活源污染土基本性质

采用南-55 渗透仪进行变水头测试，获得不同渗流深度生活源污染土的饱和渗透系数。试验前将切好的土样放入饱和箱中先真空抽气处理 2h，注水浸泡 24h。测试过程中，先将试验装置中的气泡排出，初始水头加至 1.6m 左右，当排水口有水排出时开始记录水头值，约 24h 记录一次，连续记录 4～6 次。为减小蒸发作用产生的误差，增加了一组对照试验测试读数周期室温作用下水头的损失值。渗透系数随渗流深度的变化如图 6-1-2 所示，其中 k 为渗透系数，d 为渗流深度。

由图 6-1-2 可以看出，生活源污染土的饱和渗透性很低，不同渗流深度生活源

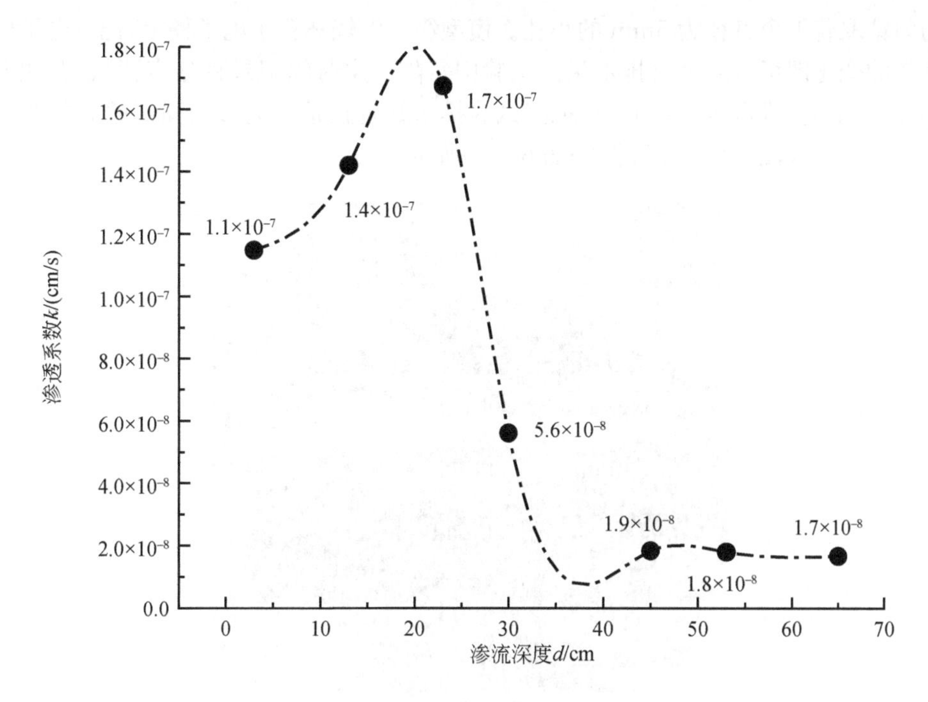

图 6-1-2　不同渗流深度渗透系数

污染土的饱和渗透系数不同，较大值在渗流深度 23cm 附近，与临界深度对应，超过该渗流深度，渗透系数减小并具有逐渐达到稳定的趋势。

不同渗流深度的土体性质存在一定的差异，本次试验将不同渗流深度的土样进行充分混合，取样并测定了其基本性质，如表 6-1-3 所示。

表 6-1-3　生活源污染土的基本参数

参数	塑限 W_P/%	液限 W_L/%	内摩擦角 ψ/(°)	黏聚力 c/kPa	密度 ρ/(g/cm³)
数值	23.9	42.1	20.7	19.1	1.50

6.1.3　生活源污染土电渗加固修复试验设计

试验模型箱由改进的 Miller Soil Box 有机玻璃箱以及沉降测量组合装置[10]组成，有机玻璃箱内边缘尺寸为 186mm×100mm×97mm，沉降测量组合装置主要包括固定支架、可调节悬杆和百分表。百分表固定在可调节悬杆上，下端压在有机玻璃薄板上，薄板尺寸 168mm×94mm。试验采用板状电极，尺寸为 97mm×97mm×2mm，在阴极板外侧包裹土工布，考虑到排水需要，在阴极板上用钻孔机均匀钻取若干个直径为5mm的小孔。模型箱一侧烧杯置于电子秤上，记录电子秤读数的变化即可得到试验排水量。试验中每隔一定时间记录百分表读数、有效电势，读取电流、排水量的数值，并观察试验排水是否正常。电渗加固试验装置图如图6-1-3所示，剖面图、平面图如图6-1-4所示。

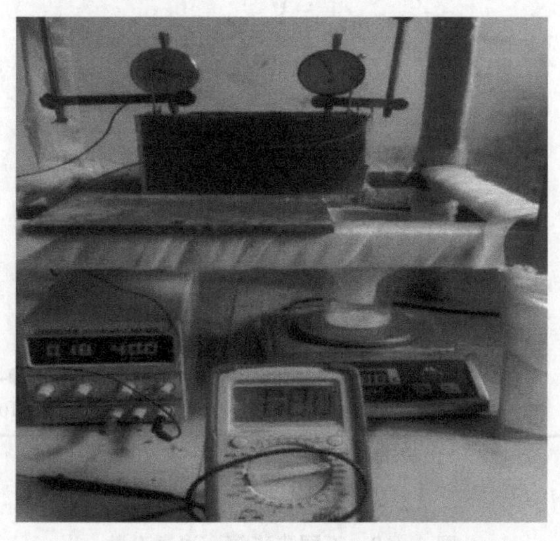

图6-1-3　电渗加固试验装置图

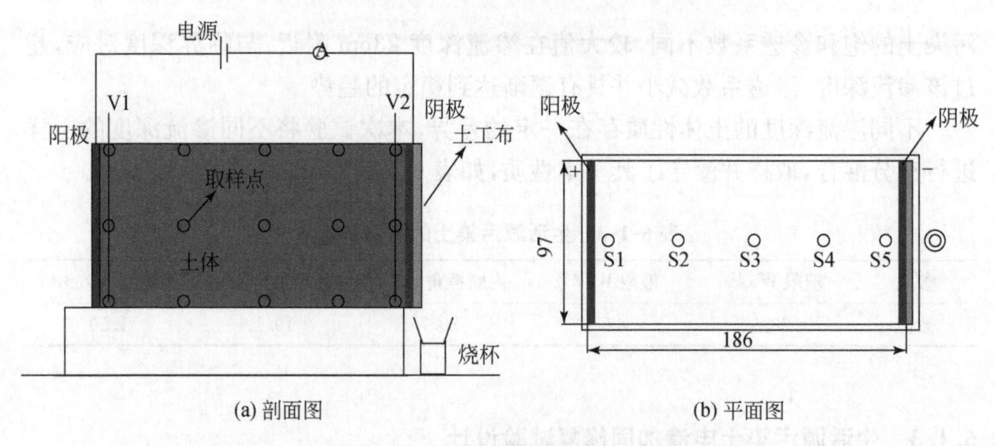

(a) 剖面图　　(b) 平面图

图6-1-4　电渗加固试验装置剖面图和平面图(单位：mm)

为更加准确地找出生活源污染土的电渗加固最优水平，在正式试验之前进行了9组预试验，确定了不同因素的水平值较合理的范围。根据9组预试验的基本研究结果，同时参考普通土的电渗设计方案，增加试验水平和因素并调整水平值，设计出正式试验的因素和水平，含盐量的影响通过添加$CaCl_2$模拟，其余因素的设计参考普通土电渗设计方案[10]，如表 6-1-4 所示。

表 6-1-4　正式试验因素水平表

因素	A:电源电压/V	B:$CaCl_2$添加量/(g/L)	C:电极材料	D:通电时间/h	E:初始含水率/%
水平	A1:30.00	B1:0.00	C1:铁	D1:15.00	E1:42.00
	A2:40.00	B2:0.40	C2:铜	D2:20.00	E2:48.00
	A3:50.00	B3:0.80	C3:铝	D3:25.00	
	A4:58.00	B4:1.20	C4:石墨	D4:30.00	

试验主要过程如下：在阴极电极板外侧包裹土工布并放入相应位置，分层压实制备好的土样；在距电极板 5mm 处插入电势测针，将百分表固定好位置，接通整个电路，将电压调到试验设计值；每隔 0.5h 记录百分表示数，并且每隔 1h 测读电流、电压以及排水量数值。结束后取样测含水率以及进行直剪试验获取抗剪强度值。表 6-1-5 给出了电渗加固试验的加固条件。

表 6-1-5　正式试验电渗加固条件汇总表

试验序号	电源电压/V	$CaCl_2$添加量/(g/L)	电极材料	通电时间/h	初始含水率/%
F1	30.00	0.00	铁	15.00	42.00
F2	30.00	0.40	铜	20.00	48.00
F3	30.00	0.80	铝	25.00	42.00
F4	30.00	1.20	石墨	30.00	48.00
F5	40.00	0.00	铜	25.00	48.00
F6	40.00	0.40	铁	30.00	42.00
F7	40.00	0.80	石墨	15.00	48.00
F8	40.00	1.20	铝	20.00	42.00
F9	50.00	0.00	铝	30.00	48.00
F10	50.00	0.40	石墨	25.00	42.00
F11	50.00	0.80	铁	20.00	48.00
F12	50.00	1.20	铜	15.00	42.00
F13	58.00	0.00	石墨	20.00	42.00
F14	58.00	0.40	铝	15.00	48.00

续表

试验序号	电源电压/V	$CaCl_2$添加量/(g/L)	电极材料	通电时间/h	初始含水率/%
F15	58.00	0.80	铜	30.00	42.00
F16	58.00	1.20	铁	25.00	48.00

6.2 生活源污染土电动加固修复正交试验

6.2.1 电渗加固正交试验结果与极差分析

为了更加全面地评价电渗加固排水效果和能量消耗，选用含水率降低百分比$w_{降}$(电渗前后土样含水率差值/电渗前含水率)和抗剪强度τ以及单位排水量能耗$W_{单}$(总能耗/排水量)等3个参数来评价电渗加固的效果，并分析了不同影响因素的极差。表6-2-1列出了16组正交试验的含水率降低百分比、单位排水量能耗以及抗剪强度均值。

表6-2-1 电渗加固试验结果汇总表

试验序号	试验结果		
	$w_{降}$/%	$W_{单}$/(10^{-3}kW·h/L)	τ/kPa
F1	27.48	0.35	104.33
F2	29.00	0.39	101.08
F3	24.26	0.73	90.25
F4	28.86	0.73	75.81
F5	36.60	0.38	105.59
F6	38.08	0.63	156.67
F7	27.57	0.65	108.30
F8	29.48	0.96	123.10
F9	41.18	0.77	182.59
F10	37.03	1.36	191.33
F11	27.81	1.03	151.62
F12	32.00	1.15	139.34
F13	31.84	1.07	167.68

续表

试验序号	试验结果		
	$w_{降}$/%	$W_{单}$/(10^{-3}kW·h/L)	τ/kPa
F14	32.46	0.74	97.47
F15	36.85	1.45	156.67
F16	34.58	1.21	115.88
最优组	F9、F6	F1	F9、F6

6.2.2　含水率降低百分比影响因素极差分析

对于生活源污染土体电渗加固效果的评价研究，含水率的降低是一个比较直观的指标[11]，对污染土体的研究具有重要的意义。为减小试验数据的误差，最后含水率统计分析时采用的是相对降低百分比，图 6-2-1 给出了含水率降低百分比的因素水平图。

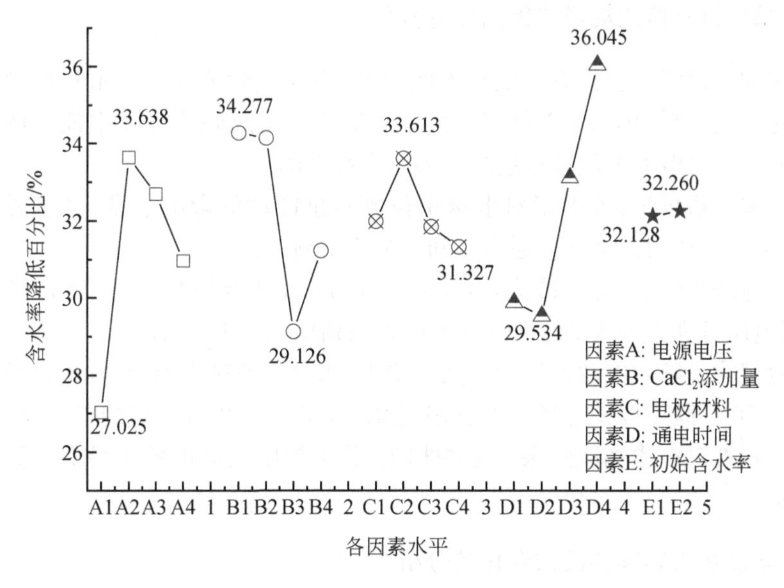

图 6-2-1　含水率降低百分比因素水平图

如图 6-2-1 所示，横坐标为各因素相应水平的编号，纵坐标为各因素相应水平在电渗处理后的含水率降低百分比。图中标示出了不同因素含水率降低百分比的最大值和最小值，波动范围容易判断。电源电压、$CaCl_2$ 添加量、电极材料、通电时间、初始含水率的极差（无量纲）分别为：6.613、5.151、2.286、6.511、0.132。各因素对电渗排水后含水率降低百分比的影响程度为：电源电压＞通电时间＞$CaCl_2$添加量＞电极材料＞初始含水率。其中含水率降低百分比随着电源电压的升高先增大后减小，40V、50V 排水效果相比 30V 明显变好；$CaCl_2$添加量从 0.4g/L 变化到 0.8g/L 之后排水效果明显变差，主要是因为 $CaCl_2$ 会发生胶结反应从而不利于水分的排出。

电源电压的极差最大，说明电源电压对整个电渗排水加固效果影响很大[12]，最优值在 40～50V 之间；通电时间极差和电源电压基本相等，从含水率降低百分比的角度来看，通电时间越长，则排水效果越好，但是从能耗系数的角度来看，部分试验到达 20h 之后能耗系数会有一个突增的过程，此时电流大多在 0.01A 以下，继续通电则很不经济；其次是 $CaCl_2$添加量的影响，试验中模拟孔隙水含盐量变化是直接向搅拌土的蒸馏水中加入氯化钙，提高初始电流强度的同时带来胶结反应，$CaCl_2$添加量过多会影响排水量；电极中铜电极的电渗加固效果最好，其他三种电极的电渗加固排水效果相当；初始含水率极差为 0.133，相比其他几个影响因素的极差很小。

6.2.3 单位排水量能耗影响因素极差分析

电渗加固过程中土体有效电势不断降低，不同试验条件下排水量以及有效电势的变化不同，单位排水量能耗 $W_{单}$ 可以更加准确地反映出电渗中能量的消耗情况。图 6-2-2 给出了单位排水量能耗的因素水平图。

由极差分析可知，各因素对电渗单位排水量能耗的影响程度为：电源电压＞$CaCl_2$添加量＞初始含水率＞通电时间＞电极材料。

其中电源电压的极差最大，40V 的单位排水量能耗相比于 30V 仅增长了 22%，当电压升高到 58V 时，单位排水量能耗相比 50V 时增长了近 50%。能耗变化的一般规律是随着电源电压的增大而增大，综合考虑排水能力，本次试验发现电压在 40～50V，既可以使能耗控制在较低水平，又可以获得理想的排水量；通电时间和电极材料对电渗加固效果的影响相当，其中铝电极的能耗明显低于其他三种电极材料。

6.2.4 电渗加固影响参数综合极差分析

由于试验结果评价有 3 个指标，所以采用正交试验综合分析法，结合工程和实际需求将每个评价指标按照重要程度配以不同的百分比，其中含水率降低百分比 $w_{降}$ 为 40%、单位排水量能耗 $W_{单}$ 为 20%、抗剪强度 τ 为 40%，计算 5 种因素的综合极差大小，与采用优序法得到的结果相同，计算结果如表 6-2-2 所示。

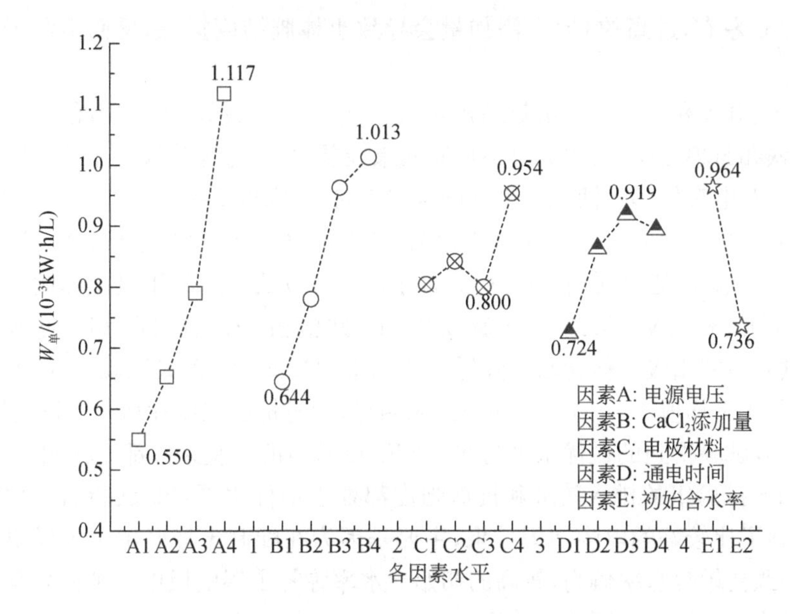

图 6-2-2　单位排水量能耗因素水平图

表 6-2-2　电渗加固结果综合极差及最优水平汇总表

因素	A:电源电压	B:$CaCl_2$添加量	C:电极材料	D:通电时间	E:初始含水率
综合极差	21.3V	8.6g/L	7.641	9.2h	8.953%
主次顺序	1	4	5	2	3
最优水平	50V	0.2g/L	铁	20h	48%

通过以上 3 个指标的综合分析，可以总结出：

(1)电源电压在电渗加固过程中起着主导作用，综合考虑电渗能耗和排水效果可以得到电源电压最优水平为 50V、电势梯度为 2.69V/cm；影响生活源污染土电渗排水加固效果的主次因素顺序是：电源电压、通电时间、初始含水率、$CaCl_2$添加量、电极材料。

(2)通电时间建议采用 20h 左右；在 20h 后电渗能耗系数会发生突变，升高幅度达到 200%，此时通电已不经济，实际工程中要根据工期和能耗等因素综合考虑决定通电时间。

(3)初始含水率对电渗加固效果影响比较大，主要是因为初始含水率越高，排出水和发生沉降相对来说越容易。

(4)$CaCl_2$添加量对电渗加固效果的影响比较明显，与电极材料相当，最佳水平在 0.2g/L 左右，过高的 $CaCl_2$ 添加量会导致土体胶结度提高，反而不利于水分的排出。

(5)铁电极和铜电极排水效果相当，处于较高水平；铝电极的能耗最小，排水效果介于铁和石墨之间，石墨的电渗加固效果最差，综合考虑建议使用铁电极。

通过对电渗处理生活源污染土的含水率、抗剪强度等指标进行综合分析，电渗前后土体的含水率降低百分比最大值为 56.2%，发生在 F9(电压 50V、$CaCl_2$ 添加量 0g/L、铝电极、通电时间 30h、初始含水率 48%)试验组的阳极土体附近。除此之外，F6(电压 40V、$CaCl_2$ 添加量 0.4g/L、铁电极、通电时间 30h、初始含水率 42%)试验组的阳极土体含水率降低百分比也超过 50%，正式试验 16 组的含水率降低百分比平均值为 32.19%，加固效果明显，同时抗剪强度和承载力得到提高。

另外，试验得到的最优水平与 F6 和 F9 试验组的试验条件都比较相似，试验数据表明 F6 试验组的排水效果和抗剪强度都处于最优水平，F9 试验组采用的铝电极也得到了比较好的电渗加固效果，主要是因为在配制土样时由于土样烘干效果较差，导致初始含水率偏高，较高的初始含水率弥补了铝电极电渗加固效果较差的问题，最终电渗排水加固效果较好。

6.3 生活源污染土电动加固效率与成分分析

6.3.1 电渗加固效果及效率研究

本次试验选用排水量、排水速率、土体沉降、能耗系数等参数评价电渗加固效果，选用能耗系数评价电渗效率[13]，对比分析电渗加固过程中和加固后土体的相应评价参数变化特征。

1. 排水量与排水速率

对 42%和 48%两种初始含水率试验组分别进行分析，获得排水量随时间的变化图，如图 6-3-1 所示。

图 6-3-1(a)中 F1、F3 及 F8 三个试验组前 5h 的排水曲线基本重合，F6 试验组的排水速率和最终排水量为最高值，主要是其电源电压、$CaCl_2$ 添加量都处于最佳水平附近，F8 试验组受 $CaCl_2$ 添加量过高及铝电极的影响，虽然电源电压比 F1 试验组高，但是后期排水速率和最终排水量处于较低水平。

图 6-3-1(b)中 F2 试验组采用铜电极，并且 $CaCl_2$ 添加量在最优值附近，所以后期排水速率和排水量都大于 F4 试验组；而 F5 试验组的排水速率一直保持在比较高的水平，主要原因是在电渗过程中其有效电势一直保持在较高水平，电渗结束

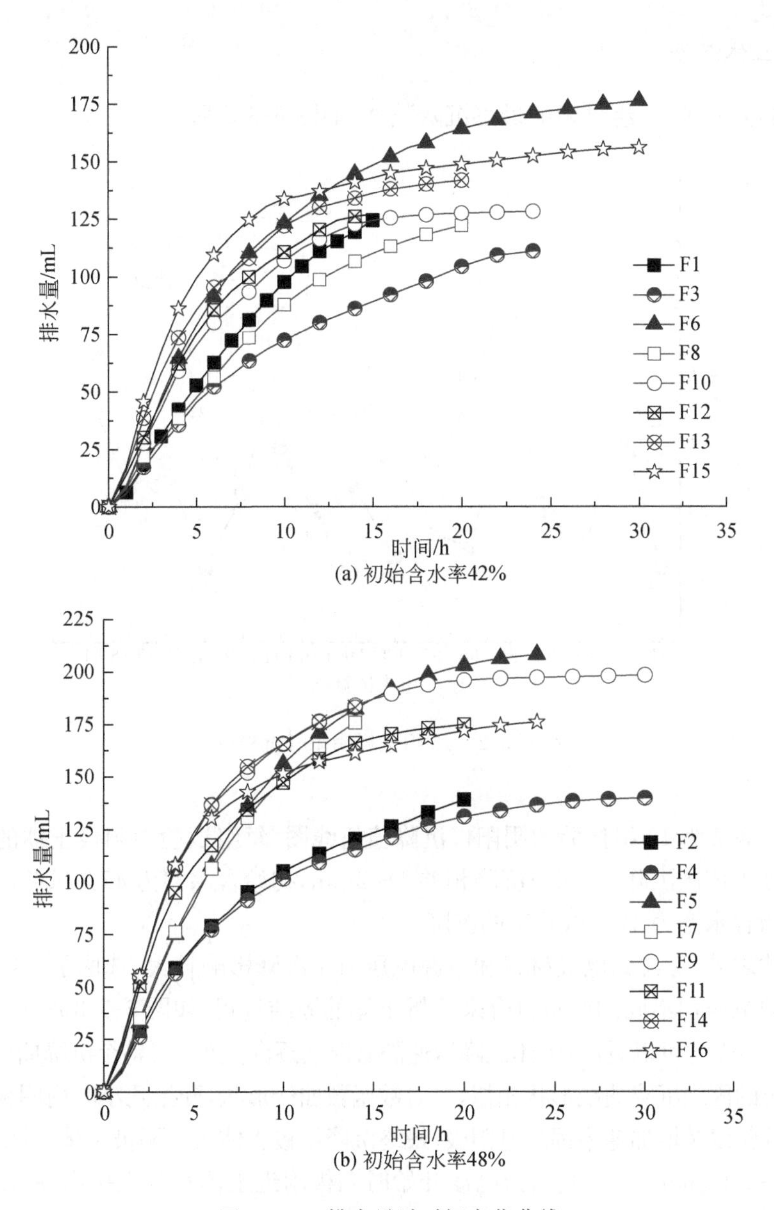

图 6-3-1　排水量随时间变化曲线

时为 27.5V。所有的试验排水速率都是在第 2h 开始突然增大，在第 10h 之后增大率开始逐渐减小。从图中还可以看出，40V 试验组的排水量相比 30V 试验组的排水量有明显的提高，但是 50V 试验组相对于 40V 试验组的排水量提高很小，说明此时电源电压的控制作用正在逐渐减弱。

2. 土体沉降

我们分析了 16 组试验的最终沉降数据，如图 6-3-2 所示。

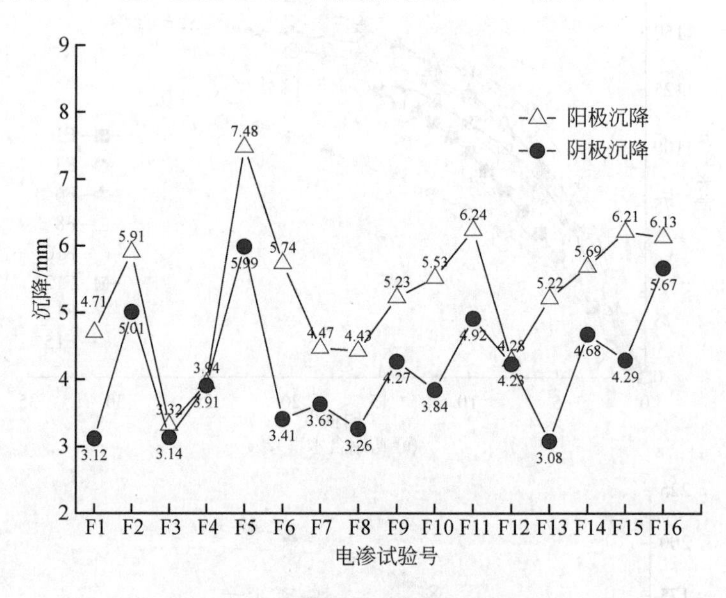

图 6-3-2　16 组土样阴阳极沉降图

图 6-3-2 为 16 组试验的阴阳极沉降值折线图，每组试验中阳极土体的沉降都大于阴极土体的沉降，阴阳极沉降相差 1～2mm，初始含水率为 48％试验组的沉降大于初始含水率为 42％试验组的沉降。

除此之外，考虑到电极材料和电源电压对于沉降影响较大，选取了 4 组电极材料和电源电压均不同的试验组合来分析土体的固结过程，如图 6-3-3 所示。

从图 6-3-3 可以看出，土体沉降增速随着时间逐渐变小[14]，整个沉降曲线形状与堆载预压的固结沉降曲线形状相似，呈对数函数曲线形状，开始几小时内阴极附近土体沉降数值以及增加速率都超过阳极，最终沉降阳极土体大于阴极土体，其沉降差值在 0.65～1.08mm。主要是因为电渗开始时阴极附近土体水分先排出，所以阴极附近土体先发生沉降，而后经过一段时间阳极水分到达阴极附近，阳极土体沉降速率和沉降值逐渐大于阴极，但发生的时间不同，土中竖直线与时间轴的交点即为阳极土体沉降超越阴极土体沉降的时间，随着电源电压的增高，交叉点位置提前。

3. 能耗系数

电渗排水加固的效率是指排出单位体积的水或者产生单位高度沉降所需要的

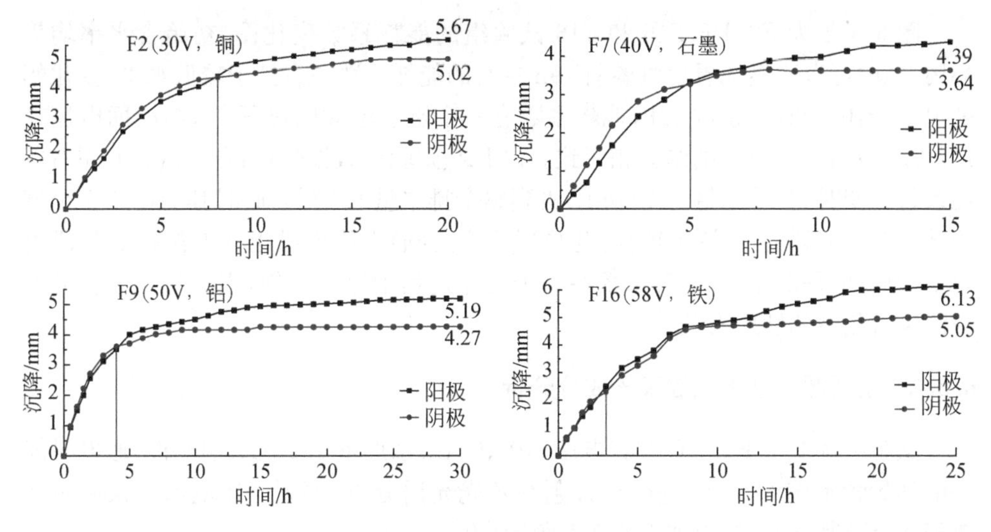

图 6-3-3　4 组土样固结沉降曲线

电能，电渗排水加固过程中电能的利用率则是指作用于土体固结的电能占总电能的比例，二者有本质的不同。研究电渗加固排水的效率[15]，引入能耗系数 C_w，它反映了排出单位体积水所需要消耗的电能：

$$C_w=\frac{UI_{t_1t_2}(t_2-t_1)}{Q_e(t_2)-Q_e(t_1)} \tag{6.3.1}$$

式中，U 为电源电压，V；t_1、t_2 分别为通电时刻，h；$I_{t_1t_2}$ 为 t_1 到 t_2 时间内土体中的电流平均值，A；$Q_e(t_1)$、$Q_e(t_2)$ 分别为土体在 t_1、t_2 时刻排出水的累计体积，mL。

选取了 4 组具有代表性试验的能耗系数变化图，如图 6-3-4 所示。

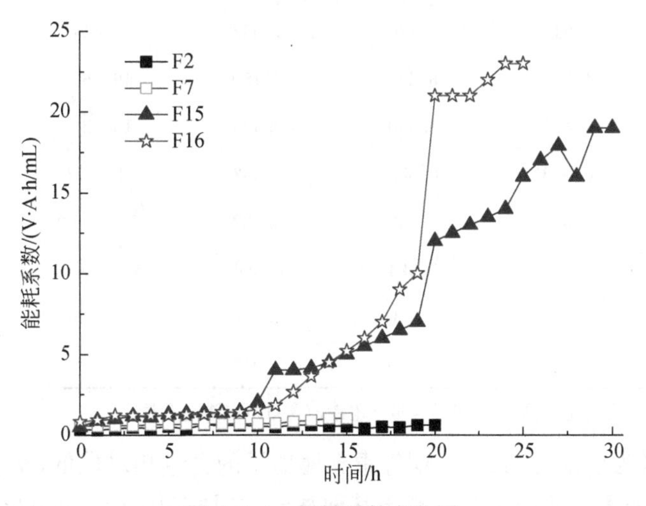

图 6-3-4　能耗系数变化图

图 6-3-4 为 F2、F7、F15 和 F16 试验组的能耗系数变化图，初始含水率均为 48%，从中可以明显地看出电渗前 19h 左右的能耗系数一直处于较低水平，变化幅度很小，当电渗时间超过 19h，能耗系数有一个迅速增大的过程[16]；与前面电流在 15h 后大多小于 0.1A 的结论相一致。以 F16 试验组数据分析：在大概 20h 左右能耗系数突变时，其排水量为 160mL，占到整个排水量的 98%，此时其能耗是整个试验结束时总能耗的 70%，继续通电并不经济；普通未污染黏土在电渗初始阶段电导率较低，但是电流、电压等参数在整个变化过程中比较平稳，主要与黏土颗粒本身污染后复杂的性质有关。

6.3.2 生活源污染土电渗离子成分分析

试验中选取了 F12 试验组（电压 50V、$CaCl_2$添加量 1.2g/L、铜电极、通电时间 15h、初始含水率 41.9%）进行了 X 射线荧光光谱分析，得到土体电渗结束后主要离子成分及其含量，结果如表 6-3-1 所示。

表 6-3-1 电渗前后离子成分分析

离子成分	电渗前含量/%	电渗后含量/%		电渗前后变化比例/%	
		阳极	阴极	阳极	阴极
Na	0.456	0.790	0.700	73.246	53.509
Mg	0.957	1.490	1.371	55.695	43.260
Al	8.873	16.200	16.320	82.576	83.929
Si	28.040	59.470	59.200	112.090	111.127
K	1.834	2.340	2.341	27.590	27.644
Ca	1.017	1.170	1.092	15.044	7.375
Fe	4.288	6.280	6.450	46.455	50.420
Ti	0.481	0.560	0.493	16.424	2.495
S	0.013	0.083	0.042	538.462	223.077
Cu	0.002	0.390	0.302	19400.000	15000.000
Zn	0.009	0.324	0.294	3500.000	3166.667
Pb	0.001	0.0031	0.002	210.000	100.000
P	0.025	0.130	0.040	420.000	60.000

注：表中电渗前后变化比例=（电渗后含量－电渗前含量）/电渗前含量。

试验土样为生活源污染土，铜等重金属离子的含量相对较低，从表 6-3-1 可以明显地看出，铜离子的增长明显高于其他离子，主要是因为试验电极是铜电极，在阳极会发生如下反应：$Cu \longrightarrow Cu^{2+} + 2e^-$，导致铜离子的含量大幅度提高。而在阴极由于产生氢氧根离子，阴极和阳极钙离子含量并没有明显提高，主要是因为加入的钙离子和氢氧根离子反应生成沉淀。

选取了一组试验进行分析，对于不同的土类，土样中矿物成分或者离子成分对加固效果的影响机理比较复杂，目前这方面的文献资料较少，有待进一步进行研究。

普通黏土被污染之后其基本物理性质都会发生变化，必然会影响其承载力、渗透性和抗剪强度[17,18]。为验证试验最佳组合以及进一步研究电渗加固处理污染黏土在参数选择上与普通黏土的差异，试验最后进行了两组验证性试验，其粒度成分和黏土矿物相对含量如表 6-3-2 和表 6-3-3 所示。

表 6-3-2　未污染黏土粒度成分

粒度	<0.005mm	0.005～0.05mm	0.05～0.075mm
成分/%	57.0	32.0	11.0

表 6-3-3　未污染黏土矿物相对含量

黏土矿物	高岭石	伊利石	蒙脱石	伊蒙混层	绿泥石
相对含量/%	17.0	36.0	14.0	27.0	6.0

在正交设计理论和实践中，验证性试验的主要目的是按照正式试验得出的最优试验水平和试验条件组合来进行设计。对比最终结果可以发现，在正式试验中 F6 试验组和 F9 试验组的电渗加固综合效果处于较好的水平，主要是因为这两组试验的条件最为接近最优试验条件，尤其是 F9 试验组。但是其电极是铝电极，$CaCl_2$添加量偏低，与最佳试验条件有一定的出入。按照正交试验中验证试验的理念，应该设计安排验证性试验，试验条件如表 6-3-4 所示。

表 6-3-4　验证性试验基本条件

试验序号	电源电压/V	$CaCl_2$添加量/(g/L)	电极材料	通电时间/h	初始含水率/%	试验土体
F17	50.0	0.2	铁	20.0	48.0	污染黏土
F18	50.0	0.2	铁	20.0	48.0	普通黏土

验证性试验的步骤同正式试验完全相同，试验得到基本结果如表 6-3-5 所示。

分析表 6-3-5 中验证性试验结果主要可以得出以下结论：

(1) F17 试验组的含水率降低百分比、抗剪强度、能耗相比于 16 组正式试验均处于较好的水平。

表 6-3-5　验证性试验基本结果

试验序号	含水率降低百分比/%	单位排水量能耗/(10^{-3}kW·h/L)	抗剪强度/kPa	初始电流/A	平均沉降/mm
F17	42.02	0.61	187.00	0.28	5.81
F18	37.19	0.57	170.00	0.19	5.72

(2) 普通黏土的初始电流比较小,试验中观察发现电流变化比较平稳,主要是因为普通黏土中离子成分比较简单,初始状态导电性比生活源污染土稍差;生活源污染土沉降、电压和电流值变化则不稳定,主要是因为黏土颗粒本身污染后会产生新物质,由于相变结晶的作用而使得土的体积发生变化,并逐渐变成小颗粒。这样不断地反复交替作用,土层受到破坏,导致污染土在电渗加固过程中各项参数变化有突变发生。

黏土受到污染后其基本微观结构会发生变化,在导电性方面和普通土会有一些差别,选取污染土样和普通土样的电导率数据绘图,如图 6-3-5 所示。

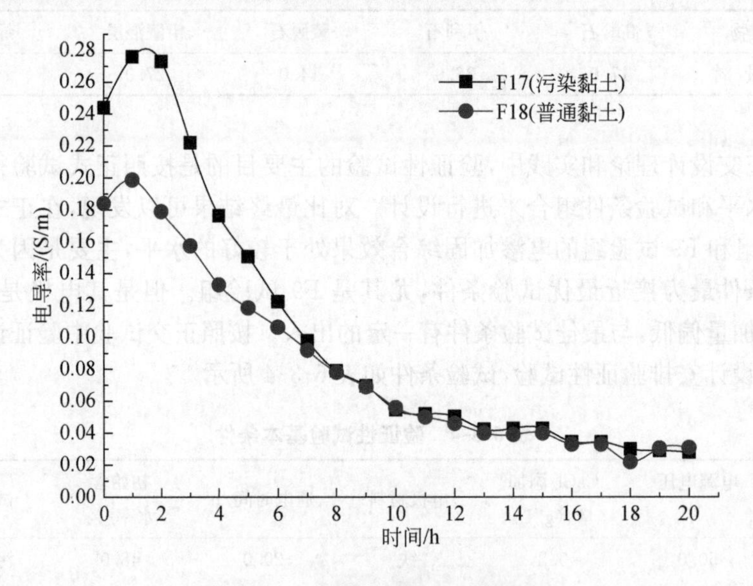

图 6-3-5　不同土样电导率变化图

从图 6-3-5 可以看出,同等条件下普通黏土的电导率初始值处于较低水平,最后两种土体的电导率随着时间逐渐减小,差距也逐渐减小,污染土中主要离子成分均比正常普通黏土复杂并且含量较高,对于初期的导电性起到了很大的作用。

综上可知，正式试验得出的最优电渗加固条件组合的确可以实现最优的电渗加固效果，黏土经过污染后电化学性质与未污染时存在着较大的区别，电渗加固的最优条件也存在一定的差别；最优水平、最佳组合在污染土地基处理参数选择方面具有一定的参考性，但依然需要根据实际工程中离子成分和土质特性作适当的调整；验证性试验通过研究对比普通土和污染性黏土的电流等参数，可以发现污染土的性质比较特殊，但由于试验量较小，后续研究可以增加样本数量以研究土体污染前后电渗加固效果的变化及多因素作用机制。通过正交试验设计得到的生活源污染土电渗加固效果的影响因素排序和最优水平，能够为实际工程中污染土的加固提供参考依据。

参考文献

[1] 胡敏云，陈云敏，温振统．城市垃圾填埋场垃圾土压缩变形的研究[J]. 岩土工程学报，2001，23(1)：123-126.

[2] 骆行文，杨明亮，姚海林，等．陈垃圾土的工程力学特性试验研究[J]. 岩土工程学报，2006，28(5)：622-625.

[3] 陈云敏，柯瀚．城市生活垃圾的工程特性及填埋场的岩土工程问题[J]. 工程力学，2005，(S1)：119-126.

[4] Yeung A T，Hsu C，Menon R M. Physicochemical soil-contaminant interactions during electrokinetic extraction[J]. Journal of Hazardous Materials，1997，55(1-3)：221-237.

[5] Kaniraj S R，Yee J H S. Electro-osmotic consolidation experiments on an organic soil[J]. Geotechnical and Geological Engineering，2011，29(4)：505-518.

[6] Esrig M I. Pore pressures，consolidation，and electrokinetics[J]. Journal of the Soil Mechanics and Foundations Division，1968，94(4)：899-922.

[7] 陶燕丽，周建，龚晓南．电极材料对电渗过程作用机理的试验研究[J]. 浙江大学学报：工学版，2014 (9)：1618-1623.

[8] 李瑛，龚晓南，张雪婵．电压对一维电渗排水影响的试验研究[J]. 岩土力学，2011，32(3)：709-714.

[9] 曹丽文，连秀艳，洪雷，等．金属离子污染土土工性质的实验研究[C]. 第三届全国岩土与工程学术大会，2009.

[10] 龚晓南，焦丹．间歇通电下软黏土电渗固结性状试验分析[J]. 中南大学学报：自然科学版，2011，42(6)：1725-1730.

[11] 胡俞晨，王钊，庄艳峰．电动土工合成材料加固软土地基实验研究[J]. 岩土工程学报，2005，27(5)：582-586.

[12] 刘飞禹，宓炜，王军，等．逐级加载电压对电渗加固吹填土的影响[J]. 岩石力学与工程学报，2014，33(12)：2582-2591.

[13] 焦丹，龚晓南，李瑛．电渗法加固软土地基试验研究[J]. 岩石力学与工程学报，2011，(S1)：3208-3216.

［14］Lefebvre G，Burnotte F. Improvements of electroosmotic consolidation of soft clays by minimizing power loss at electrodes［J］. Canadian Geotechnical Journal，2002，39（2）：399-408.
［15］Alshawabkeh A N，Sheahan T C，Wu X. Coupling of electrochemical and mechanical processes in soils under DC fields［J］. Mechanics of Materials，2004，36（5-6）：453-465.
［16］Wang J，Ma J，Liu F，et al. Experimental study on the improvement of marine clay slurry by electroosmosis-vacuum preloading［J］. Geotextiles and Geomembranes，2016，44（4）：615-622.
［17］Otsuki N，Yodsudjai W，Nishida T. Feasibility study on soil improvement using electrochemical technique［J］. Construction and Building Materials，2007，21（5）：1046-1051.
［18］Fox P J，Lee J，Lenhart J J. Coupled consolidation and contaminant transport in compressible porous media［J］. International Journal of Geomechanics，2010，11（2）：113-123.

第7章　电动土工合成材料加固修复重金属污染土试验研究

7.1　电学参数测量装置设计

随着城市化进程的加速，人类生活对环境逐渐产生了越来越大的影响，生活垃圾、化学工业、污水灌溉等都对土体产生了一定的影响，这些污染土地基被开发出来使用，其电渗加固特性与普通土具有明显的不同[1-3]。Kaniraj 等[4]对有机质土的电渗排水加固效果进行了研究，分析认为其与普通黏土电渗加固效果有较大不同，电渗加固的最优条件也存在一定差别。

污染土中离子成分比较复杂，往往含有部分重金属离子，其中重金属离子的运移会对周围环境造成较大的影响，已有研究往往关注于利用电渗的方法减少其中重金属离子的含量[5-7]，如 Mulligan 等[8]研究了疏浚沉积物重金属修复技术。但是由于研究试验大多采用金属电极，污染土中部分离子会与金属电极产生化学反应，导致离子运移研究结果受到干扰和重金属离子减量化的效果较差。为了减少电极对于试验研究结果的干扰，胡俞晨等[9]研究了电动土工合成材料加固软土地基的效果，但是其使用的导电土工合成材料为排水板中间加导电材料制作而成，接触电阻和电势损失比较大。本章采用自行研发的不锈钢纤维水刺布作为电极，具有更好的导电能力，不会与生活源污染土产生离子反应从而有利于更加清晰有效地研究重金属污染土中离子的运移规律。

本章从理论分析和实验研究两方面对 EKG(电动土工合成材料)和铁电极对重金属污染土体的电渗处理进行了综合比较。新型 EKG 材料的研究结果对污染土的加固和修复具有重要意义[10,11]。

7.1.1　试样与螯合剂准备

试验所用土样取自杭州市上塘路和湖州街交叉口某工地，原状土样的类型是饱和淤泥质黏土，含少量有机质，取土深度约为 2m，黏土经过烘干、粉碎研磨以后过 0.0074mm 筛。由于垃圾填埋场污染成分复杂且取土困难，为了更加有针对性和试验更高效，采用实验室配制的重金属铜污染土进行试验。$Cu(NO_3)_2 \cdot 3H_2O$ 分析纯购自国药集团，重金属离子浓度为 3000mg/kg(重金属离子质量与干土质量的比值或者百分数），为了降低其他离子的干扰，试验采用去离子水配制不同浓度的重金属污染物溶液，搅拌均匀并静置24h。取得的未污染土的基本性质如表7-1-1所示。

表7-1-1 未污染土基本性质

参数	液限/%	塑限/%	含水率/%	密度/(g/cm³)
数值	53	25	45.9	2.67

为了更加有针对性地对比研究污染物去除的效果，设计了添加螯合剂的试验组和未添加螯合剂的对照组，对这两种情况下污染物的去除情况进行对比研究。螯合剂去除重金属的核心机理在于，螯合剂能与重金属形成稳定性更高的可溶性络合物，能够将污泥中一些非稳定形态，如铁锰氧化态、碳酸盐结合态以及有机结合态存在的重金属转化、溶出，再通过固液分离达到去除重金属的目的。

7.1.2 电极材料和试验装置准备

试验中阳极使用的EKG（电动土工合成材料）为不锈钢纤维水刺工艺制作而成，面密度为155.7g/m²，厚度为0.835mm，最大孔径为244.83μm，平均孔径为51.76μm，电阻率为0.012Ω·m，试验前裁取合适大小的EKG进行扫描电子显微镜结构分析[12]。

试验中使用的温度传感器为Elecall开口探头式热电偶温度传感器，热响应时间小于5s，允差范围为1.5℃。

试验装置实物图如图7-1-1所示。试验使用的圆柱形有机玻璃箱内径28.5cm，高度15cm，装置简图如图7-1-2所示。箱体底部打一个直径15mm的小孔，通过螺栓和导管连接延伸到储水瓶中，用于收集电渗过程中从阴极排出的水体[13]。试验过程中每隔一定时间更换排水管下方的集水烧瓶，然后用针管抽取电渗排出的水并用过滤器过滤后制样，测试其电导率和重金属离子的含量。采用百分表固定支架将百分表分别固定在阳极和阴极附近土体上表面，每隔一定时间记录读数获取土体阴阳极沉降。将温度传感器探头插入盖板的孔中，采集阳极、阴极和中部土体的实时温度数据。用万能表测量试验中不同测针之间的电势大小，使用电流表测量土体的瞬时电流。试验所用电源为SPD-3606稳压直流电源。

7.1.3 试验方案和评价参数选取

土体的固结变形对于垃圾填埋物等工程黏土防渗层中污染物的运移具有较复

图 7-1-1　试验圆筒实物图

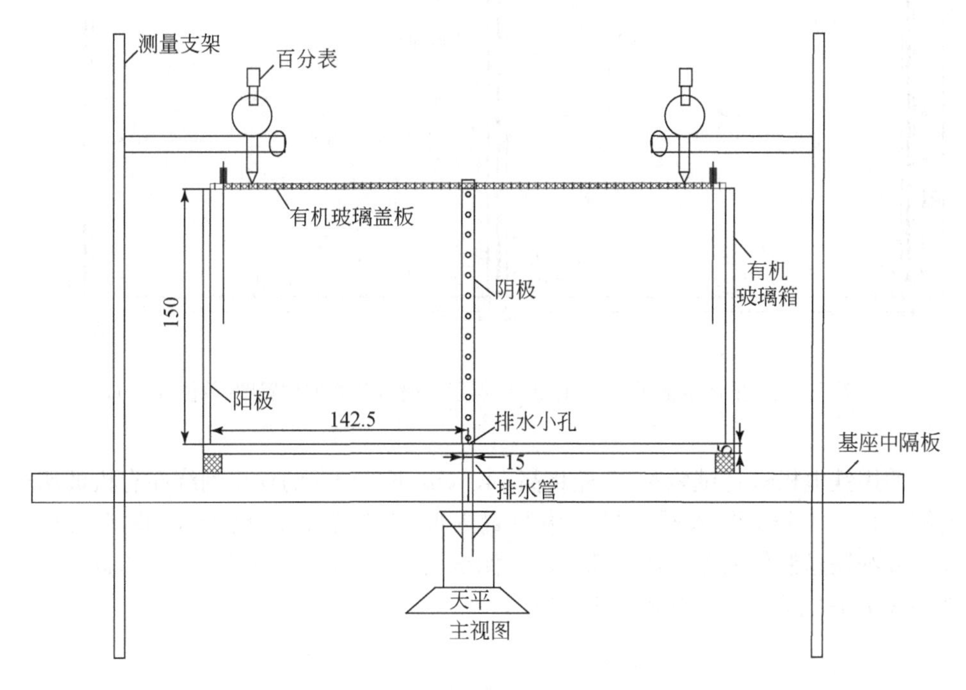

图 7-1-2　电渗试验整体装置简图(单位:mm)

杂的影响，一方面土体变形会加速污染物的运移，另一方面土体固结带来的渗透性减小会增加污染物的穿透时间，二者的不同作用取决于众多的影响因素，机理也比较复杂。为了综合评价污染地基土的处理效果，电渗过程中需要关注排水效果和污染物去除效果，需分别达到环保标准和工程建设沉降的要求。

使用 EKG 电极进行试验时，首先将改进后的土工布围绕在有机玻璃箱的内壁上作为阳极，在土工布的顶部固定一圈制作好的金属圆环，将电源的正极接在一圈导电金属圆环上保证电流均匀分布，将金属管固定在排水孔上作为阴极。将土体分层装入圆筒形试验装置内部，盖好有机玻璃盖板，将 6 根直径 0.1cm 细铁丝制作的测针依次插入电势测试孔中。

在进行有螯合剂组试验时，通过有机玻璃管(均匀打孔)在靠近阴极的位置和靠近土体中部的位置分别持续加入富里酸，土体重金属含量测试取样点如图 7-1-3 所示。

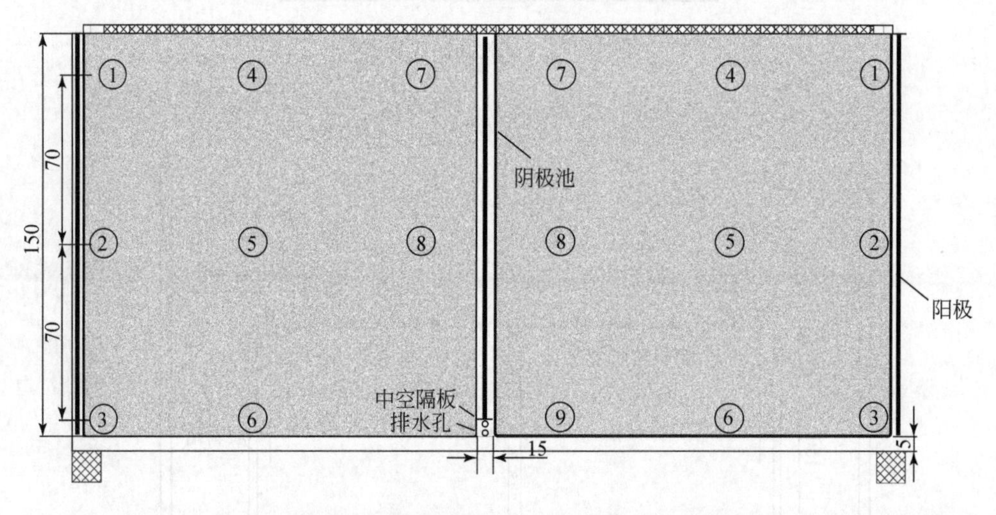

图 7-1-3　土体重金属含量测试取样点以及螯合剂添加位置图(单位：mm)

使用铁电极进行试验时，首先将高 14.1cm、长 91cm 的铁皮围绕在有机玻璃箱内侧。将土体分层装入圆筒形试验装置内部，盖好有机玻璃盖板，将 6 根直径 0.1cm 细铁丝制作的测针依次插入电势测试孔中(如图 7-1-4 所示)。试验基本条件如表 7-1-2、表 7-1-3 和表 7-1-4 所示。

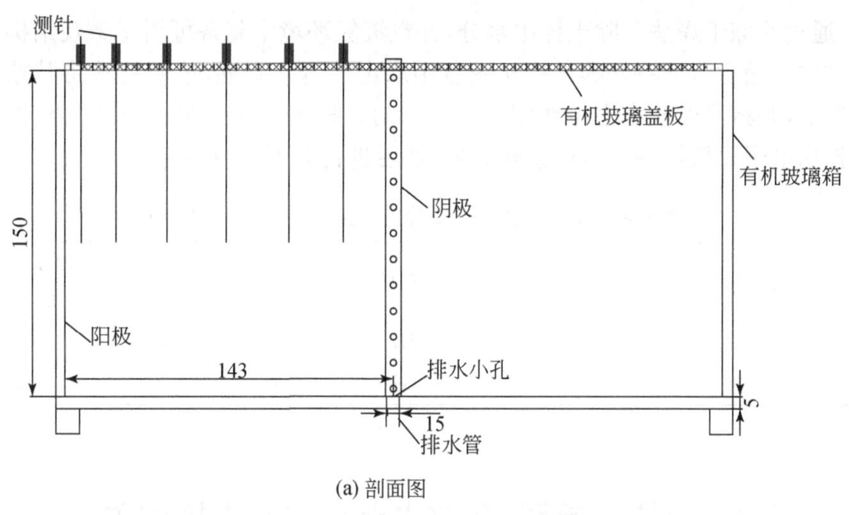

(a) 剖面图

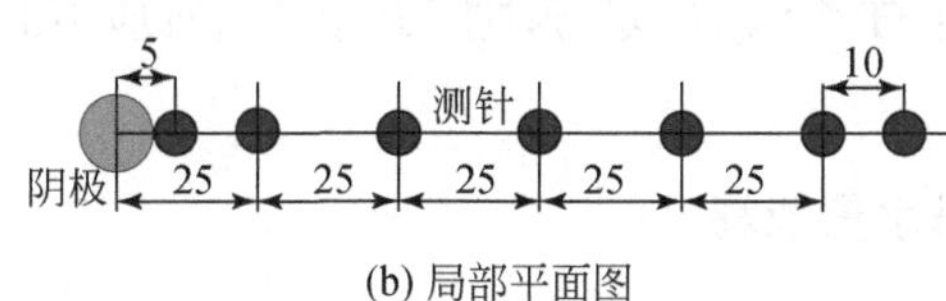

(b) 局部平面图

图 7-1-4　测针布置和测点分布简图(单位:mm)

表 7-1-2　EKG 与铁电极试验基本条件(添加富里酸组)

因素	试验编号	电源电压/V	铜添加量/(mg/kg)	电极材料	通电时间/h	初始含水率/%	富里酸浓度/(mol/L)
水平	F1	40	3000	EKG	48	78	0.5
	F2	40	3000	铁	48	80	0.5

表 7-1-3　EKG 与铁电极试验基本条件(无螯合剂组)

因素	试验编号	电源电压/V	铜添加量/(mg/kg)	电极材料	通电时间/h	初始含水率/%
水平	F3	40	3000	EKG	48	78
	F4	40	3000	铁	48	80

试验结束后在阳极和阴极附近取土进行抗剪强度测试;将不同时段电渗排出的水用过滤器过滤后制样,使用 LAQUA 电导率仪测试其电导率,采用 Elecall 探头式热电偶温度传感器测试土体温度,使用原子分光光度计测试其重金属离子的含量;试验结束后,在尽量不扰动土样的情况下取阳极、阴极、中间的上中下部位的

土样，通过冷冻干燥法去除土样中水分，并在液氮环境中制备可用于微观结构观察的小试样。随后将准备好的试样从液氮中取出放置至室温，按照要求将其粘到导电胶布上，并将导电胶布固定在观察台上。对试样表面进行喷碳（或喷金）处理后放入扫描电子显微镜并进行观察和分析，然后进行分形维数研究[14]。

表 7-1-4　EKG 与铁电极试验基本条件（添加 EDTA 组）

因素	试验编号	电源电压/V	铜添加量/(mg/kg)	电极材料	通电时间/h	初始含水率/%	EDTA 浓度/(mol/L)
水平	F5	40	3000	EKG	48	78	0.05
	F6	40	3000	铁	48	80	0.05

7.2　土体电导率、孔隙水电导率与温度的关系

7.2.1　接触电阻与单位排水量能耗

电极接触电阻的逐渐升高是影响整体电渗加固和电动修复中能耗的非常重要的因素，作者统计数据发现，不同螯合剂对于不同试验组的接触电阻影响不大，所以取 6 组试验的平均值进行研究。

计算发现铁电极的阳极接触电阻高于 EKG 电极约 56%，铁电极为 4.9～21Ω，EKG 电极为 2.5～5.8Ω，我们分析可能有以下几点原因：

(1) 电极腐蚀和接触面积。EKG 电极为复合导电纤维水刺布，整体电压分布比较均匀，在试验中观察发现部分土工布发生变形“嵌入”（类似土工格栅）到土体中，这也保证了在试验过程中 EKG 电极与土体充分接触，阳极的接触电阻损耗就比较小。而铁电极由于很难发生变形，容易与土体之间产生“缝隙”，这一定程度上降低了有效电势。图 7-2-1 为试验后阳极部分 EKG 电极和铁电极腐蚀情况，因为试验中使用的 EKG 电极为主要组成部分为碳纤维，所以基本没有腐蚀。而铁电极腐蚀情况比较严重，表面覆盖了黄褐色铁锈，并且很难去除。

(2) 气体排出不畅。阳极附近电解水产生的气体排出不畅是影响阳极接触电阻的一项重要的因素。气体排出不畅的问题在使用金属电极处理未污染黏土和污染地基土过程中都是值得重点关注的问题。本次试验使用的 EKG 电极具备一定的“孔隙结构”，作为阴极能够反滤排水，作为阳极也能够很好地提供气体排出的通道，有利于缓解气体排出不畅导致的电极与土体之间接触面积减小、接触电阻增大的问题，也有利于减少气体进入土体产生的裂缝情况。

取前 10h 没有发生突变的数据计算发现，EKG 电极的单位排水量能耗为

(a) EKG电极

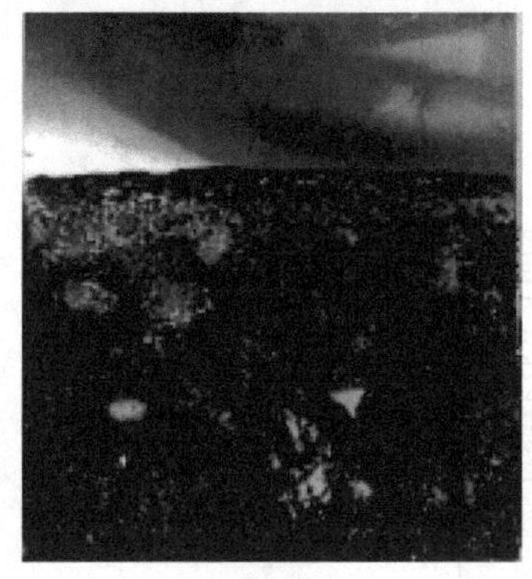
(b) 铁电极

图 7-2-1　试验后的 EKG 电极和铁电极腐蚀情况

0.333kW·h/mL，铁电极的单位排水量能耗比 EKG 电极高 32.5%，达到 0.443kW·h/mL。关于各组试验的单位排水量能耗数据变化情况的详细对比，总能耗计算公式为

$$W_e = \int_0^T UI \mathrm{d}t \tag{7.2.1}$$

单位排水量能耗为

$$W_{单} = \frac{W}{Q} \tag{7.2.2}$$

式中，T 是通电时间，h；U 是电源输出电压，V；I 是电路中的电流，A；Q 为各组试验总排水量，mL。

选取了 6 组试验的前 35h 的数据，研究其单位排水量能耗的变化规律。从图 7-2-2 中可以看出单位排水量能耗的变化分为三个阶段：

阶段 1：此阶段未添加螯合剂的试验组(F3、F4)和添加了螯合剂的试验组(F1、F2、F5、F6)6 组试验的单位排水量能耗缓慢上升，但是差别不大。

阶段 2：此阶段 6 组试验的单位排水量能耗都有一个较快速的上升过程，总体趋势排序为 F2>F1>F6>F5>F4>F3，其中同等条件下的 EKG 电极的单位排水量能耗略低于铁电极。

阶段 3：30h 以后，未添加螯合剂的试验组(F3、F4)的单位排水量能耗开始明显增大，逐渐超过了添加螯合剂的试验组(F1、F2、F5、F6)。

各组试验单位排水量能耗产生三个阶段不同表现的原因与前文分析电渗排水速率变化的原因有部分相同之处，对于 F1 和 F2 试验组来说，不断向土体中添加富里酸导致其阳极以及土体中部附近的 pH 下降过快，导致 Zeta 电势小幅下降，从而

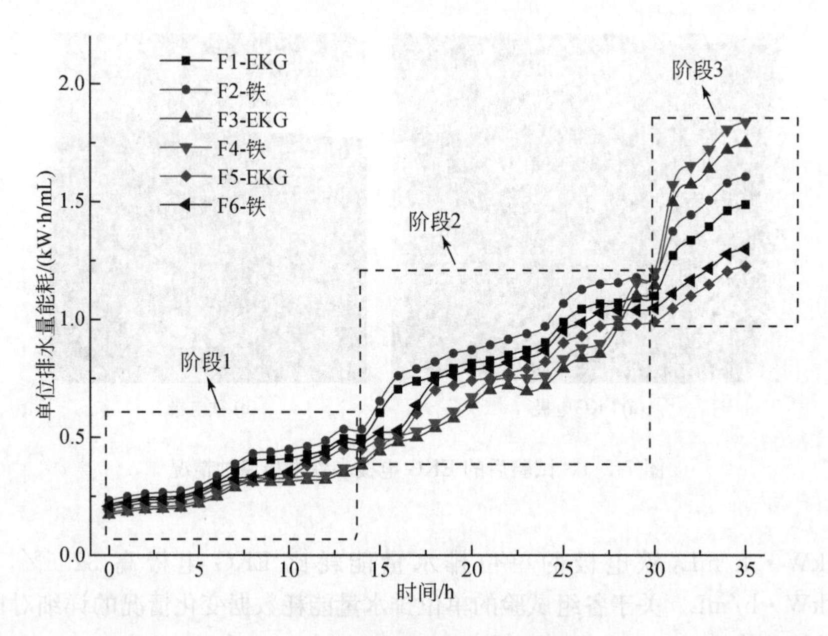

图 7-2-2 单位排水量能耗对比图

在试验前半段时间影响了其排水速率。

而 30h 以后，未添加螯合剂的 F3 和 F4 试验组单位排水量能耗上升比较快的原因是阴极附近呈现碱性，与土体中的重金属铜反应生成沉淀影响了排水速率，使得水分在阴极汇集，而没有顺利地排出，从而导致能耗上升很快。而对于 6 组试验来说，单位排水量能耗在 15h 以后都不断增长，逐渐地进入“高耗能阶段”，在实际工程中需要实时监测计算能耗和排水量的关系，再结合电动修复的效果综合决定通电时间，从而在达到比较不错的电渗加固和电动修复效果的前提下尽可能地降低成本。

7.2.2 电导率

接触电阻、能耗系数和单位排水量能耗都是重要的电学参数，都与电渗过程中的电导率变化有着十分紧密的联系。电导率是有限元分析最重要的输入参数之一，了解研究电渗过程中的电导率的特性具有重要的现实意义。

图 7-2-3 为轴对称形式的电极布置形式，通电前土体认为是各向同性的。假设阳极半径为 r_a，阴极半径为 r_c，阴极管处的电场强度为 E_c，距离阴极中心 r 处的电场强度为 E_r，则根据电导率相等可得

$$\frac{i_{ir}}{E_r}=\frac{i_{ic}}{E_c} \tag{7.2.3}$$

式中，i_{ir}和 i_{ic}分别为 r 处和阴极处的电流密度。

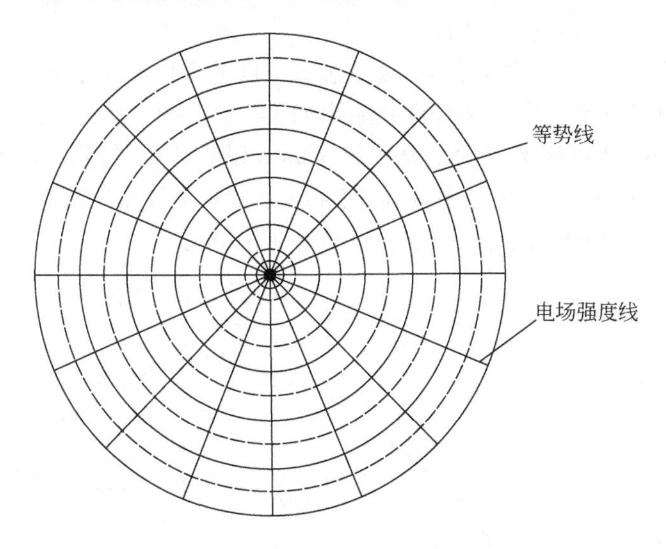

图 7-2-3　圆柱形试验电场强度分布图

根据电流连续性原理有

$$r\partial\varphi/\partial r=E_c r_c \tag{7.2.4}$$

$$\varphi=E_c r_c(\ln r-\ln r_c) \tag{7.2.5}$$

$$2\pi r i_{ir}=2\pi r_c i_{ir} \tag{7.2.6}$$

这表明在半对数坐标中，阴极和阳极之间的电势分布与阴阳极之间的距离呈现线性关系，如果外加电压为 U，则

$$E_c r_c=\frac{U}{\ln r_a-\ln r} \tag{7.2.7}$$

$$\varphi(r=r_a)=E_c r_c(\ln r_a-\ln r_c)=U \tag{7.2.8}$$

将式(7.2.7)代入式(7.2.5)可得

$$\varphi=\frac{U}{\ln r_a-\ln r_c}(\ln r-\ln r_c) \tag{7.2.9}$$

可以得到电流为

$$I=2\pi rh\sigma E_r\ \frac{2\pi h\sigma U}{\ln r_a-\ln r_c} \tag{7.2.10}$$

式中，h 为电极的长度或者土体的高度。

电导率关系可以表示为

$$\sigma=\frac{I(\ln r_a-\ln r_c)}{2\pi hU} \tag{7.2.11}$$

本次试验采用的参数为$U=40V$，$h=0.1m$，r_a和r_c分别为0.143m和0.015m，代入式(7.2.11)可得$\sigma=0.089I$。

1) 阴极池(排出液)的电导率以及重金属浓度的变化规律分析

孔隙水电导率是土体电导率的主要影响因素之一，在电渗过程中，随着孔隙水的排出，土体的电导率逐渐下降。从电渗40min以后开始，每隔1h使用电导率仪器测量阴极池(排出液)的电导率，选取前40h来分析电导率的变化情况，图7-2-4为F3和F4试验组阴极池(排出液)的电导率变化情况。

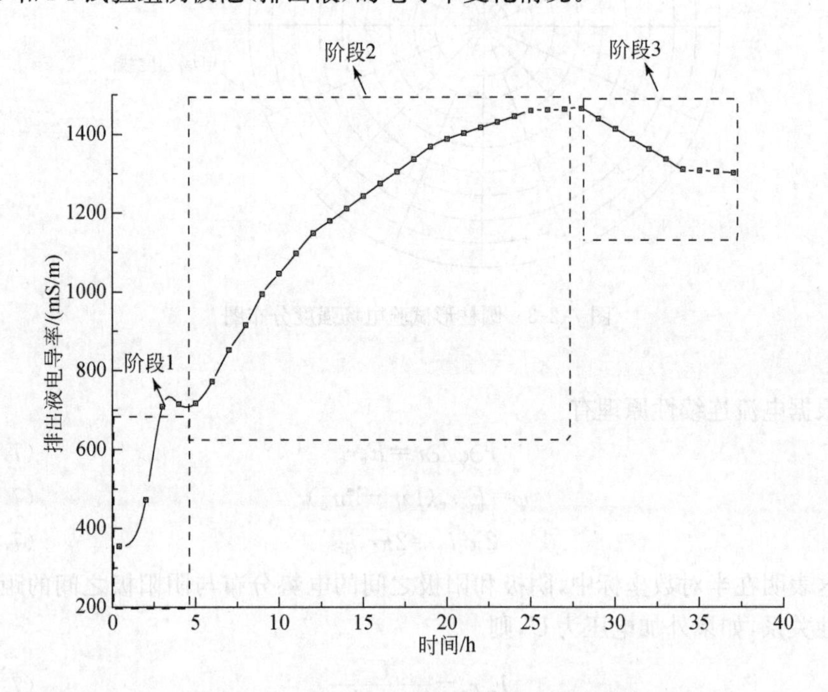

图 7-2-4　F3和F4试验组阴极池电导率变化

阶段1：快速上升阶段

结合Tessier五步提取法测试结果可知，室内配制的重金属铜污染地基土中重金属主要的赋存形态为：可交换态+碳酸盐结合态+铁锰氧化态(87.6%)、水溶态(9.6%)、其他存在形态(2.8%)。其中可交换态的重金属是最容易被解吸附的部分。通电以后重金属铜原有的吸附平衡状态被打破，水溶态的重金属离子首先会随着水分运移到阴极池中，所以从40min以后测试的阴极池(排出液)的电导率快速增长，直到3h以后达到阶段1的较高浓度，也导致电导率变化趋势进入阶段2。

阶段 2:平稳变化阶段

在阶段 2,阴极池排出液中电导率变化非常缓慢,主要是通电以后阳极以及中部附近土体 pH 降低创造了利于重金属解吸附的环境,可交换态+碳酸盐结合态的重金属解吸附以后,在电场作用下重金属离子会在电渗流和电迁移的作用下向阴极移动,但是运移需要一个过程。在此过程中,水分子也在电渗流电迁移的作用下带到阴极收集液中,所以导致阶段 2 阴极池排出液中重金属浓度增长比较缓慢,也导致电导率的增长速率明显放缓。

阶段 3:小幅下降阶段

对于未添加螯合剂的 F3 和 F4 试验组来说,在通电的后期,阴极的 pH 逐渐升高,导致阳极和中部土体解吸附下来的重金属离子与 OH^- 反应生成沉淀富集在阴极,并没有顺利地富集到阴极池(排出液)中,导致重金属浓度有所下降,也导致作者测量的排出液电导率有逐渐下降趋于稳定的趋势。结合图 7-2-5 分析可以发现,F3 和 F4 试验组阴极池(排出液)的电导率与污染物浓度变化情况具有很好的一致性,说明污染物浓度变化是影响电导率的主要影响因素。

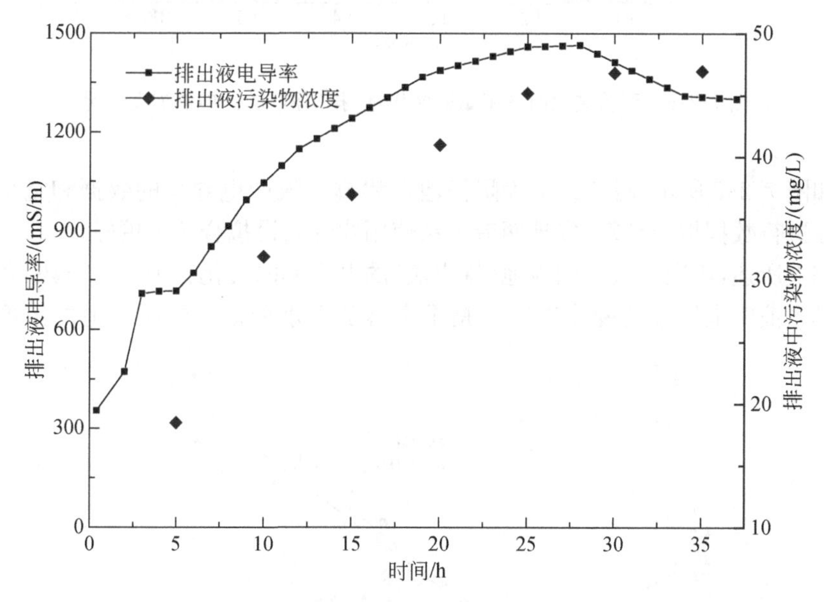

图 7-2-5 F3 和 F4 试验组阴极池(排出液)的电导率与污染物浓度变化情况

另外 4 组试验(F1、F2、F5、F6)阴极池(排出液)的电导率与污染物浓度变化情况也表现出相同的规律,不同的是添加螯合剂富里酸或者 EDTA 以后重金属不同形态之间会相互转化,富里酸的添加影响土体的 pH 变化并且促使重金属 Cu 的可交换态百分含量明显增加。可交换态的重金属很容易被螯合剂(EDTA 和富里酸)

解吸附下来，也提高了孔隙水中的离子浓度，随着解吸附作用和水分向阴极汇集，也导致 F1、F2、F5、F6 阴极池（排出液）的电导率与污染物浓度均高于 F3 和 F4 试验组，如图 7-2-6 所示。

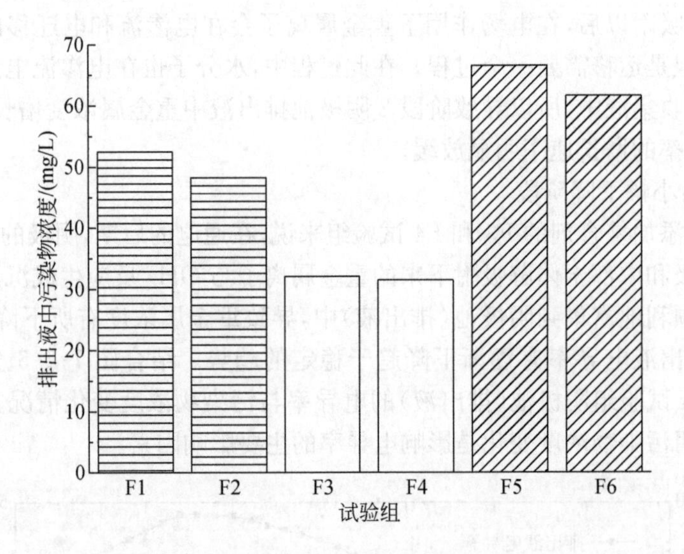

图 7-2-6　试验结束时 6 组试验阴极池（排出液）的污染物浓度情况

如图 7-2-7 所示，对 6 组试验阴极池电渗排出液中电导率的数据和重金属铜的浓度进行数据拟合计算，发现两者关系使用线性假设拟合效果更好。

综上所述，不同试验组阴极池（排出液）的电导率的变化分为三个阶段，阴极池电渗排出液中电导率的变化表征的是重金属随着水分富集到阴极池的浓度的变

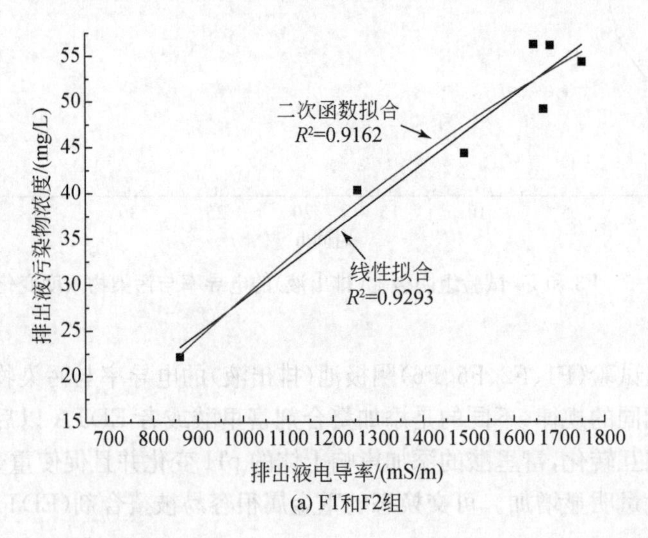

(a) F1和F2组

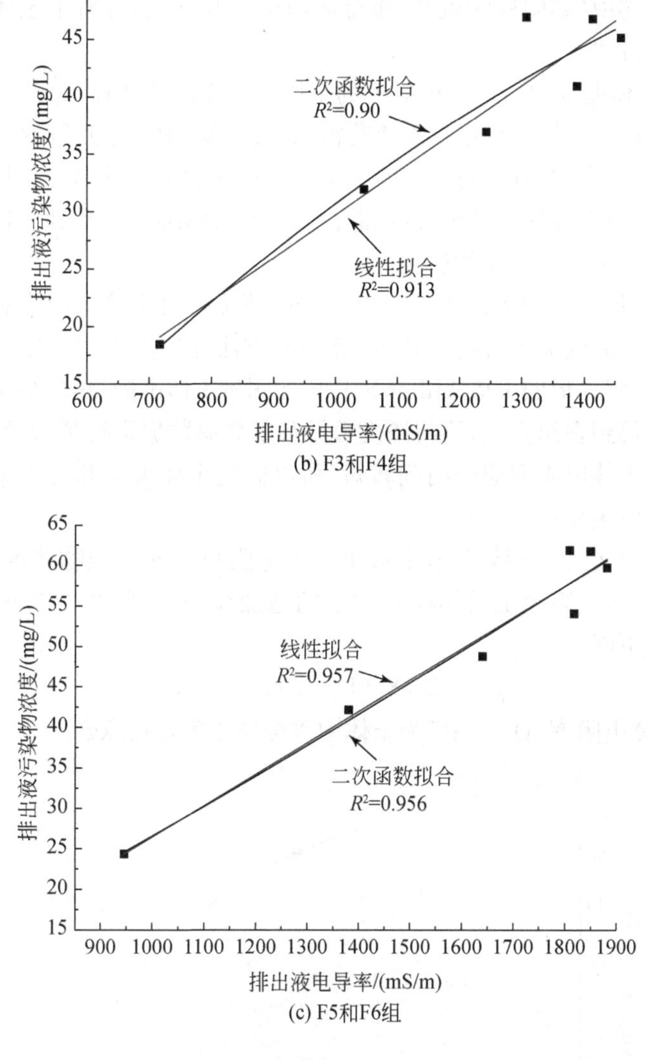

(b) F3和F4组

(c) F5和F6组

图 7-2-7　阴极池电渗排出液中重金属铜的浓度与电导率数据拟合

化，因为重金属污染物浓度非常高，所以电渗排出液的电导率主要受重金属浓度的影响。通过多组试验对阴极池电渗排出液中电导率的数据和试验后测得的阴极池电渗排出液中重金属铜的浓度进行数据拟合计算，发现两者呈现线性关系。这表明可以通过监测阴极池电渗排出液中电导率的变化来分析此时土体中重金属的去除规律情况。

监测阴极池电渗排出液中电导率的变化可以计算阴极池(收集液)中的重金属

浓度(线性关系),可以间接分析此时土体中重金属的浓度的变化规律,但是不能直接预测计算土体中(如阳极附近)的重金属浓度。基于此,分析了土体中污染物浓度的计算预测方法。

2) 基于土体温度、含水率、电导率的土体污染物浓度计算方法

除了对阴极池(排出液)电导率进行测试以外,我们也通过 TDR 对阳极附近土体的电阻率(电导率)数据进行了实时测量。本次试验 6 组试验的土体含水率依然处于较高水平,所以首先不考虑温度和含水率变化的影响,先单独关注土体中污染物浓度变化对于土体电导率的影响。

储亚[15]在土体孔隙湿密度为 0.397g/cm^3 情况下对土体电阻率和土体中重金属污染物浓度之间的关系进行了研究,其研究方法为使用不同浓度污染物对土体进行污染,使用圆柱形四电极 Miller Soil Box 测量土体电阻率,然后更换不同污染物浓度的土体得到多组数据,再将浓度数据和电导率数据进行拟合得到经验关系。这种方法测量土体电阻率通电时间较短,所以假定土体温度和含水率在施加电压的短时间内不发生变化。

图 7-2-8 为储亚[15]得到的双对数坐标下电阻率随着污染物浓度的变化关系。在双对数坐标下,电阻率随着污染物浓度的增加缓慢降低,在 1000mg/kg 附近电阻率开始急速下降。

$$\rho_s = 72.68/(1+7.04\times10^{-4}C) \tag{7.2.12}$$

式中,ρ_s 为土体电阻率,Ω · m;C 为土体中重金属浓度,mg/kg。

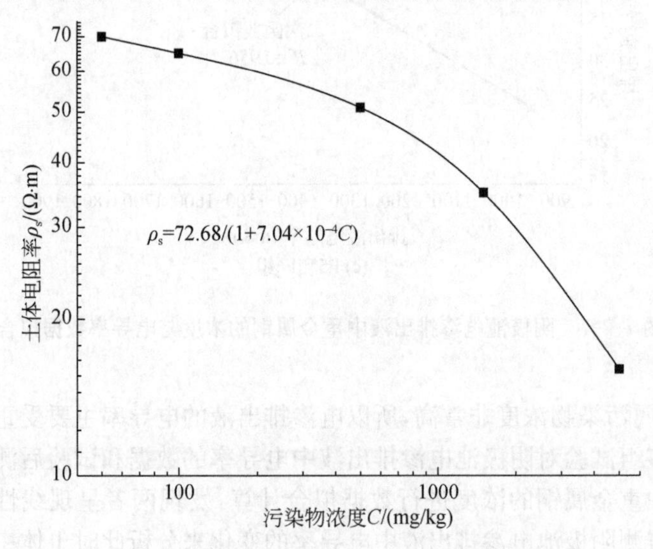

图 7-2-8　电阻率随着污染物浓度的变化关系[15]

式(7.2.12)的推广公式为

$$\rho_s = a + b \cdot \lg C \tag{7.2.13}$$

式中,a 和 b 为污染物浓度系数。

式(7.2.13)中不考虑温度和含水率变化的影响,通过污染物浓度和电阻率(电导率)数据进行拟合,就可以得到两者之间的关系。首先基于推广公式(7.2.13),以 F1 和 F2 组的土体重金属浓度和电导率监测数据进行计算。F1 和 F2 组土体中不同时刻的电阻率(电导率)通过 TDR100 测试仪实时监测获得,而重金属浓度通过补充试验获得。

F1 和 F2 组的土体通电之前(0h)和试验结束时(48h)的土体阳极附近的重金属浓度已经通过电感耦合等离子体原子发射光谱仪(ICP-AES)测试得到。然后采用同样的试验条件通电 6h、12h、24h 进行了补充试验,并通过 ICP-AES 测试阳极附近土体的重金属浓度。经过补充试验以后就可以得到 5 个时间点(0h、6h、12h、24h、48h)阳极附近土体的重金属浓度数据,如表 7-2-1 所示。

表 7-2-1　实测污染物浓度、电阻率与温度数据

时间/h	实测土体温度/℃	实测电阻率/(Ω·m)	实测浓度/(mg/kg)	拟合曲线 R^2
0	21.1	5.74	3000	
6	32.8	5.78	2705	
12	31.2	6.47	2410	0.905
24	29.4	7.77	2130	
48	25.9	8.41	1830	

将 TDR100 测试仪测试得到的电导率数据与通过 ICP-AES 实测得到的污染物浓度数据进行拟合对比,验证推广公式在电渗加固和电动修复联合方法处理重金属污染地基土时的适用性。

数据拟合发现,实测电阻率(电导率)数据与污染物浓度数据在单对数坐标系下依然存在一定的关系,但是部分数据点吻合情况较差(R^2较低)。

从图 7-2-9 中可以看出,利用不考虑温度和含水率变化的推广公式(7.2.13)拟合预测的浓度变化与实际测量值 6h 和 12h 的误差较大。实测的 6h 和 12h 土体中温度分别为 32.8℃和 31.2℃。作者认为,温度对土体电阻率产生了很大的影响,从而也影响了对污染物浓度的预测。

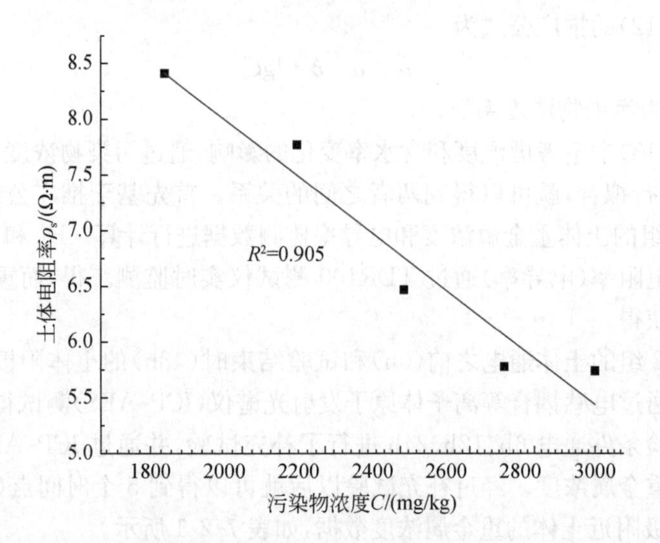

图 7-2-9　使用推广公式拟合污染物浓度和土体电阻率关系(不考虑温度与含水率变化)

结合图 7-2-10 温度变化曲线可知,通过传感器监测到的土体不同位置(阳极和中部平均值)的温度在通电 0～10h 快速上升,12h 以后逐渐下降。温度的起伏过大导致土颗粒和孔隙水热体积膨胀的差异不同,从而导致孔隙水压力的产生和增长,即使在没有外加电场的情况下,对于电导率也会产生较大的影响,也导致利用推广公式计算时的误差过大。如果按照最广泛使用的土体温度和电导率的关系公式(7.2.14)进行计算[16],土体温度从 25℃增加到 32℃,那么土体的电导率将会变化 14%。

$$\rho_T=\frac{\rho_{25}}{1+\beta(T-25)} \tag{7.2.14}$$

式中,β 为经验系数,一般取 0.02℃$^{-1}$[16]。

综合来看,电渗加固和电动修复联合方法处理重金属污染地基土含水率和温度都在变化,不可以将这两者对于电导率的影响忽略。

为了更准确地使用土体的实测电导率预测计算土体中污染物去除率情况,尝试建立适合于加固修复污染土过程的“基于土体温度、含水率、电导率的土体污染物浓度计算方法”。此方法最显著的特点就是同时考虑了污染物浓度、含水率和温度变化对于土体电导率的影响,从而可以通过测量土体电导率、含水率、监测温度变化来更加准确地计算预测土体中污染物浓度,其中土体电导率和含水率数据都可以使用测试仪监测得到,温度变化数据则使用温度传感器监测得到。

已有研究表明[17,18],污染土的含水率和电导率之间呈现幂函数关系,作者也采用同样的假定,然后结合土体电导率和污染物浓度、土体含水率、土体温度的关系

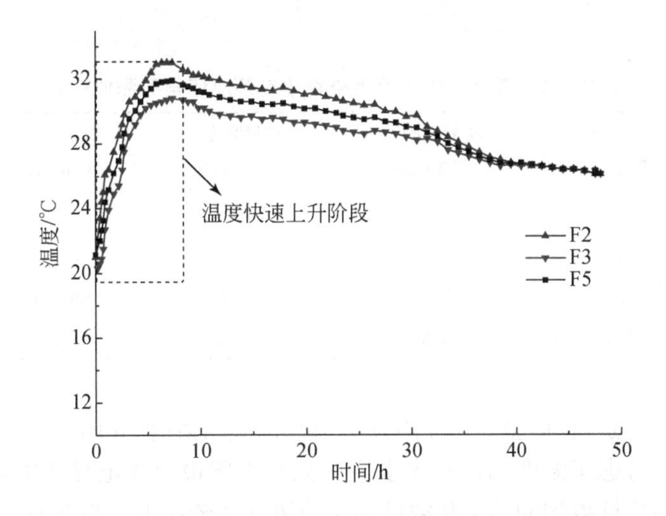

图 7-2-10 不同试验组土体温度变化情况(阳极和中部平均值)

得到

$$\frac{2\rho_{25}}{1+\beta(T-25)}-n(\omega^{-m})=a+b\times \lg C \tag{7.2.15}$$

$$\rho_T+n(\omega^{-m})=2a+2b\times \lg C \tag{7.2.16}$$

式中,ρ_T 为任意温度 T 下土体的实测电阻率,$\Omega \cdot m$;a 和 b 为污染物浓度系数;C 为土体中重金属浓度,mg/kg;ω 为土体质量含水率,%;T 为温度,℃;β 为经验系数,一般取 0.02℃$^{-1}$[16];n 和 m 为含水率变化系数。

式(7.2.15)和式(7.2.16)中所有实测的电导率都利用温度修正公式修正为25℃下土体的电阻率,然后结合含水率和电阻率的幂函数关系,从而将含水率对于土体电阻率以及温度对于土体电阻率的影响综合考虑。

参考已有研究[18]并结合使用测试仪监测得到的 F1 和 F2 试验组阳极土体电导率和含水率数据、使用温度传感器测量到的温度变化情况数据,拟合得到

$$53.57-13.84\lg C=2\rho_T+2\rho_T\times 0.02(T-25)-0.596(\omega^{-2.481}) \tag{7.2.17}$$

基于 F1 和 F2 试验组拟合得到的式(7.2.17),我们对其他 4 组试验 F3～F6 组结束时(48h)的阳极污染物浓度进行预测计算,计算结果如表 7-2-2 所示。

观察表 7-2-2 数据可以发现,同时考虑了污染物浓度、含水率和温度变化对于土体电导率的影响以后,采用式(7.2.15)和式(7.2.16)计算预测得到的试验结束时(48h)阳极土体污染物浓度与实测值之间的偏差大幅降低,也表明了如果使用电渗加固和电动力学修复联合方法处理重金属污染土,可以通过测试仪监测土体电导率、含水率数据,利用传感器监测温度变化来更加准确地计算预测土体中

污染物浓度。

表 7-2-2 其他 4 组试验污染物浓度预测值与实测值对比

试验组	实测土体温度/℃	实测电阻率/(Ω·m)	实测浓度/(mg/kg)	计算浓度/(mg/kg)	两者偏差/%
F3	26.2	7.48	2361.2	2175.6	7.9
F4	26	7.29	2406.3	2201	8.5
F5	26	9.69	1371.12	1301.38	5.1
F6	26.75	8.84	1689.23	1552.5	8.09

值得注意的是,我们验证的 4 组试验都是试验结束时(48h)温度已经基本恢复到正常水平。考虑了温度修正和含水率变化对于阳极土体电导率的影响以后,利用土体电导率反算得到的污染物浓度和实测浓度比较接近。目前对于土体通电进行加固和修复过程中的温度变化研究比较少,实际上土体温度在通电前期变化明显,对土体电导率等性质的影响也值得进一步深入细致地研究。除此之外,使用的土体在通电前后含水率一直处于比较高的水平,后续有必要进行更低的含水率下电渗加固和电动力学修复联合处理重金属污染土的试验,对提出的方法进行修正和进一步推广。

综上所述,虽然在电动修复的过程中重金属的去除率无法进行实时测量,但是不同位置的土体电导率和阴极池(排出液)的电导率的数据容易通过相应的仪器测量得到。本节首先研究了多组试验阴极池电渗排出液中电导率的数据和重金属铜的浓度的关系,进行数据拟合计算发现两者呈现线性关系。然后建立了适合于加固修复污染土过程的"基于土体温度、含水率、电导率的土体污染物浓度计算方法",此方法最显著的特点就是同时考虑了污染物浓度、含水率和温度变化对于土体电导率的影响。在实际的室内试验以及室外的污染场地加固修复中可以通过电导率的变化计算预测电动修复去除污染物的进程和效果,具有比较重要的现实意义。

7.3 铁电极与电动土工合成材料电极对污染土的微观加固机理

电渗过程涉及电场、渗流场、温度场等多场耦合的作用,对于电渗微观机理的研究可以对宏观现象有更加清晰的认识。本节研究土体和排出液中离子变化以及土体和电动土工合成材料(EKG)电极的扫描电子显微镜结构的定量变化情况,探究微观结构变化和宏观特性之间的内在联系。

7.3.1 离子运移研究

将在对应的取样点获得的土样在烘箱中控制温度105℃经过15h烘至恒重，然后进行研磨并过百目筛，得到样品3g，随后进行消解，步骤如下：

(1) 称取过百目筛的土样样品0.2g放入土体消解罐中；

(2) 向消解罐中加入5mL浓硝酸、1mL高氯酸和1mL氢氟酸，按照取样位置进行编号，静置过夜；

(3) 密封后放入烘箱中，温度调节到180℃，消解12h；

(4) 等待外罐冷却至室温，将内胆取出，放在加热板上130℃赶酸至液体剩余1～2mL；

(5) 用离心管定容至50mL，然后过0.22μm的水系滤膜，放入干净样品储瓶送样检测。

土样和排出液中的重金属含量由浙江大学农生环测试中心进行检测。使用Aglient7500A型电感耦合等离子体质谱仪(ICP-MS，图7-3-1)对阴极和阳极土体以及排出液中的离子变化进行测量，并对结果进行计算分析。电渗排出液中Ca离子减小了97%，Na和K离子分别增长了104%和262%，主要原因是不同离子之间存在着相互交换，交换顺序如下：$Na^{+}<Li^{+}<K^{+}<Mg^{2+}<Ca^{2+}<Cu^{2+}<Al^{3+}<Fe^{3+}$，随着双电层中和内部晶层间的钠离子被其他离子替代，土体的各项物理性质都会发生显著变化。各试验电渗后土体中的Mg^{2+}/Ca^{2+}呈现出一致的分布规律，即阴极处较高、阳极处较低。

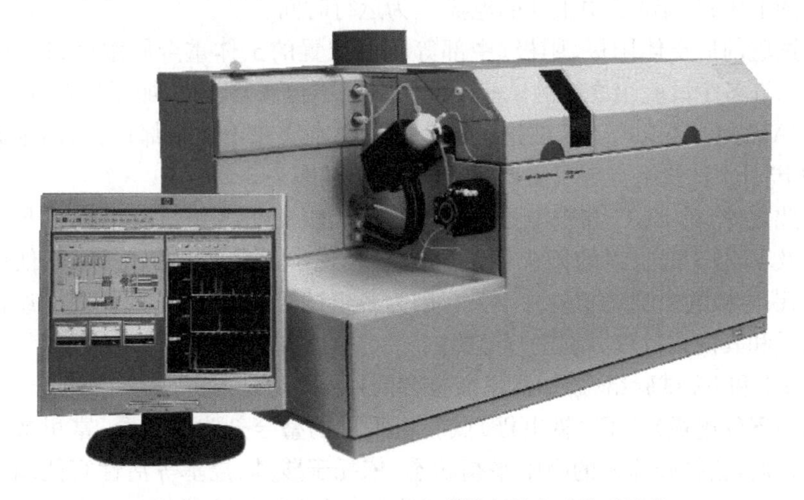

图7-3-1 Aglient7500A型电感耦合等离子体质谱仪

土样中重金属的去除效率和电能消耗采用以下公式进行计算：

1) 去除率

对于添加螯合剂的试验组来说，重金属离子去除方式主要从土颗粒上解吸附下来，然后随着溶液排出土体，在阴极产生的沉淀比较少。对于没有添加螯合剂的对照组来说，重金属离子的去除方式主要是在阴极通过沉淀方式富集，靠近阴极的最后一段土体将通过客土法等将其最终去除，因此在计算去除率时不考虑最后一段（距离阳极最远的一段）土样中铜的含量。

基于上述考虑，重金属含量检测取样点位置如图 7-1-3 所示，取样点在试验箱的对称位置选取，在取样点 1～9 及其左右两侧位置取土进行重金属含量检测，每个位置可以获得 3 个测点，取 3 个测点数据的平均值作为该处的重金属含量值。

重金属去除率的计算公式为

$$M_r=\frac{m_b-m_a}{m_b}\times 100\% \tag{7.3.1}$$

式中，M_r为金属的最终去除率；m_b为试验前加入土体中的重金属的质量；m_a为试验后残存在土样中的重金属的质量。

2) 电能消耗

电能消耗采用式(7.3.2)计算：

$$W_e=\frac{1}{m_c}\int_0^t UI\,dt \tag{7.3.2}$$

式中，W_e为处理单位质量污染物的耗电量；m_c为试验修复的污染物质量；U 为试验中施加的电压；I 为试验中土样的电流；t 为运行时间。

对试验前后土体阳极、阴极、中部等不同位置的土体重金属浓度进行测试发现，F1～F6 各个试验组之间的试验测试结果各不相同，其中添加了螯合剂（富里酸和 EDTA）的 F1、F2、F5、F6 试验组重金属主要富集在土体中部位置，而未添加螯合剂的 F3、F4 试验组重金属主要富集在阴极，如图 7-3-2 所示。

除此之外，对 EKG 和铁电极去除率进行比较发现，6 组试验中只有 F1、F2 试验组以及 F5、F6 试验组的阳极附近去除率表现出比较明显的差异，其他试验组 EKG 和铁电极的去除率相差并不大。因为各组试验表现不同，我们对 6 组试验的测试结果和其内在机理分别进行分析：

1) F1 和 F2 试验组（添加富里酸螯合剂）

F1（EKG 电极）和 F2（铁电极）试验组采用的螯合剂为富里酸，富里酸加入到土体中以后，会打破原来的吸附平衡状态，依托于羧基、羟基等活性官能团与土体“争夺”重金属离子。对于重金属铜离子来说，随着富里酸的加入重金属铜的可交换态含量明显增加，并且富里酸-重金属络合物呈现弱负电性从而发生定向迁移和富集。除此之外，随着富里酸的不断加入，土体不同位置的 pH 也不断降低。作者

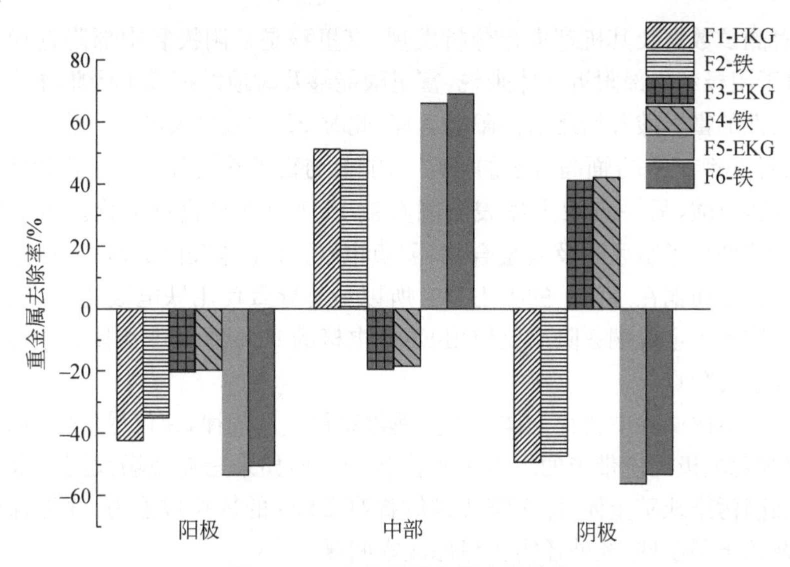

图 7-3-2　土体中铜离子含量分布

测量了 F1 和 F2 试验组阳极、阴极、中部土体 pH，F1 和 F2 试验组两组 pH 数值差别不大，两组平均值分别为阳极 3.99、阴极 6.15、中部 5.22，这相比于未添加螯合剂的 F3(EKG 电极)和 F4(铁电极)试验组来说形成了有利于重金属解吸附的环境，富里酸与重金属形成富里酸-重金属络合物(弱负电性)大部分留存在溶液中，从而在电场的作用下发生定向迁移和富集作用。

观察表 7-3-1 数据发现，F1 和 F2 试验组的重金属铜都主要富集在中部区域，两组试验中部区域土体重金属铜富集增加比例都在 51%左右，F1 和 F2 两组试验阴极土体重金属含量分别下降了 46.3%和 45.2%。两组试验差别最大的是阳极附近土体的重金属去除效率，F1 试验组阳极附近土体重金属含量下降了 42.3%，而 F2 试验组阳极附近土体重金属含量下降了 35.1%，两者差距比较明显。

表 7-3-1　不同试验组不同土体位置重金属去除率和 pH

		F1	F2	F3	F4	F5	F6
去除率/%	阳极	42.3	35.1	21.3	19.8	54.3	43.7
	中部	−51.2	−50.8	18.5	16.5	−65.9	−68.9
	阴极	46.3	45.2	−51.2	−52.2	56.3	53.9
pH	阳极	4.06	3.93	4.96	4.86	4.96	4.82
	中部	5.12	5.32	6.38	6.58	5.35	5.75
	阴极	6.09	6.22	9.45	8.97	8.25	8.32

针对测试数据及其机理进行分析发现，富里酸是从阴极和中部附近加入到土体中，对于阴极和中部附近土体来说，富里酸能够及时地发挥其解吸附作用。然后呈现电负性的富里酸开始逐渐往阳极运移，此时 F2 试验组因电极腐蚀反应生成了 Fe^{3+}（或者 Fe^{2+}），一方面高价态的 Fe^{3+} 可能会与富里酸结合产生螯合物从而消耗掉一部分富里酸，另一方面土体表面能够被 Fe^{3+} 及其氧化物活化。氧化物作为“桥梁作用”增加了富里酸及其螯合物（弱负电性）在土体表面的留存量，这反而变相增强了重金属铜在土体上的吸附量。所以最终导致使用铁电极的 F2 试验组阳极附近土体的重金属铜去除率比使用 EKG 电极的 F1 试验组阳极附近土体的去除率低约 8 个百分点。

如果在室内试验中研究土体中重金属电动修复的规律，建议尽量使用 EKG 电极，能够避免电极反应带来的干扰和负面作用。而如果是在现场大规模电动修复和电渗加固污染地基土体，那么需要继续提高 EKG 的抗拉拔能力，才能保证适应现场复杂的土层条件，此外还需要考虑成本问题。

2) F3 和 F4 试验组（未添加螯合剂）

观察表 7-3-1 数据发现，F3（EKG 电极）和 F4（铁电极）试验组的重金属铜都主要富集在阴极区域（包含收集池），两组试验中部区域土体重金属去除率都在 18%左右，阳极区域土体重金属去除率都在 20%左右。相比于添加螯合剂（富里酸和 EDTA）的试验组，去除率处于较低水平。

F3（EKG 电极）和 F4（铁电极）试验组因为没有螯合物的解吸附作用，主要依靠阳极产生的酸性环境解吸附重金属铜离子，结合排出液的数据分析可知，随着铜离子逐渐集中到阴极附近，阴极的碱性环境导致绝大部分铜离子运移到阴极与 OH^- 反应生成沉淀富集在阴极，还有一部分会跟随电解液排出到收集池中。

3) F5 和 F6 试验组（添加 EDTA 螯合剂）

观察表 7-3-1 数据发现，F5（EKG 电极）和 F6（铁电极）试验组的重金属铜都主要富集在土体中部区域，两组试验中部区域土体重金属铜富集增加比例均值为 67.4%，两组试验阳极、阴极附近土体重金属铜去除率均值分别为 49.0%和 55.1%。

两组试验差别最大的是阳极附近土体的重金属去除效率，使用 EKG 电极的 F5 试验组阳极附近土体重金属含量下降了 54.3%，而使用铁电极的 F6 试验组阳极附近土体重金属含量下降了 43.7%，两者差距比较明显。

试验后对 6 组试验阳极附近土体进行元素含量分析发现，铁电极组（F2、F4、F6）阳极附近土体 Fe 含量比试验前升高了 20%，阴极和中部土体中 Fe 元素含量变化不大，而 EKG 试验组（F1、F3、F5）各个位置的 Fe 元素含量都几乎没有变化，可以认为这主要是铁电极的阳极电极反应产生的 Fe^{3+}/Fe^{2+}。

在土体中加入 EDTA 以后，被解吸附的铜离子会与 EDTA 结合形成稳定的螯合物，$CuEDTA^{2-}$ 螯合物的稳定常数比铜离子高几个数量级：

$$Cu^{2+}+Na_2EDTA^{2-}=\!=\!=CuEDTA^{2-}+2Na^{+} \quad (7.3.3)$$

F5 和 F6 试验组阳极附近重金属去除率产生 10.6 个百分点差异的原因与前文中分析的 F1 和 F2 试验组的情况有一定的异同点，F1 和 F2 试验组中使用的螯合剂为富里酸，而 Fe^{3+} 对 Cu(Ⅱ)-EDTA 的螯合物有明显的“置换作用”，从而影响了重金属的去除效果。

$$Cu(\text{Ⅱ})\text{-}EDTA+Fe(\text{Ⅲ})=\!=\!=Fe(\text{Ⅲ})\text{-}EDTA+Cu(\text{Ⅱ}) \quad (7.3.4)$$

F5 和 F6 试验组的重金属螯合物主要富集在中部区域，其原因主要有以下几点：①对于阳极区域土体来说，重金属离子解吸附以后向阴极移动，然后在此过程中与 EDTA 形成螯合物，因为螯合物带负电，在电场作用下也可能向阳极迁移。②对于中部区域土体来说，重金属离子解吸附以后与 EDTA 形成螯合物，在电场作用下虽然有所迁移，但是留在中部的比较多。③对于阴极区域土体来说，重金属离子解吸附以后与 EDTA 结合形成稳定的螯合物，由于螯合物本身带负电，会有向阳极移动的趋势。综合不同位置的土体的反应和离子运移情况，导致重金属在中部土体富集，中部土体的重金属含量比较高。

使用 EKG 电极能够避免金属铁电极反应带来的干扰和负面作用。由于本章试验中使用的螯合剂为富里酸和 EDTA，污染土的种类为重金属铜污染，在实际试验或者工程中添加剂种类繁多，不同的螯合剂和重金属污染类型都会影响重金属的富集位置、反应机理，如富里酸对于重金属 Cr 的吸附机理就与 Cu 完全不同。另外对不同区域的 pH 进行调控也会影响重金属的富集情况，在室内试验或者实际的工程处理中应该根据实际场地条件选择电极材料、螯合剂种类等进行方案设计。

7.3.2　土体微观结构变化研究

试验仪器采用 Quanta 650 FEG 场发射扫描电子显微镜（如图 7-3-3 所示）。取样点如图 7-1-3 所示。本次试验对电渗后不同位置土体的孔隙分布、表观孔隙率、粒径以及分形维数进行定量统计分析[21]，对重金属污染土的加固修复微观机理以及电学特性变化进行了进一步的探究，为建立微观结构变化与宏观电学特性之间的关系提供参考。主要选取的参数为表观孔隙率（研究区域中孔隙的面积占总面积的比例）和圆度。圆度 R_0 用于描述研究对象的形状和圆形的接近程度，$R_0=4\pi S/L^2$，其中 S 为研究对象的面积，L 为周长，R_0 越大越接近圆形[22]。

使用 ImageJ 软件对图片进行降噪处理，采用软件默认方法进行阈值分割，得到二值化图像后，主要分析数据如表 7-3-2 所示。

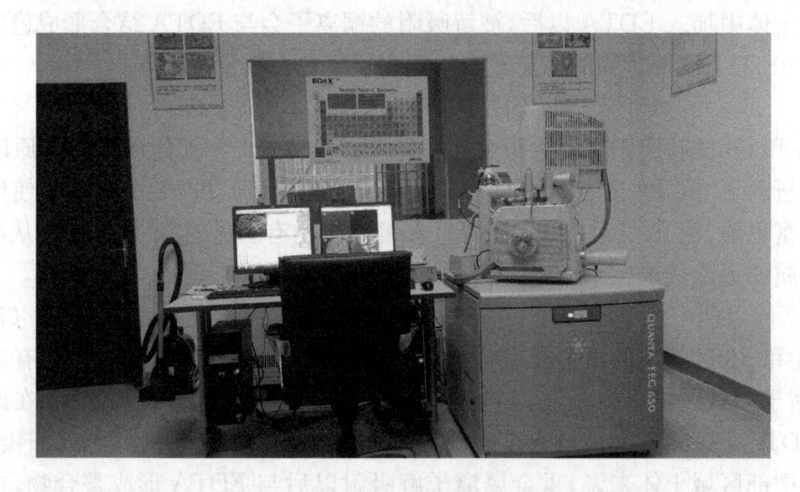

图 7-3-3 Quanta 650 FEG 场发射扫描电子显微镜

表 7-3-2 土样微观参数定量分析汇总表

土样编号	土样	放大倍数	阈值	总面积 $/\mu m^2$	孔隙面积和 $/\mu m^2$	数量	平均面积 $/\mu m^2$	表观孔隙率	圆度
S1	电渗前	1500	116	33401.2	5888.5	3628	1.6231	0.1762	0.8523
S2	铁电渗后阳极	1500	115	33439	4454.9	4804	0.9273	0.1332	0.8913
S3	铁电渗后中间	1500	110	33439	4454.9	4800	0.9281	0.1332	0.8805
S4	铁电渗后阴极	1500	107	33308.5	4539.1	4988	0.9100	0.1362	0.8725
S5	EKG 电渗后阳极	1500	122	33429	4433.5	4427	1.0014	0.1326	0.9005
S6	EKG 电渗后中间	1500	119	33429	4403.5	4417	1.0014	0.1317	0.8910
S7	EKG 电渗后阴极	1500	115	31514.8	4270.8	4066	1.0504	0.1355	0.8802

数据分析可知，原状土体中黏粒多为蜂窝-空架式结构，黏粒之间的接触方式多为边-边、边-面接触，孔隙数量较少，但是平均面积较大，平均值为 1.6231 μm^2 左右，黏土颗粒未呈现明显的定向排布特征。在电场的作用下，电渗之后的土体呈现凝块状结构，土体之间胶结情况明显变好，黏粒之间以面-面接触和镶嵌接触为主，如图 7-3-4 所示。电渗以后孔隙数量增多，但是平均面积下降，平均值在 0.9100～1.0504 μm^2 之间。表观孔隙率平均减少 27%，电渗后土体中孔隙圆度值呈现变大趋势，EKG 和铁电极电渗后土体微观结构分析结构差别不大。

黏土导电途径主要有 3 种：通过孔隙水的液相导电（途径 1）；通过串联起来的固相和液相交互层导电（途径 2）；固-液界面交换性离子导电（途径 3）。结合土体微观结构的分析可得，初期导电途径主要为液相导电，随着土体中水分逐渐排出，

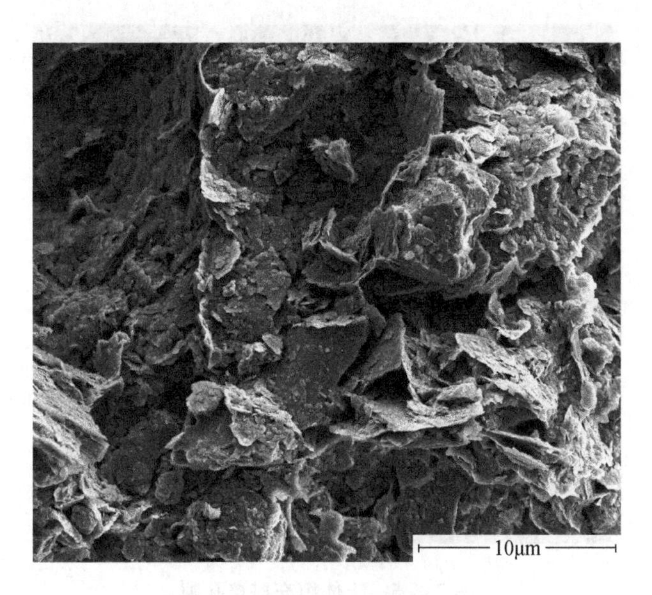

图 7-3-4　面-面接触和镶嵌接触

水中电解质的浓度也逐渐减小,黏粒之间以面-面接触和镶嵌接触为主,导电途径主要为固相和液相交互层。

7.3.3　电动土工合成材料微观结构变化研究

为了评价不锈钢纤维之间的搭接交叉程度,并定量分析 EKG 材料导电结构的变化,引入黏性土微观结构分析的定量参数,在进行 EKG 材料微观分析时,将导电纤维相互交联搭接形成的区域定义为“搭接孔隙”,如图 7-3-5 所示。

根据土工布纤维导电模型,假如将 EKG 电极中每一根不锈钢纤维近似地看作一个小的电阻,并根据基本的电学原理可知,假如所有的电阻都是进行并联,则电阻计算公式如下:

$$\frac{1}{R}=\frac{1}{R_1}+\frac{1}{R_2}+\frac{1}{R_3}+\cdots+\frac{1}{R_N} \tag{7.3.5}$$

试验后对阳极不同位置的 EKG 电极土工布进行裁剪,距离底边的距离分别为:1cm(S2)、7cm(S3)、13cm(S4),然后使用场发射扫描电镜进行分析。

为了确定 EKG 电极材料微观结构分析的最优放大倍数,利用土体中孔隙和土工布之间“搭接孔隙”的关系和黏性土微观结构已有研究成果,利用两者孔隙的面积反比,得到 EKG 电极最佳分析倍数为 200 倍左右。使用 ImageJ 软件对图片进行降噪处理,采用软件默认方法进行阈值分割,得到二值化图像后,主要分析数据如表 7-3-3 所示。

图 7-3-5　土体填充搭接孔隙

表 7-3-3　EKG 电极微观参数定量分析汇总表

土工布编号	放大倍数	阈值	总面积/μm^2	搭接孔隙面积和/μm^2	搭接孔隙数量	搭接孔隙平均面积/μm^2	周长/μm	圆度
S1	200	107	1901315	874433.9	3297	265.2211	47.48	0.86328
S2	200	123	1901314.5	762745.2	3811	200.1	36.67	0.88
S3	200	130	1899164	704563.5	3564	197.69	38.56	0.87
S4	200	139	1899164	673056.1	3366	199.9572	40.47	0.861

根据数据分析和微观结构分析可得，在电渗之前 EKG 电极中不锈钢纤维多为平行排列，不锈钢纤维主要的导电模式符合并联模型，不同的不锈钢纤维相互之间的搭接比较少。相比电渗之前 EKG 电极的不锈钢纤维的排布形式和导电结构，电渗以后土工布之间的搭接孔隙数量增多，不锈钢纤维之间相互搭接较多，土工布的导电能力变差，S2、S3 及 S4 样品搭接孔隙增长数量分别为 514、267 和 69，表明阳极底部土工布导电能力下降较明显。这个结果也和土体含水率变化的规律一致，配合扫描电子显微镜结果分析可得，电渗过程中土体也会部分填充不锈钢纤维形成的“搭接孔隙”，形成团聚结构，整体导电能力也受到影响。

7.4　碳纤维电动土工织物电极对污染土的修复加固试验及耐久性研究

7.4.1　碳纤维-再生涤纶纤维电动土工织物构造

采用碳纤维(3k 平纹碳纤维)和再生涤纶纤维作为电动土工织物的纺织原材料自行设计织造了几种电动土工织物。电动土工织物主体上依照平纹的纺织形式,经向由含碳导电织物构成(其中碳纤维含量 20%,再生涤纶含量 80%);纬向由碳纤维与再生涤纶纤维以 4 种不同的比例(1∶1、1∶2、1∶3、1∶4)构成,分别命名为织物 CT1、织物 CT2、织物 CT3、织物 CT4。碳纤维采用的 3k 平纹碳纤维如图 7-4-1 所示,其中图(a)～(d)分别为织物 CT1～CT4。

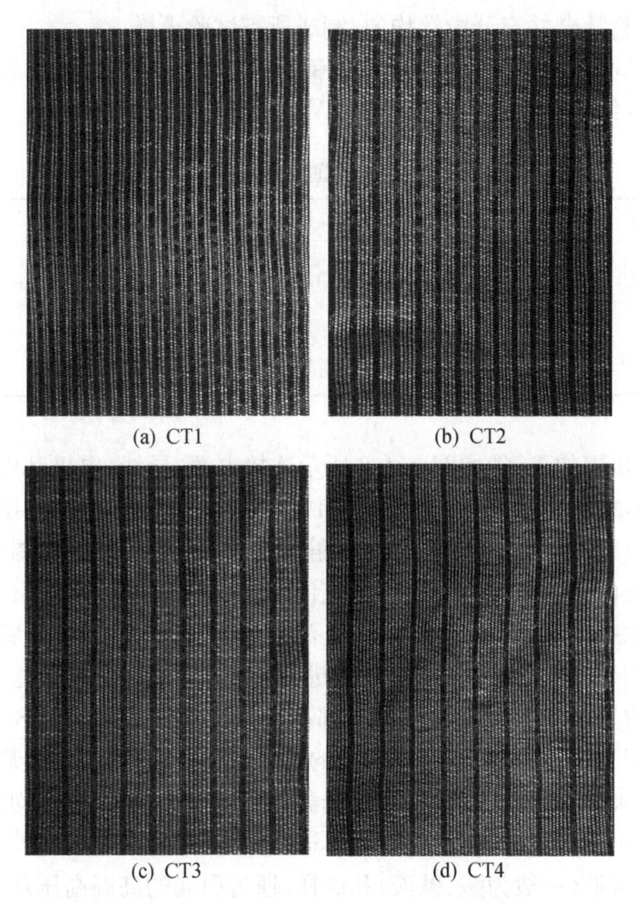

图 7-4-1　不同碳纤维含量的再生纤维电动织物示意图

织物材料成本分析：根据国内原材料市场价格，按不锈钢材料 4000 元/t、碳纤维材料 20000 元/t、涤纶材料 8000 元/t 计算，本次试验织造的电动土工织物单位面积原材料成本仅为 4mm 厚不锈钢电极材料的 1/4，而织造成本将随着大规模生产降低至更低水平，具有良好的经济性。

7.4.2 再生纤维电动土工织物修复加固铜、锌污染土的试验研究

1. 试验步骤

试验土样、试验装置与第 2 章一致，本次试验的目标含水率为 65%，目标土样铜离子和锌离子的含量均为 1000mg/kg，先将土样烘干，之后使用打粉机磨成土粉，铜和锌的重金属溶液分别由硝酸铜以及硝酸锌（硝酸铜与硝酸锌纯度为分析纯 >99%，分子式分别为 $N_2O_6 \cdot Cu \cdot 3H_2O$、$N_2O_6 \cdot Zn \cdot 6H_2O$）配置而成，再将重金属溶液与土粉拌合并充分搅拌均匀，制成所需试验土样。

为比较不同电动土工织物、304 不锈钢对电渗和重金属去除的影响程度，本次试验设计了 10 组对比试验，试验采用 18V 的恒压，见表 7-4-1。

表 7-4-1 试验条件汇总表

编号	A1	A2	A3	A4	B1	B2	B3	B4	C1	C2
电极材料	CT1	CT2	CT3	CT4	CT1	CT2	CT3	CT4	304 不锈钢	304 不锈钢
添加的重金属	Cu	Cu	Cu	Cu	Zn	Zn	Zn	Zn	Cu	Zn

试验主要步骤如下：①按图 7-4-2 所示连接电源、导线、电极和电压表，在阴极包裹土工滤布，将阴极电极湿润后放入相应的位置；②先将土样分层装样至 10cm 高，然后盖上有机玻璃板随即插入探针，静置 24h 后开始试验；③调节电源输出电压为 18V，接通电路；④每隔 1h 读取电流值，测量烧杯质量，每隔 2h 通过万能表测量探针与阴阳极电势；⑤通电 30h 后，电渗停止，断开电源停止试验；⑥电渗处理后，采用 WXGR-3 型微型贯入仪对土体进行贯入试验，获得贯入值后换算为容许承载力，具体位置位于 S1 截面、土体中部截面、S2 截面；⑦取 S1、S2 截面（分别代表阳极、阴极附近土体）和土体中间部分的土样，进行含水率和重金属含量测试，土样取自电渗结束后土体的中层位置，每个截面取三个样，结果取平均值。

测试土体中重金属含量时，先将土体进行消解，采用微波消解技术辐射加热封闭容器中的消解液（一般为酸、碱液）和试样，通过引起的高温高压从而加速样品的溶解消化。相较于其他消解技术，微波消解技术操作流程简单明了，试样所用消解

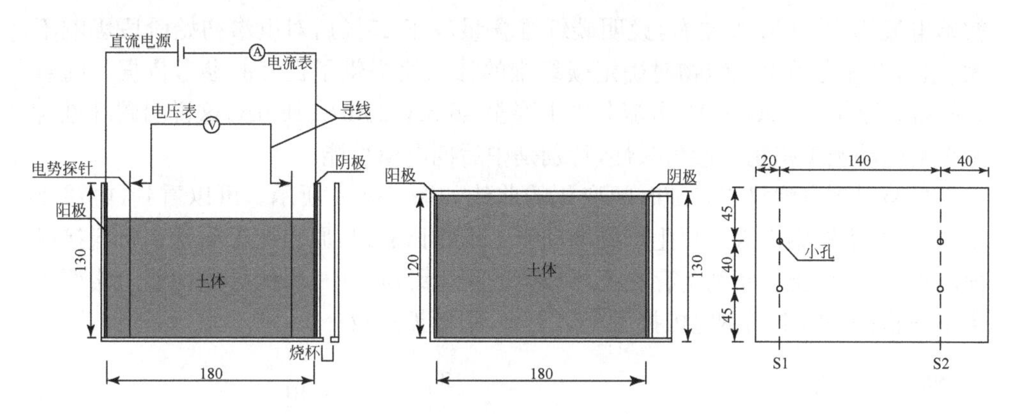

图 7-4-2 电渗试验装备图(单位:mm)

液较少,绿色环保,在消解过程中易挥发元素的损失较少,因此得到广泛应用。试验采用 ICP-MS 法共同测试河道淤泥中铜、锌重金属的含量。

2. 电流、排水量、含水率

图 7-4-3 显示了电渗过程中电流随时间的变化。由图可以看出,电流曲线总体随时间呈下降趋势,不锈钢组 C1、C2 初期下降非常明显,电渗后 1h 即从 200mA 迅速下降到 150mA 左右,再缓慢下降到 50mA。

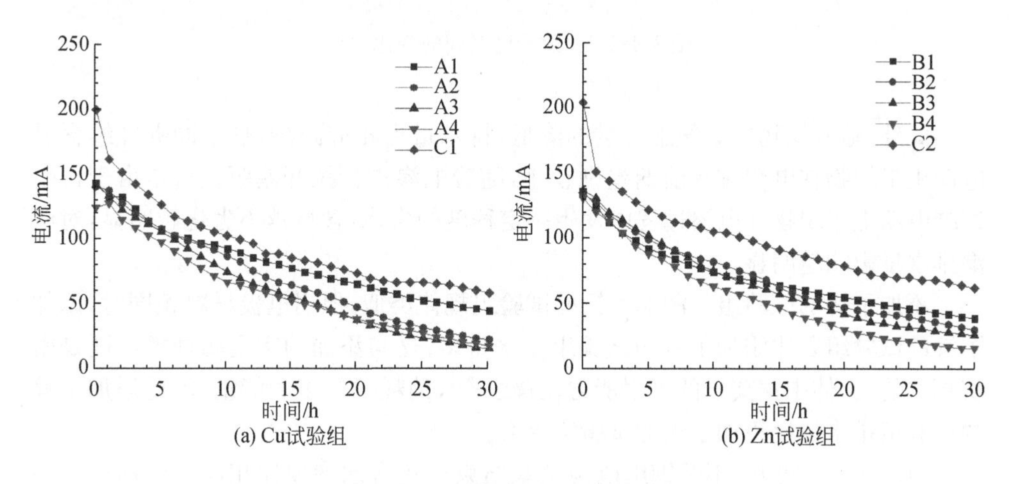

图 7-4-3 电流随时间的变化曲线

再生纤维电动土工织物试验组结果:A4 初始电流为 125mA,低于 A1～A3,说明碳纤维 25%含量是初始电流产生差异的分界线;A1～A3 碳纤维含量不等,但是初始电流均为 142mA 左右,说明碳纤维含量高于 25%后对电渗初始阶段影响不大,这为设计电动土工织物时确定碳纤维的掺入比提供了良好的参考依据。随着时间推移至第 7h,A1～A3 电流分别下降至 45mA、23mA、16mA,这说明碳纤维含量影响电动土工织物电渗耐久性,特别是中后期电渗性能。

试验得到电渗排水量随时间变化的曲线如图 7-4-4 所示。可以看到,电渗排水量方面,不锈钢组大于再生纤维电动土工织物试验组,原因在于不锈钢材料接触面均可导电,而土工织物上存在不可导电的再生纤维,在材料的导电性能上略好于土工织物;另外,不锈钢电极接触电阻更小、阳极损失较小。

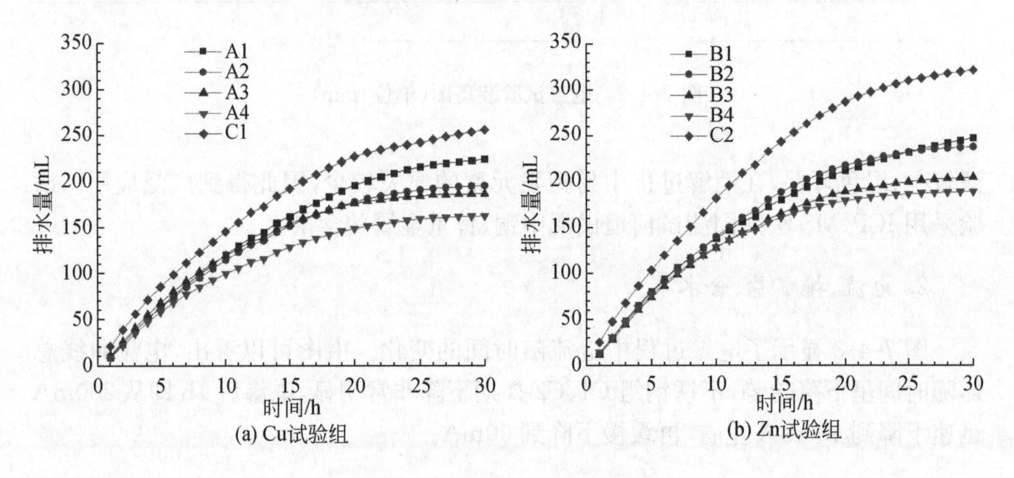

图 7-4-4 排水量随时间的变化曲线

此外,随着织物中碳纤维含量的降低,排水量也相应减少,且不同碳纤维含量电动土工织物在电渗排水前期差别较小,随着电渗进行拉开差距。这是由于再生纤维电动土工织物在电渗过程中发生一定程度的劣化,含量越小劣化越明显,对电渗排水量影响越明显。

添加了锌的试验组与添加了铜的试验组规律类似,但当电极材料相同时,添加了锌的试验组要比添加了铜的试验组排水量多,这与添加的重金属种类不同是密切相关的,土体中铜离子的吸附能力比锌强[23],消耗了更多的能量,因此添加了锌的试验组排水量比添加了铜的试验组更大。

由图 7-4-5 可知,不锈钢组电渗试验结束后的含水率要比相应的电动土工织物组要低一些,这与排水量记录结果相一致,不锈钢组排水量更大。此外,随着电动土工织物中碳纤维含量的减少,土体含水率逐渐递增,这是因为随着碳纤维含量的减少,电动土工织物的耐久性越差,影响了其电渗排水效果。另一方面,当作为电极材料的电动土工织物相同时,B 组的含水率要比 A 组低,C2 的最终含水率也比 C1 低，规律一致。这与铜、锌金属的电渗性质相关，铜相对于锌更难排出[23]，这使得含有铜的 A 组的最终含水率要比 B 组高一些。

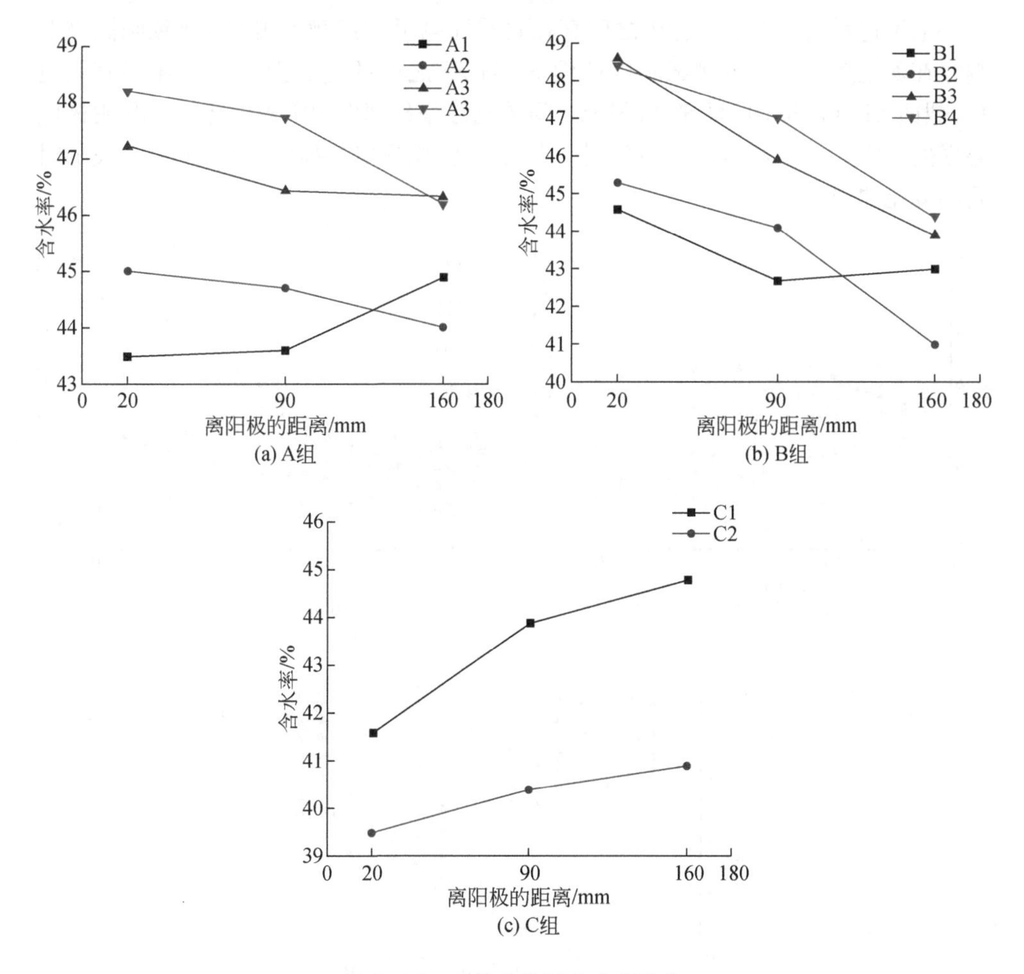

图 7-4-5　土体电渗后含水率分布

对于 C1 和 C2，含水率曲线呈现随着阳极距离增加逐渐上升的趋势，原因在于电渗过程中阴极产生的 OH^- 与金属离子铜、锌生成相应的沉淀，堵住了排水通道，因此阴极处的含水率比阳极处的高。此外，相对于不锈钢组土体含水率阳极附近低、阴极附近高的典型电渗排水加固结果，电动土工织物在含水率分布上较为均匀，主要是由于碳纤维含量不够高、电渗驱动力略显不足，土中水分特别是阳极附近排出不够充分。

3. 电势损失、能耗

电渗过程由于电极与土体之间存在着界面电阻和接触电阻[24]，导致阴阳极两端存在着电势损失。本次试验以截面 S1 与 S2 之间的电势差作为土体的有效电势，截面 S1 与阳极、截面 S2 与阴极之间的电势差分别作为阳极电势损失和阴极电势损失。图 7-4-6(a)、(b)、(c)分别为有效电势、阳极电势损失、阴极电势损失随时间的变化曲线。

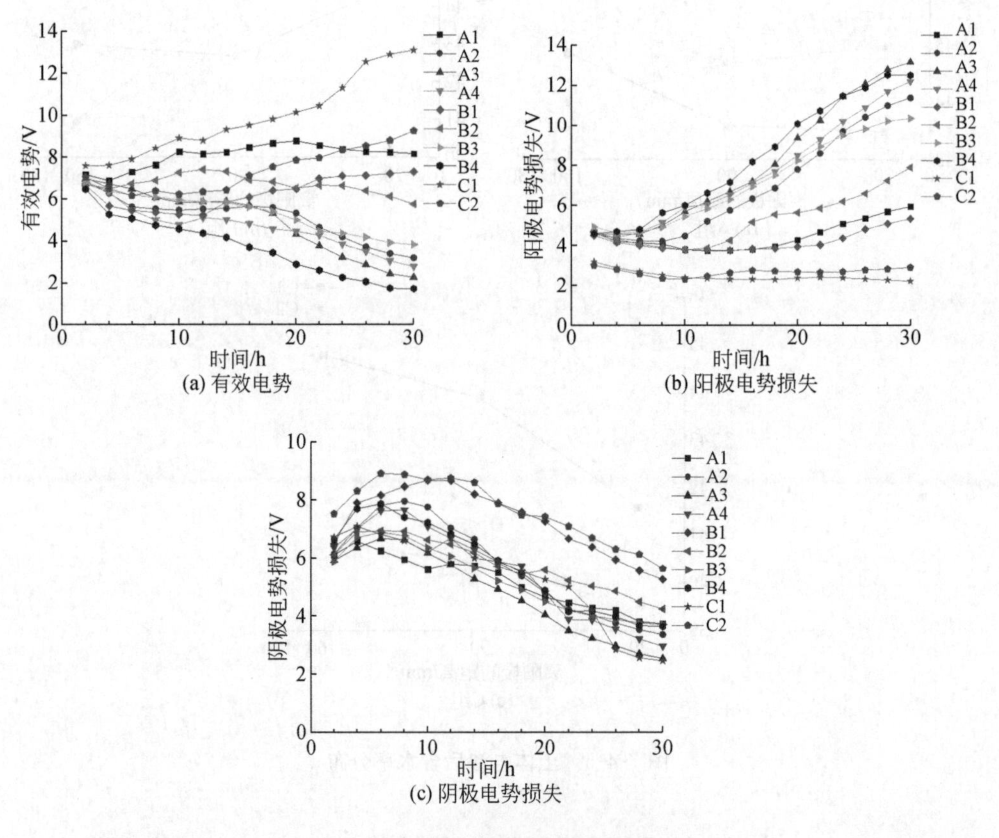

图 7-4-6 电势随时间的变化曲线

各组的有效电势初始值差别不大，都约为 7V。C1 组有效电势曲线随时间呈现线性增长，最终达到了 13.1V。这是由于随着电渗的进行，土体水分也不断流出，土体的电阻也不断增大，所以有效电势会不断提高。此外，电极材料为 CT1 的两试验组的有效电势随时间变化不大，稳定在 7V；电极材料为 CT4 的两试验组的有效电势随时间缓慢下降到了 2V 左右。这是由于随着碳纤维含量的减少，电动土工织物的耐久性越差,界面电阻上升较快,阳极电势损失随即增大。不锈钢组的阳极电势损失随着时间基本不变,稳定在 3V 左右,原因在于不锈钢板相对于电动土工织物来说受电渗影响较小,阳极处的界面电阻较小。各试验组的阴极电势损失曲线变化趋势相似:初始值约为 6.5V,在前 5h 内上升,上升的幅度在 1～2V,到达最大值后缓慢下降。不锈钢组阴极电势损失较大,这也与含水率分布结果相一致,阴极含水率相对较高,导致电势损失较大。

能耗是电渗固结中重要参考指标之一,图 7-4-7 为不同试验组的电渗总耗能。由图可知,电渗能耗大小与排水量是相对应的,不锈钢组能耗比织物组的大;而随着织物中碳纤维含量的降低,排水量相应减少,其总能耗也相应地减少。比较 A1、B1 两组:A1 组排水量小于 B1 组,但是由于铜离子相对于锌离子更难排出,A1 组能耗中用于排出铜离子的部分要比 B1 组能耗中用于排出锌离子的部分多,因此 A1 组的总能耗大于 B1 组。由图 7-4-8 可知,同一种重金属的单位排水能耗大致相等。对于不同的重金属,Cu 要比 Zn 大,铜的单位排水能耗约为 0.20J/mL,锌的约为 0.16J/mL。

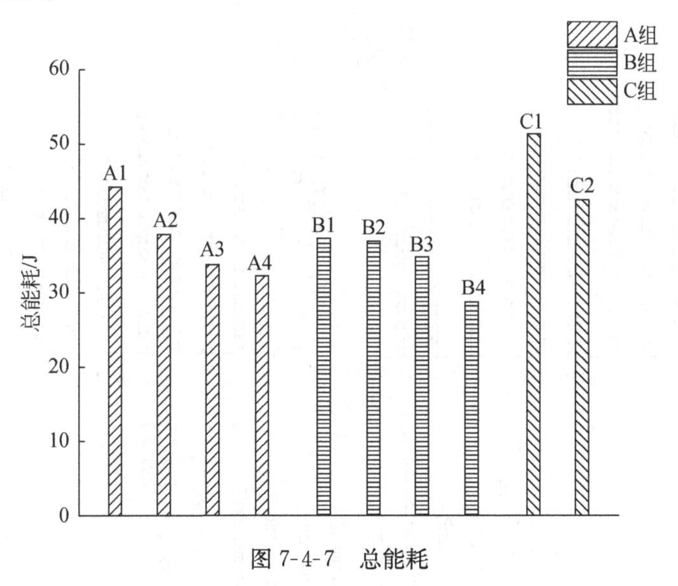

图 7-4-7　总能耗

图 7-4-9(a)、(b)、(c)分别为 0～10h、10～20h、20～30h 的时间段内各组的单位排水能耗图。由图可知,单位排水能耗随着时间的推移不断增加,10～20h 内的值比 0～10h 内的值高 10%～20%,而 20～30h 内的值比 0～10h 内的值高 100%～200%。这表明单位排水能耗在开始阶段内并不会发生很大变化,到了后半阶段会迅速增大。这是因为土体的含水率随着电渗的进行而不断减少,水分也越来越难排出,能耗的损失也相应地变大。

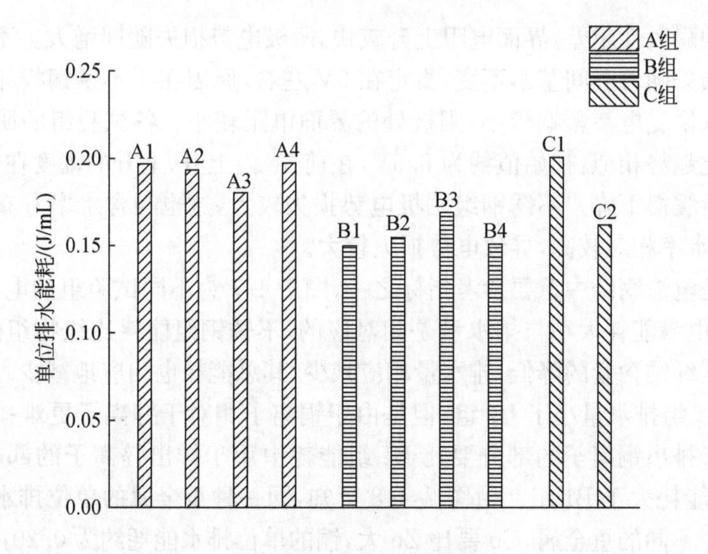

图 7-4-8　单位排水能耗

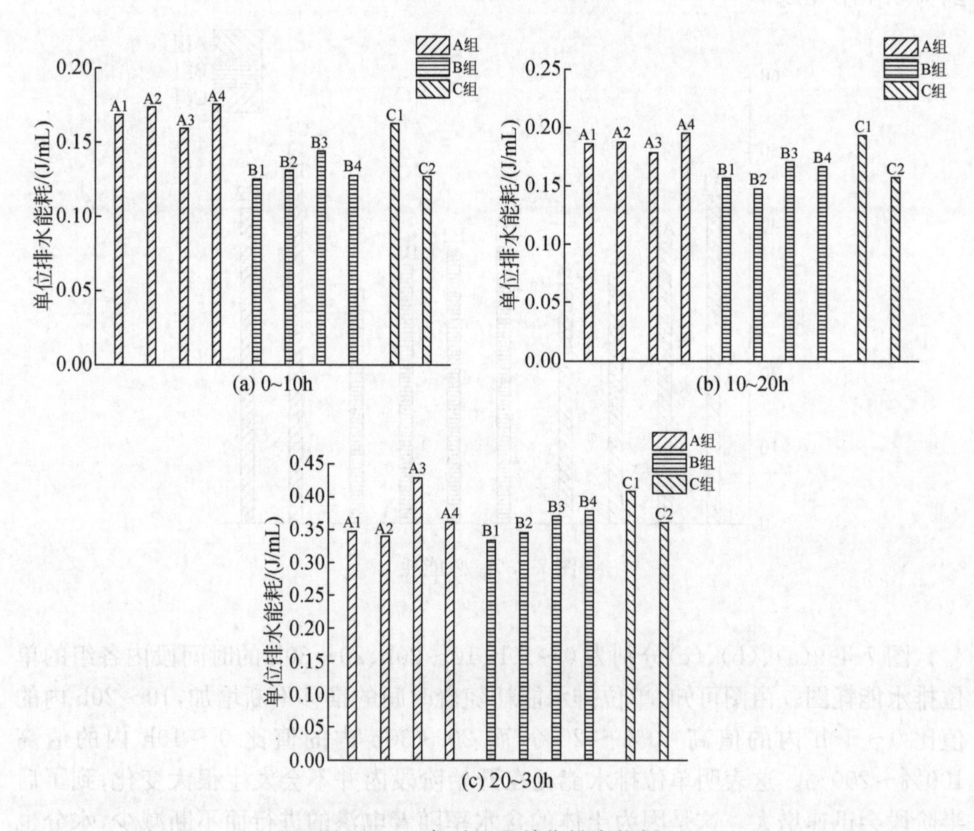

图 7-4-9　各时间段单位排水能耗

4. 静力触探强度

图7-4-10所示为土体各个区域的容许承载力值。由图可知,对添加了Cu的试验组,不锈钢组和A1组的容许承载力从阳极至阴极呈现递减趋势,这是由于在电渗过程中水分由阳极途经中部流至阴极,导致距离阳极越远的地方含水率越高,从而使得容许承载力越小,这与前文含水率的规律是对应的。而其他三组(CT2、CT3、CT4)由于阳极处的水分没有来得及充分排出,导致容许承载力从阳极至阴极呈现一种递增的趋势。此外,总体来看,只有不锈钢组的容许承载力超过80kPa,而织物组从CT1至CT4其容许承载力都是递减的。以A1组和C1组为例:C1阳极处的容许承载力比A1高35%左右,但它们在阴极处的容许承载力却大致相等。这表明不锈钢和织物电极在土体容许承载力方面的差异主要是体现在阳极处。对比Cu试验组与Zn试验组,总体上Zn试验组的容许承载力值要大于Cu,这是由于当电极材料相同时,Zn试验组的排水量要比Cu试验组的大。

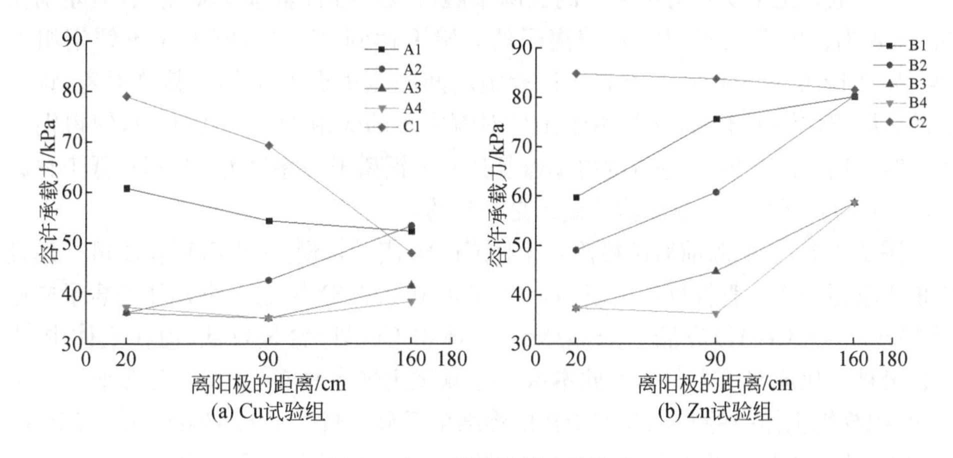

图7-4-10　容许承载力值分布

5. 重金属含量

图7-4-11为电渗结束后铜离子和锌离子在土中的含量,对比初始含量1000mg/kg,平均含量大约降低35%。电渗结束后重金属在土中的含量分布趋势为阳极附近最低,阴极附近最高。这是由于阳极附近的氧化反应($2H_2O-4e^-\longrightarrow O_2\uparrow+4H^+$)导致pH降低,金属离子更容易脱离土颗粒随水分排出;另一方面,阴极附近的还原反应($2H_2O+2e^-\longrightarrow H_2\uparrow+2OH^-$)产生了氢氧根离子,并与金属离子结合生成沉淀,导致阴极附近土体的重金属含量降低幅度相对更少。

电动土工织物对铜离子的重金属去除率达到29.9%,略低于不锈钢组的

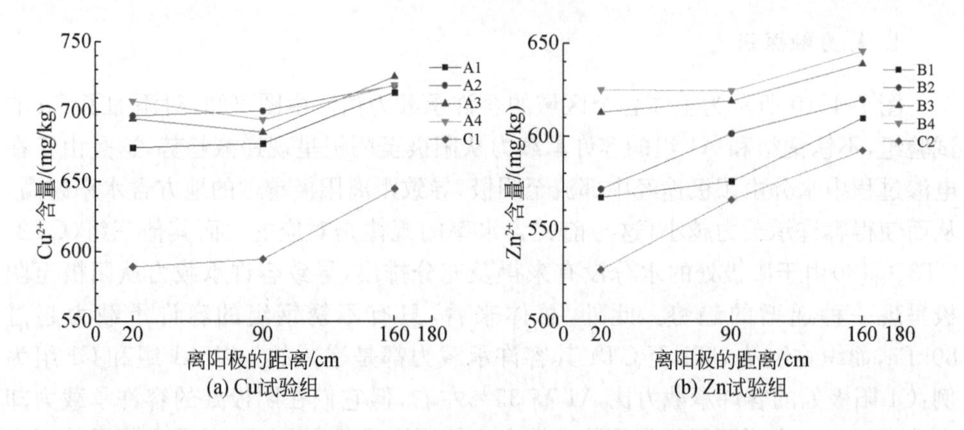

(a) Cu试验组　　(b) Zn试验组

图 7-4-11　电渗后土体中 Cu^{2+} 和 Zn^{2+} 含量分布

39.5%。电动土工织物对铜离子的去除率随着碳纤维含量减少而递减，但差别仅在 1%左右。电动土工织物对锌离子的去除率达到 39.3%，略低于不锈钢组的 43.8%，两者的差距相对于铜离子试验组之间的差距小了 50%。整体而言，锌离子的去除率比铜离子高，这是由于土体对铜离子的吸附能力比锌强[23]，使得铜离子更难排出。袁立竹[25]进行的电动修复试验中铜离子去除率为 63.6%，低于锌离子的 88.7%，规律上与本试验的结果是一致的。

图 7-4-12 为电渗前后阳极附近土体 Cr、Ni 离子含量。《土壤环境质量　建设用地土壤污染风险管控标准(试行)》(GB 36600—2018)中规定 Ni 离子的含量应低于 150mg/kg，Cr(Ⅵ)应低于 3mg/kg。土体中 Cr(Ⅵ)含量较低，而在土体中 Cr(Ⅲ)易被氧化成 Cr(Ⅵ)[26]，因此本次试验测试土体中总 Cr 含量以作参照。结果表明，织物组土体中的 Cr、Ni 离子在电渗结束后分别减少了 8.36mg/kg、6.51mg/kg，约占原状土相应浓度的 11.2%、22.7%。电动土工织物会在电渗过程中去除土中的 Cr、Ni 离子。不锈钢组在电渗结束后 Cr、Ni 离子的含量分别增加了 14.45mg/kg、2.68mg/kg，约占原状土浓度的 19.3%、9.4%。这表明不锈钢电极在电渗过程中会渗出 Cr、Ni 离子，产生了新的污染，而织物电极则不会向土体中渗入其他重金属离子，这是其优于不锈钢电极的一面。

7.4.3　再生纤维电动土工织物劣化-拉伸试验研究

在研究电动土工织物对土体的加筋效果之前，要对电动土工织物的拉伸性能进行研究，包括抗拉强度和断裂延伸率。抗拉强度单位为千牛每米(kN/m)，而断裂延伸率则用百分数(%)表示。本节通过劣化试验，探究电渗过程对土工织物拉伸性能的影响，通过对不同碳纤维含量的电动土工织物进行相同时间的预劣化处

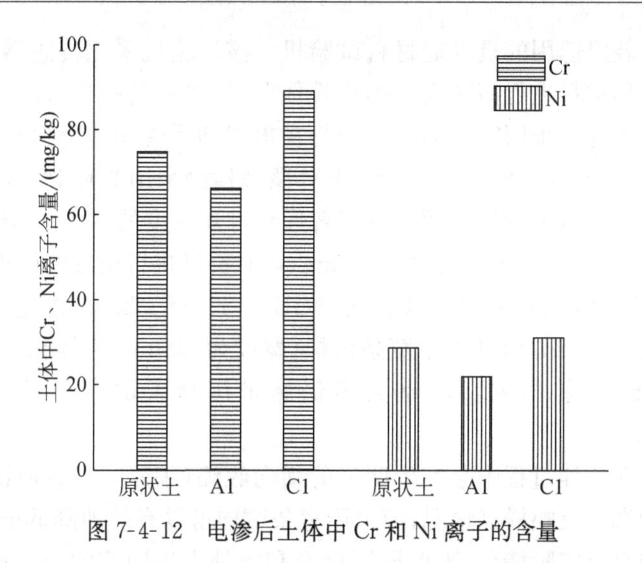

图 7-4-12　电渗后土体中 Cr 和 Ni 离子的含量

理，以及对相同碳纤维含量的电动土工织物进行不同时间的预劣化处理，总结得到电动土工织物的耐久性能变化规律。

1. 试验方案设计

劣化试验主体装置是有机玻璃板制成的上方开口的长方体试验箱，如图 7-4-13 所示，有机玻璃板厚 5mm，内部尺寸为 180mm(长)×150mm(宽)×230mm(高)。

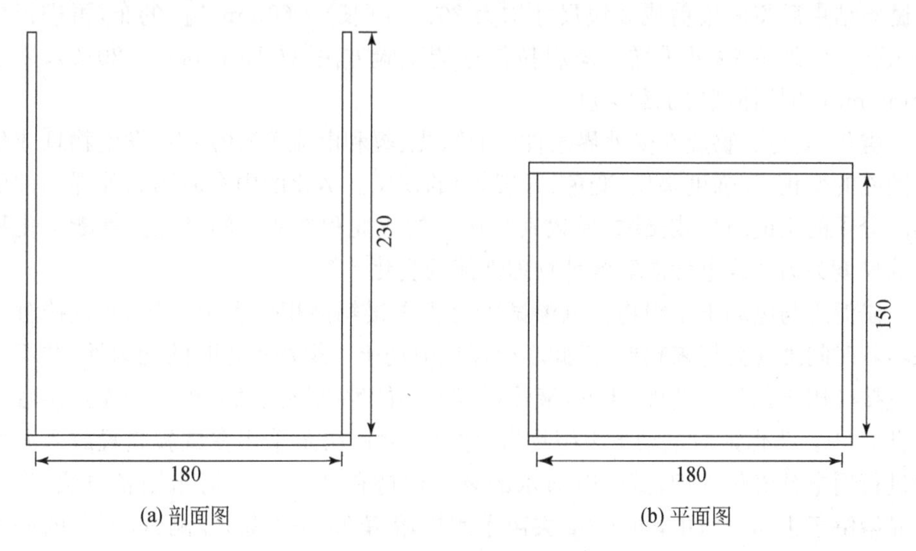

(a) 剖面图　(b) 平面图

图 7-4-13　劣化试验装置图(单位：mm)

拉伸试验装置选用的是万能材料试验机。该试验机采用传感器测力系统，可对金属及非金属材料进行高精度的力学性能测试，可进行拉伸、压缩、弯曲、剪切、撕裂等试验。为进一步探究电动土工织物在电渗前后性质变化机理，对电动土工织物进行微观检测。电动土工织物的SEM微观检测采用的是Phenom Pure台式扫描电子显微镜。该显微镜采用十倍于普通钨灯丝亮度的CeB_6灯丝，电子显微镜放大倍数为80～100000，分辨率小于17nm，可对纤维进行精细的微观检测。

《土工合成材料 宽条拉伸试验方法》(GB/T 15788—2017)规定了土工织物拉伸试样宽度为200mm，但是由于宽条试样(宽度为200mm)对测试夹具要求较高且操作不方便，目前国内实验室大多仍然采用窄条试样，即试样宽50mm、长100mm[27]。

窄条试样在拉伸过程中会产生明显的横向收缩(细颈)，导致所测的拉伸强度和延伸率不能真实反映样品情况；而采用宽条试样可以有效地降低横向收缩，所得试验结果更加符合实际情况，因此国际标准和国外先进国家的相关标准均采用宽条法[28]。但是本节所织造的电动土工织物横向收缩(细颈)现象微弱，对拉伸试验的影响较小，因此可以采用窄条法进行试验。

参考《土工合成材料测试规程》(SL 235—2012)，本节采用测试规程中的窄条法：试样长、宽分别取200mm、50mm；针对有纺土工织物，剪裁试验宽度取60mm，通过在两边抽取数量大约相同的边纱使试样宽度达到50mm。本节电动土工织物布条的剪裁采取此方法，试验电动土工织物尺寸取200mm(长)×180mm(宽)，电渗试验结束后将阳极剪成3块尺寸均为200mm(长)×60mm(宽)的布，再进行拉伸试验。此外参考《纤维增强塑料拉伸性能试验方法》(GB/T 1447—2016)，采用5mm/min的拉伸试验加载速度。

劣化：高分子物质在受外界条件(如热、光、氧和电流等)作用下，发生物理或化学性能的变化(如强度降低、变色、开裂等)的现象。劣化的内在原因为外界条件引起高分子的主链断裂或交联，导致其结构上的改变和性能上的降低。判断劣化程度的尺度为力学或电性能等各种物理性能的变化[29,30]。

淤泥土与电动土工织物在电渗试验过程中接触面积会发生变化，并且接触效果随着时间推移会越来越差，因此不能保证电动土工织物劣化时的均匀性，并不适合直接应用于预劣化处理；相反，液体(如海水)能够维持接触面积不变而且接触效果良好[24]。为保证对电动土工织物劣化的均匀性，决定采用在试验装置放入海水中进行通电预劣化处理，试验时海水的高度保持在200mm。海水制备方法：将海水晶溶解于去离子水中，每100g去离子水中溶解3g海水晶，经测试，制备的海水导电效果良好。

电渗过程对电极劣化作用主要发生在阳极，阴极所受的影响较小[31]，因此本次试验探究只针对于阳极处的电动土工织物。为让电极受电渗影响与第 2 章中室内试验一致,将试验电流设置为恒流 $I_0=\frac{\int_0^T I(t)\,\mathrm{d}t}{T}=0.1\mathrm{A}$,试验时间为 30h,同时为消除海水影响设置了 A 组,如表 7-4-2 所示。此外,为比较预劣化时间长短对电动土工织物的影响,设置了不同通电劣化时长的 D 组试验,如表 7-4-3 所示。

表 7-4-2　A～C 组试验条件汇总表

试验编号	A 组（对照组）	B 组（海水浸泡）	C 组（海水电渗）
CT1	A1	B1	C1
CT2	A2	B2	C2
CT3	A3	B3	C3
CT4	A4	B4	C4

注:对照组为不进行浸泡和劣化处理的试验组。

表 7-4-3　D 组试验条件汇总表

试验编号	电极材料	电渗时间/h	处理方式
D1	CT1	0	海水中电渗
D2		15	
D3		30	
D4		45	

2. 宏观结果分析

A～C 组拉伸试验具体结果如表 7-4-4 所示。

表 7-4-4　A～C 组拉伸试验结果

试验编号	A 组（对照组）		B 组（海水浸泡）		C 组（海水电渗）	
	拉力/N	断裂长度/mm	拉力/N	断裂长度/mm	拉力/N	断裂长度/mm
CT1	3194.7	18.3	3160.3	17.7	2836.9	14.1
	3289.4	17.6	3276.8	18.2	2777.5	14.7
	3188.7	18.2	3259.1	17.9	2794.9	14.8
CT2	3598.6	21.2	3572.9	20.8	3232.9	18.7
	3548.6	21	3460.5	21.5	3236.1	18.5
	3459.8	20.4	3586.7	21.3	3263.6	18.4

续表

试验编号	A组(对照组)		B组(海水浸泡)		C组(海水电渗)	
	拉力/N	断裂长度/mm	拉力/N	断裂长度/mm	拉力/N	断裂长度/mm
CT3	3868.8	25.1	3792.6	24.7	3489.2	22.6
	3833.1	24.9	3843.2	25	3562.6	23.5
	3720.7	24.7	3901.8	25.2	3509.8	22.8
CT4	3919.2	26.6	3985.4	26.8	3762.4	26.1
	4075.9	27.2	4026.6	27.1	3834.2	25.8
	4065.5	27.3	4071.9	27.3	3859.7	25.9

D组拉伸试验具体结果如表 7-4-5 所示。

表 7-4-5 D组拉伸试验结果

试验编号	D1	D2	D3	D4
拉力/N	3194.7	3133.1	2836.9	2349.3
	3289.4	3102.0	2777.5	2385.2
	3188.7	3096.4	2794.9	2330.8
断裂长度/mm	18.3	17.3	14.1	11.5
	17.6	16.9	14.7	11.8
	18.2	17.2	14.8	11.6

取 A3 对照组的拉伸力-位移曲线为例，如图 7-4-14 所示。

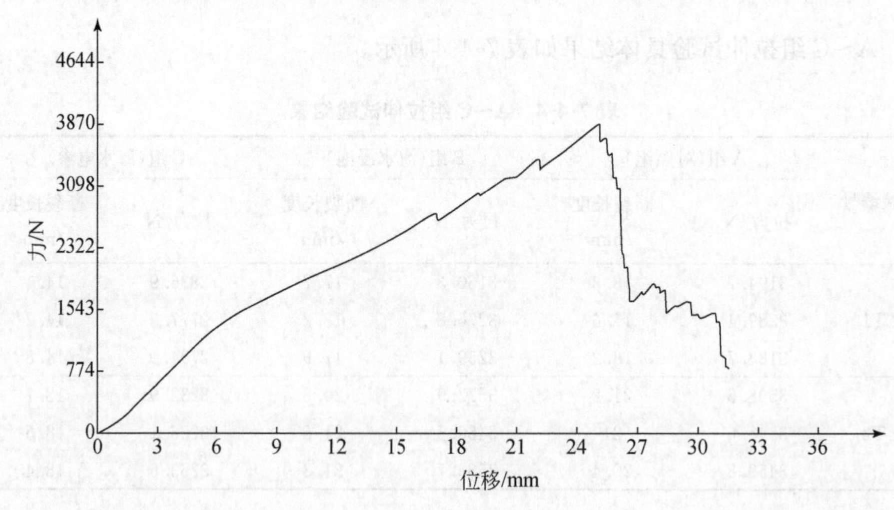

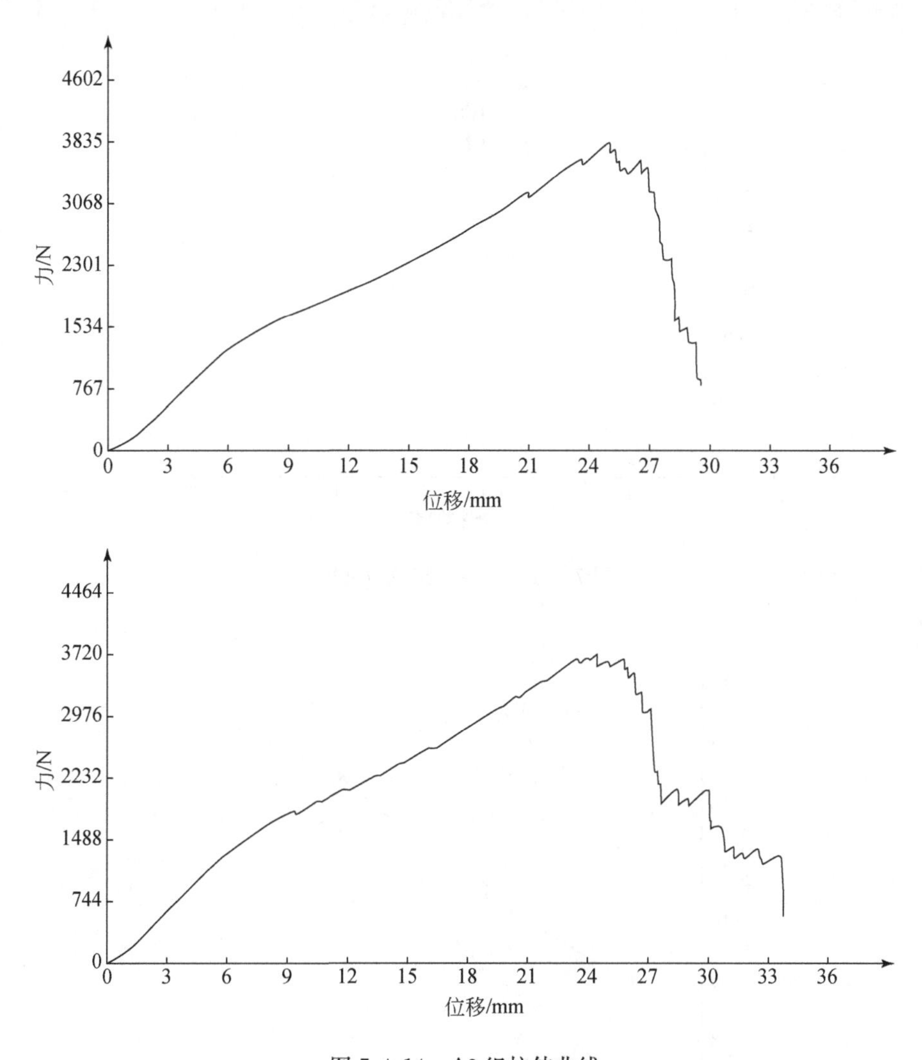

图 7-4-14　A3 组拉伸曲线

通过计算将拉力和拉伸断裂长度转化为抗拉强度和断裂延伸率(%),同一组取三次结果的平均值并作图,如图 7-4-15～图 7-4-18 所示。

图 7-4-15、图 7-4-16 分别为 A～C 组抗拉强度和断裂延伸率。由图可知,随着碳纤维含量的减小(从 CT1 至 CT4),电动土工织物的抗拉强度与断裂延伸率在逐渐增大。原因是碳纤维断裂延伸率要小于涤纶纤维。另一方面,单根涤纶的抗拉强度大于碳纤维[32],故碳纤维含量越低,电动土工织物的抗拉强度和断裂延伸率越大。

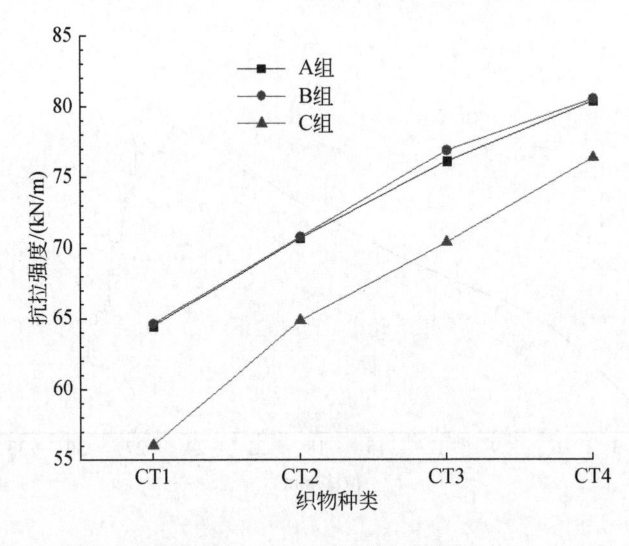

图 7-4-15　A～C 组抗拉强度

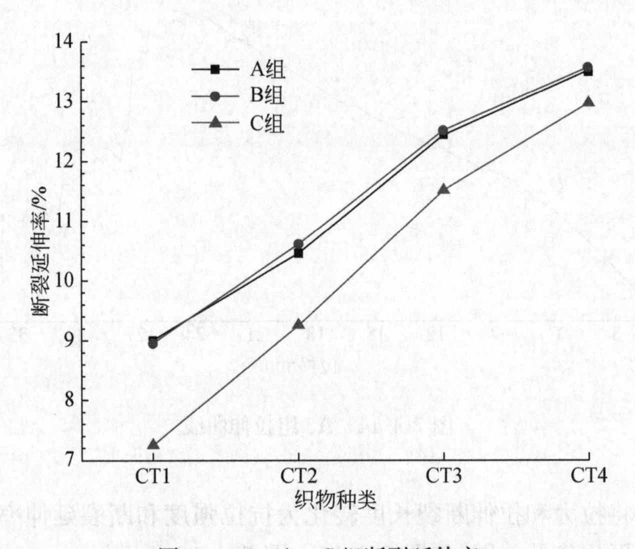

图 7-4-16　A～C 组断裂延伸率

此外，对比 A 组、B 组：电动土工织物经海水浸泡 30h 后，其抗拉强度与断裂延伸率并没有受到影响，因此可以直接对比 A 组与 C 组的试验结果。A 组的抗拉强度大于 C 组，这是因为碳纤维在电渗的作用下表面发生了氧化反应，其强度会出现一定程度的下降[33]；而涤纶纤维性质相对稳定，拉伸强度受影响较小，因此电动土

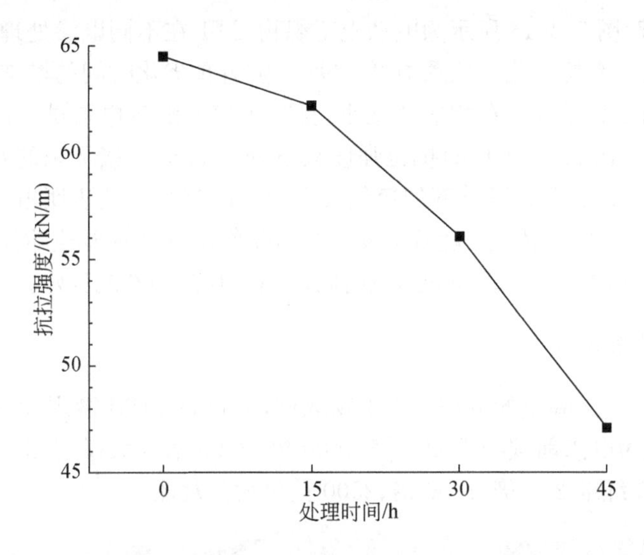

图 7-4-17　D 组抗拉强度

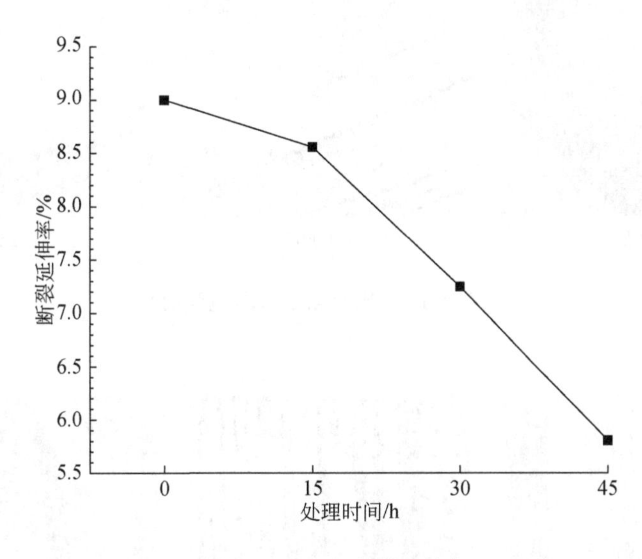

图 7-4-18　D 组断裂延伸率

工织物整体拉伸强度略有下降。另一方面，电动土工织物 CT1 在电渗后抗拉强度下降了 13.1%，并且下降幅度随着碳纤维含量的减小而减小，至碳纤维含量最低的 CT4 时仅为 5.0%。原因是随着碳纤维含量的减小，电动土工织物受劣化的影响也越来越小，而抗拉强度的降低幅度会减小。

图 7-4-17、图 7-4-18 所示为电动土工织物 CT1 在不同电渗处理时间后，抗拉强度和断裂延伸率的变化。从图中可以发现，随着预劣化时间的增加，电动土工织物抗拉强度和断裂延伸率在相应地减小，且减小速率随着电渗试验的进行越来越大：试验的第一个阶段(前 15h)抗拉强度只下降了 3.5％，接下来的两个阶段分别下降 9.9％、16.0％，断裂延伸率的变化具有相似的规律。这表明电渗前期阶段对电动土工织物劣化作用较小，随着电渗进行劣化作用越来越显著，因此在实际运用中应该合理控制电动土工织物的通电时间以确保其拉伸性能良好。

3. 微观结果分析

对 A1、C1 两试验组的电动土工织物取样，并进行 SEM 微观检测。图 7-4-19(a)～(c)分别为电渗前碳纤维 200 倍、1000 倍、2500 倍放大微观图。7-4-20(a)～(c)为电渗后碳纤维 200 倍、1000 倍、2500 倍放大微观图。

(a) 200倍　(b) 1000倍　(c) 2500倍

图 7-4-19　碳纤维微观图(电渗前)

(a) 200倍　(b) 1000倍　(c) 2500倍

图 7-4-20　碳纤维微观图(电渗后)

如图 7-4-19 所示，碳纤维在未经电渗前是扁平状的，而且织物单丝之间距离较近、分布较为规律。在海水中电渗后的 SEM 图（图 7-4-20）中，碳纤维表面出现了一些固体的小颗粒，这是由于海水中存在着一定的矿物质，在电渗的过程中与碳纤维发生了化学反应，生成了一些固体颗粒状物质附着在碳纤维表面。此外，电渗后的碳纤维单丝之间的距离变大，单丝之间的联系变弱，整体构造变得松散。另一方面，图 7-4-20(b) 中可看出有的单丝出现了断裂并且焦干的现象。这可能是因为在电渗的过程中电流对碳纤维产生的一种劣化作用，这也是本节前面部分电动土工织物抗拉强度和断裂延伸率减小的主要原因。

参考文献

[1] Iwata M, Tanaka T, Jami M S. Application of electroosmosis for sludge dewatering—A review[J]. Drying Technology, 2013, 31(2): 170-184.

[2] Mahmoud A, Olivier J, Vaxelaire J, et al. Electrical field: A historical review of its application and contributions in wastewater sludge dewatering[J]. Water Research, 2010, 44(8): 2381-2407.

[3] Tuan P A, Mika S, Pirjo I. Sewage sludge electro-dewatering treatment—A review[J]. Drying Technology, 2012, 30(7): 691-706.

[4] Kaniraj S R, Yee J H S. Electro-osmotic consolidation experiments on an organic soil[J]. Geotechnical and Geological Engineering, 2011, 29(4): 505-518.

[5] Risco C, López-Vizcaíno R, Sáez C, et al. Remediation of soils polluted with 2,4-D by electrokinetic soil flushing with facing rows of electrodes: A case study in a pilot plant[J]. Chemical Engineering Journal, 2016, 285: 128-136.

[6] Figueroa A, Cameselle C, Gouveia S, et al. Electrokinetic treatment of an agricultural soil contaminated with heavy metals[J]. Journal of Environmental Science and Health, part A, 2016, 51(9): 691-700.

[7] He F, Gao J, Pierce E, et al. In situ remediation technologies for mercury-contaminated soil[J]. Environmental Science and Pollution Research, 2015, 22(11): 8124-8147.

[8] Mulligan C N, Yong R N, Gibbs B F. An evaluation of technologies for the heavy metal remediation of dredged sediments[J]. Journal of Hazardous Materials, 2001, 85(1-2): 145-163.

[9] 胡俞晨，王钊，庄艳峰．电动土工合成材料加固软土地基实验研究[J]．岩土工程学报，2005, 27(5): 582-586.

[10] Jones C J F P, Lamont-Black J, Glendinning S. Electrokinetic geosynthetics in hydraulic applications[J]. Geotextiles and Geomembranes, 2011, 29(4): 381-390.

[11] Glendinning S, Jones C J, Pugh R C. Reinforced soil using cohesive fill and electrokinetic geosynthetics[J]. International Journal of Geomechanics, 2005, 5(2): 138-146.

[12] Fourie A B, Johns D G, Jones C J F P. Dewatering of mine tailings using electrokinetic geo-

synthetics[J]. Canadian Geotechnical Journal,2007,44(2):160-172.

[13] Kalumba D,Glendinning S,Rogers C D F,et al. Dewatering of tunneling slurry waste using electrokinetic geosynthetics[J]. Journal of Environmental Engineering,2009,135(11):1227-1236.

[14] Papadopulos F, Spinelli M, Valente S, et al. Common tasks in microscopic and ultrastructural image analysis using ImageJ[J]. Ultrastructural Pathology,2007,31(6):401-407.

[15] 储亚．基于电学指标的膨胀土和污染土特性评价及应用研究[D]. 南京:东南大学,2019.

[16] Campbell R B, Bower C A, Richards L A. Change of electrical conductivity with temperature and relation of osmotic pressure to electrical conductivity and ion concentration for soil extracts[J]. Soil Science Society of America Proceedings,1948,13:66-69.

[17] Pozdnyakov A I,Pozdnyakova L A,Karpachevskii L O. Relationship between water tension and electrical resistivity in soils[J]. Eurasian Soil Science,2006,39(1):S78-S83.

[18] Chu Y,Liu S,Wang F,et al. Estimation of heavy metal-contaminated soils' mechanical characteristics using electrical resistivity [J]. Environmental Science and Pollution Research,2017,24(15):13561-13575.

[19] Sadeghalvad B, Azadmehr A R, Motevalian H. Statistical design and kinetic and thermodynamic studies of Ni (II) adsorption on bentonite[J]. Journal of Central South University,2017,24(7):1529-1536.

[20] Zhou Z,Du X,Chen Z,et al. Grouting diffusion of chemical fluid flow in soil with fractal characteristics[J]. Journal of Central South University,2017,24(5):1190-1196.

[21] Liu C,Shi B,Zhou J,et al. Quantification and characterization of microporosity by image processing,geometric measurement and statistical methods:Application on SEM images of clay materials[J]. Applied Clay Science,2011,54(1):97-106.

[22] Dathe A,Eins S,Niemeyer J,et al. The surface fractal dimension of the soil-pore interface as measured by image analysis[J]. Geoderma,2001,103(1-2):203-229.

[23] 李玉萍,刘晓端,宫辉力．土壤中铅铜锌镉的吸附特性[J]. 岩矿测试,2007,06:455-459.

[24] 谢新宇,李卓明,郑凌逶,等．电渗固结中接触电阻影响因素的试验研究[J]. 中南大学学报(自然科学版),2018,49(3):655-662.

[25] 袁立竹．强化电动修复重金属复合污染土壤研究[D]. 长春:中国科学院大学(中国科学院东北地理与农业生态研究所),2017.

[26] 闫峰．影响土壤中Cr(Ⅵ)吸持与Cr(Ⅲ)氧化的主要土壤理化性质分析[D]. 咸阳:西北农林科技大学,2010.

[27] 黄文彬,任泽栋,曹明杰．土工织物拉伸试验测试仪器及方法[J]. 水利科技与经济,2012,18(12):109-112.

[28] 刘英,徐建铭．塑料格栅宽窄条拉伸试验分析[J]. 公路交通科技(应用技术版),2008,(11):97-98.

[29] 陈坚,傅正财．模拟雷电流作用下单向碳纤维/环氧树脂预浸料的电阻特性[J]. 复合材料

学报,2020,37(1):82-88.
[30] 陈丕钰．碳纤维增强复合材料的电化学回收方法研究[D]. 深圳:深圳大学,2017.
[31] 郑凌逶．滨海软土地基电渗加固方法研究[D]. 杭州:浙江大学,2018.
[32] 马雷雷,董洋,田伟,等．碳纤维/涤纶三维机织复合材料的拉伸性能[J]. 纺织学报,2010,31(6):66-70.
[33] 姚江薇,邹专勇．阳极氧化处理对碳纤维强度离散性的影响及表征[J]. 合成纤维,2017,46(1):26-29.

第 8 章　软土电渗固结理论研究

8.1 引　　言

电渗排水法可快速处理高含水率、低渗透性的细颗粒土，具有排水速率快、易于施工、工期短等特点，常用于处理软黏土地基[1-3]。在电渗过程中，电场驱动孔隙水从阳极向阴极运移，从而在较短时间内大幅降低土体的含水率，提高土体的抗剪强度和黏聚力[2,3]。此外，电泳作用下带负电的土颗粒会向阳极移动，从而增大阳极附近土体的密实度[4]。近年来，国内不断涌现出将电渗排水法成功地应用于吹填淤泥地基处理的现场加固实例[5-7]，大幅度缩短了地基处理工期。例如，Zhuang[6]采用 EKG 电极材料对淤泥软土地基进行了现场电渗固结试验，通过小功率直流电源集群结合轮询通电方法代替了大型直流电源，降低了能耗并取得良好的处理效果。

在电渗固结理论方面，1968 年 Esrig[8]最早提出了电势差和水头差引起的渗流可叠加的电渗固结理论，并被后来的学者广泛采用[9-22]。Wan 等[9]在此基础上进行了电渗联合堆载法的研究，并探讨了电极反转的影响。Feldkamp 等[10]开展了大变形电渗固结理论研究，考虑了土体参数的变化，并应用有限元和有限差分法对所得非线性偏微分方程进行求解。此后，电渗固结理论向着电渗排水固结过程中土体固结参数的非线性变化[11-13]、有效电势的衰减[14-16]、联合堆载预压法[11,13,17-19]、联合真空预压法[15,20-21]、二维电渗固结理论[15,22]等方向发展。

然而，上述理论均忽略了起始电势梯度对电渗固结排水的影响。谢新宇等[23]通过分析电渗试验过程中能耗系数随电势梯度的变化，发现当电势梯度达到某一数值时才能发生电渗排水，进而提出了起始电势梯度的概念。第 3 章中已开展了起始电势梯度相关的排水速率和能耗分析，但缺少与电渗固结过程相关的理论分析。此外，试验结果[2]也表明，由于电极接触电阻和土体电阻的存在，低电势梯度下电渗排水量较小，甚至出现了排水停滞的现象。忽略起始电势梯度会导致土体最终的计算沉降量偏大。因此，有必要在现有理论的基础上考虑起始电势梯度的影响。

实际上，受电渗固结过程中的土体开裂和电极脱开等因素影响，电渗排水效果变差[1]。堆载预压法是软土地基常用的加固处理方式，联合电渗可明显改善以上问题[11]，电渗联合堆载预压处理还可加快土体超静孔隙水压力的消散[18]，因此电渗与堆载预压法可实现优势互补，提高软土地基排水固结效率[19]。然而，在电渗联合堆载预压的固结理论方面，由于施工采取的堆载加荷方式多样，如瞬时加荷、线性加荷及多级线性加荷等[21]，而现有电渗联合堆载预压法的固结理论中大多未考虑外荷载的变化对固结过程的影响。因此，有必要在已有研究的基础进一步提出外荷载随时间变化下的电渗固结解析解。

针对上述研究情况，本章基于 Esrig 等所提出的电渗固结理论中的相关假设[8,15]，通过两次变量代换和分离变量法求得变荷载作用下考虑起始电势梯度的一维电渗固结通解，并给出常见加荷形式下解析解的表达式。随后，通过将本章退化解分别与已有电渗固结和堆载固结下的解析解展开对比，并将所提解析解与有限差分解的计算结果进行比较，验证本章解答的正确性。最后，基于所提解析解，分析相关参数变化对软土地基电渗排水固结过程的影响。

8.2　电渗固结理论推导

8.2.1　模型提出

图 8-2-1 为外荷载随时间变化下考虑起始电势梯度时的电渗固结计算模型简图。在图 8-2-1 中，L 为土体厚度，i_{e0} 为起始电势梯度，V_0 为开始电渗排水的起始电压，$q(t)$ 为随时间 t 变化的外荷载，u 为超静孔隙水压力，z 为向下的竖向坐标。土体的顶部边界接直流电源阴极，为透水边界，底部边界接直流电源阳极，为不透

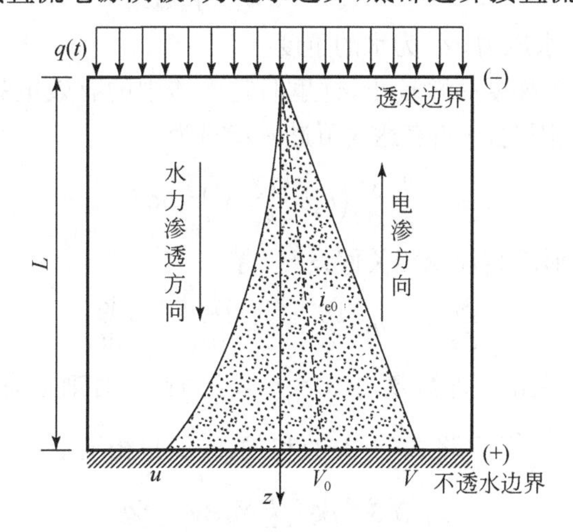

图 8-2-1　电渗固结计算模型

水边界。在电场的作用下，电渗排水方向自下而上；当不考虑外荷载时，电渗会导致土体产生负超静孔隙水压力，从而引发自上而下的水力渗流[10,11]。

8.2.2 基本假定

为推导外荷载随时间变化下考虑起始电势梯度时土体一维电渗固结解析解，作如下假设[1,5,8,23]：①土体是均质、各向同性的，且始终处于饱和状态；②土颗粒和孔隙水本身的压缩量忽略不计，即土体的变形是由于孔隙水的排出所引起；③水力渗流符合达西(Darcy)渗流；④水力梯度和电势梯度引起的孔隙水渗流可以叠加；⑤土体渗透性和电渗透性保持不变；⑥不考虑电化学反应、温度差、浓度差引起的孔隙水渗流。

8.2.3 电渗固结模型建立

基于 Esrig 一维电渗固结理论的假设，土体中向上的渗流速率为

$$v=k_{\mathrm{v}}\frac{\partial H}{\partial z}+k_{\mathrm{e}}\frac{\partial V}{\partial z} \tag{8.2.1}$$

式中，H 为水力水头；V 为有效电压；v 为向上的渗流速率；k_{v} 为水力渗透系数；k_{e} 为电渗透系数。

参考考虑起始水力梯度时渗流速率的表达形式[24,25]，并根据文献[23]给出的考虑起始电势梯度时的渗流公式。当考虑起始电势梯度影响时，土体向上的渗流速率 v 可写为

$$v=k_{\mathrm{e}}\left(\frac{\partial V}{\partial z}-i_{\mathrm{e}0}\right)+\frac{k_{\mathrm{v}}}{\gamma_{\mathrm{w}}}\frac{\partial u}{\partial z} \tag{8.2.2}$$

式中，u 为超静孔隙水压力；γ_{w} 为水的重度。

考虑到起始电势梯度一般较小，这里假定土体中的有效电势梯度大于起始电势梯度，即 $i_{\mathrm{e}}>i_{\mathrm{e}0}$。因此，$v$ 的表达式可进一步写为

$$v=\frac{k_{\mathrm{v}}}{\gamma_{\mathrm{w}}}\frac{\partial}{\partial z}\left(u+\frac{k_{\mathrm{e}}\gamma_{\mathrm{w}}}{k_{\mathrm{v}}}V\right)-k_{\mathrm{e}}i_{\mathrm{e}0} \tag{8.2.3}$$

根据土体小变形固结理论相关假设[8]，有

$$\frac{\partial v}{\partial z}=-m_{\mathrm{v}}\frac{\partial \sigma'}{\partial t}=m_{\mathrm{v}}\frac{\partial u}{\partial t}-m_{\mathrm{v}}\frac{\mathrm{d}q}{\mathrm{d}t} \tag{8.2.4}$$

式中，$q(t)$ 为随时间变化的外荷载，$q(0)=q_0$，q_0 为初始时刻施加的外荷载。

令 $\xi(z,t)=u+\frac{k_{\mathrm{e}}\gamma_{\mathrm{w}}}{k_{\mathrm{v}}}V$，将式(8.2.3)和式(8.2.4)相结合：

$$C_{\mathrm{v}}\frac{\partial^2 \xi}{\partial z^2}=\frac{\partial \xi}{\partial t}-\frac{k_{\mathrm{e}}\gamma_{\mathrm{w}}}{k_{\mathrm{v}}}\frac{\partial V}{\partial t}-\frac{\mathrm{d}q}{\mathrm{d}t} \tag{8.2.5}$$

式中，$C_{\mathrm{v}}=k_{\mathrm{v}}/(m_{\mathrm{v}}\gamma_{\mathrm{w}})$，$C_{\mathrm{v}}$ 为土体固结系数。

根据王柳江等[15]总结的有效电压衰减规律，可假设电势梯度随时间的变化关系为

$$V(z,t)=\frac{z}{L}[(\phi_a-\phi_r)\exp(-bt)+\phi_r] \tag{8.2.6}$$

式中，$V(z,t)$为电渗过程中的有效电压函数；ϕ_a 为初始有效电压；ϕ_r 为衰减后的残余有效电压；b 为有效电压随时间衰减系数[15]。

对式(8.2.6)求导，可得

$$\frac{\partial V}{\partial t}=-\frac{(\phi_a-\phi_r)b}{L}z\exp(-bt) \tag{8.2.7}$$

将式(8.2.7)代入式(8.2.5)：

$$C_v\frac{\partial^2\xi}{\partial z^2}=\frac{\partial\xi}{\partial t}-f(t) \tag{8.2.8}$$

式中，$f(t)=-Dz\exp(-bt)+\frac{\mathrm{d}q}{\mathrm{d}t}$，$D=\frac{k_e\gamma_w b(\phi_a-\phi_r)}{k_v L}$，$f(t)$为反映外荷载随时间变化和有效电势发生衰减的函数。

式(8.2.8)即为外荷载随时间变化下考虑起始电势梯度时土体一维电渗固结的控制方程。

8.2.4　初始条件和边界条件

初始条件：

$$\xi(z,0)=\frac{k_e\gamma_w z}{k_v L}\phi_a+q_0 \tag{8.2.9}$$

考虑到土体的顶部为排水边界条件，土体中的超静孔隙水压力会瞬时消散，且顶部的有效电势为 0，则

$$\xi\big|_{z=0}=u\big|_{z=0}+\frac{k_e\gamma_w}{k_v}V\bigg|_{z=0}=0 \tag{8.2.10}$$

考虑到土体的底部为不排水边界条件，则底部的渗流速率 v 为 0。因此，底部边界条件可写为

$$\frac{\partial\xi}{\partial z}\bigg|_{z=L}=i_0\gamma_w \tag{8.2.11}$$

式中，$i_0=\frac{k_e}{k_v}i_{e0}$，$i_0$ 为电渗引起的等效起始水力梯度。

8.2.5　电渗固结控制方程通解

令 $w(z,t)=\xi-i_0\gamma_w z$，控制方程式(8.2.8)可改写为

$$C_v\frac{\partial^2 w}{\partial z^2}=\frac{\partial w}{\partial t}-f(t) \tag{8.2.12}$$

此时，根据式(8.2.9)～式(8.2.11)，初始条件可改写为

$$w(z,0)=\frac{k_{\mathrm{e}}\gamma_{\mathrm{w}}z}{k_{\mathrm{v}}L}\phi_{\mathrm{a}}+q_0-i_0\gamma_{\mathrm{w}}z=\gamma_{\mathrm{w}}z\left(\frac{k_{\mathrm{e}}\phi_{\mathrm{a}}}{k_{\mathrm{v}}L}-i_0\right)+q_0 \tag{8.2.13}$$

顶部边界条件为

$$w|_{z=0}=\xi|_{z=0}-i_0\gamma_{w}z|_{z=0}=0 \tag{8.2.14}$$

底部边界条件为

$$\left.\frac{\partial w}{\partial z}\right|_{z=L}=0 \tag{8.2.15}$$

根据顶部和底部的边界条件和相关求解方法[24]，这里可采用分离变量法，假定 $w(z,t)$ 的表达式为

$$w(z,t)=\sum_{m=1}^{\infty}T_m(t)\sin\frac{Mz}{L} \tag{8.2.16}$$

式中，$M=(2m-1)\pi/2, m=1,2,3,\cdots$。

根据傅里叶正弦函数级数变换，有

$$1=\sum_{m=1}^{\infty}\frac{2}{M}\sin\frac{Mz}{L},\quad 0\leqslant z\leqslant L \tag{8.2.17}$$

引入 $\beta_m=C_{\mathrm{v}}M^2/L^2$，根据式(8.2.17)，将式(8.2.16)代入控制方程式(8.2.12)，整理可得

$$-\beta_m T_m(t)=T'_m(t)+\frac{2DL\sin M}{M^2}\exp(-bt)-\frac{2}{M}\frac{\mathrm{d}q}{\mathrm{d}t} \tag{8.2.18}$$

根据式(8.2.18)，$T_m(t)$ 的通解可写为

$$T_m(t)=\exp(-\beta_m t)\left[C_m-\int_0^t\frac{2DL\sin M}{M^2}\exp(\beta_m\tau)\exp(-b\tau)\mathrm{d}\tau+\frac{2}{M}\int_0^t\exp(\beta_m\tau)\frac{\mathrm{d}q}{\mathrm{d}\tau}\mathrm{d}\tau\right] \tag{8.2.19}$$

式中，C_m 为与 m 相关的待定系数。

进一步，将式(8.2.19)的代入式(8.2.16)，可得

$$\begin{aligned}w(z,t)=\sum_{m=1}^{\infty}\Bigg\{&\sin\frac{Mz}{L}\exp(-\beta_m t)\times\Bigg[C_m+\frac{2}{M}\int_0^t\exp(\beta_m\tau)\frac{\mathrm{d}q}{\mathrm{d}\tau}\mathrm{d}\tau\\&-\int_0^t D\frac{2L\sin M}{M^2}\exp(\beta_m\tau)\exp(-b\tau)\mathrm{d}\tau\Bigg]\Bigg\}\end{aligned} \tag{8.2.20}$$

根据初始条件式(8.2.13)，可确定 C_m 的表达式为

$$C_m=\frac{2L\gamma_{\mathrm{w}}\sin M}{M^2}\left(\frac{k_{\mathrm{e}}\phi_{\mathrm{a}}}{k_{\mathrm{v}}H}-i_0\right)+\frac{2q_0}{M} \tag{8.2.21}$$

通过式(8.2.20)和 $w(z,t)=\xi-i_0\gamma_{\mathrm{w}}z$，可得超静孔隙水压力 u 的表达式为

$$u=i_0\gamma_{\mathrm{w}}z-\frac{k_{\mathrm{e}}\gamma_{\mathrm{w}}z}{k_{\mathrm{v}}L}[(\phi_{\mathrm{a}}-\phi_{\mathrm{r}})\exp(-bt)+\phi_{\mathrm{r}}]$$

$$+\sum_{m=1}^{\infty}\sin\frac{Mz}{L}\left[C_m\exp(-\beta_m t)+\frac{2\exp(-\beta_m t)}{M}\int_0^t\exp(\beta_m\tau)\frac{\mathrm{d}q}{\mathrm{d}\tau}\mathrm{d}\tau-\frac{2DL\sin M}{M^2}\frac{\exp(-bt)-\exp(-\beta_m t)}{\beta_m-b}\right] \tag{8.2.22}$$

式(8.2.22)即为外荷载随时间变化下考虑起始电势梯度时土体一维电渗固结的通解。当外荷载 $q(t)$ 的形式确定后，代入相应的方程式即可得到不同荷载形式下土体电渗固结的解析解。

8.3　常见加荷形式下固结解析解的表达式

出于实用性考虑，针对软土地基处理中最常见的瞬时加荷、线性加荷以及分级线性加荷形式，本节分别给出一维电渗固结的解析解[11,18,19]，图8-3-1为三种加荷形式下的示意图，q_u 表示最终的外荷载。

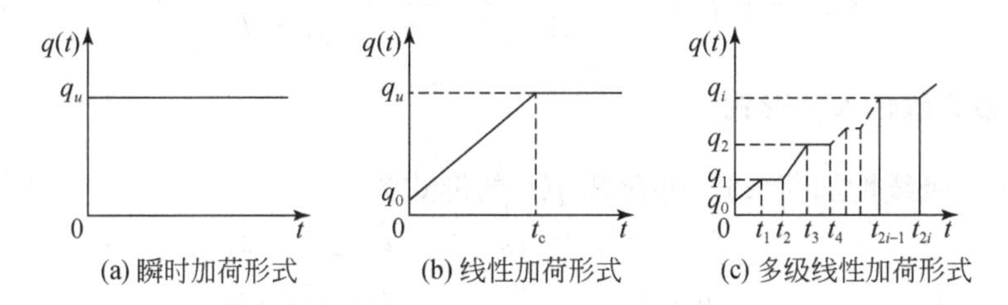

(a) 瞬时加荷形式　(b) 线性加荷形式　(c) 多级线性加荷形式

图8-3-1　几种常见的加荷形式

8.3.1　瞬时加荷形式

对于瞬时加荷形式，即当 $q_0=q_u$ 时，超静孔隙水压力 u 的表达式为

$$u=i_0\gamma_{\mathrm{w}}z-\frac{k_{\mathrm{e}}\gamma_{\mathrm{w}}z}{k_{\mathrm{v}}L}[(\phi_{\mathrm{a}}-\phi_{\mathrm{r}})\exp(-bt)+\phi_{\mathrm{r}}]+\sum_{m=1}^{\infty}\sin\frac{Mz}{L}\left[C_m\exp(-\beta_m t)-\frac{2DL\sin M}{M^2}\frac{\exp(-bt)-\exp(-\beta_m t)}{\beta_m-b}\right] \tag{8.3.1}$$

8.3.2　线性加荷形式

对于线性加荷形式，外荷载 $q(t)$ 的变化形式为

$$q(t)=\begin{cases}q_0+\dfrac{(q_u-q_0)t}{t_{\mathrm{c}}}, & t\leqslant t_{\mathrm{c}}\\ q_u, & t>t_{\mathrm{c}}\end{cases} \tag{8.3.2}$$

式中，t_c 为线性加荷时间。

将式(8.3.2)代入式(8.2.22)，当 $0\leqslant t\leqslant t_c$ 时，有

$$
\begin{aligned}
u=&i_0\gamma_w z-\frac{k_e\gamma_w z}{k_v L}[(\phi_a-\phi_r)\exp(-bt)+\phi_r] \\
&+\sum_{m=1}^{\infty}\sin\frac{Mz}{L}\left\{C_m\exp(-\beta_m t)+\frac{2(q_u-q_0)}{M\beta_m t_c}[1-\exp(-\beta_m t)]\right. \\
&\left.-\frac{2DL\sin M}{M^2}\frac{\exp(-bt)-\exp(-\beta_m t)}{\beta_m-b}\right\}
\end{aligned}
\tag{8.3.3}
$$

当 $t>t_c$ 时，有

$$
\begin{aligned}
u=&i_0\gamma_w z-\frac{k_e\gamma_w z}{k_v L}[(\phi_a-\phi_r)\exp(-bt)+\phi_r] \\
&+\sum_{m=1}^{\infty}\sin\frac{Mz}{L}\left\{C_m\exp(-\beta_m t)+\frac{2(q_u-q_0)}{M\beta_m t_c}\{\exp[\beta_m(t_c-t)]\right. \\
&\left.-\exp(-\beta_m t)\}-\frac{2DL\sin M}{M^2}\frac{\exp(-bt)-\exp(-\beta_m t)}{\beta_m-b}\right\}
\end{aligned}
\tag{8.3.4}
$$

8.3.3 多级线性加荷形式

对于多级线性加荷形式，外荷载 $q(t)$ 的形式为

$$
q(t)=\begin{cases}q_{i-1}+b_i(t-t_{2i-2}), & t_{2i-2}\leqslant t<t_{2i-1}\\ q_i, & t_{2i-1}\leqslant t<t_{2i}\end{cases}
\tag{8.3.5}
$$

当 $t_{2i-2}\leqslant t<t_{2i-1}$ 时，有

$$
\begin{aligned}
u=&i_0\gamma_w z-\frac{k_e\gamma_w z}{k_v L}[(\phi_a-\phi_r)\exp(-bt)+\phi_r] \\
&+\sum_{m=1}^{\infty}\sin\frac{Mz}{L}\left\{C_m\exp(-\beta_m t)+\frac{2\exp(-\beta_m t)}{\beta_m M}\left\{\sum_{j=1}^{i-1}\{b_{j-1}[\exp(\beta_m t_{2j-1})-\exp(\beta_m t_{2j-2})]\}\right.\right. \\
&\left.\left.+b_j[\exp(\beta_m t)-\exp(\beta_m t_{2j-2})]\right\}-\frac{2DL\sin M}{M^2}\frac{\exp(-bt)-\exp(-\beta_m t)}{\beta_m-b}\right\}
\end{aligned}
\tag{8.3.6}
$$

当 $t_{2i-1}\leqslant t<t_{2i}$ 时，有

$$
\begin{aligned}
u=&i_0\gamma_w z-\frac{k_e\gamma_w z}{k_v L}[(\phi_a-\phi_r)\exp(-bt)+\phi_r] \\
&+\sum_{m=1}^{\infty}\sin\frac{Mz}{L}\left\{C_m\exp(-\beta_m t)+\frac{2\exp(-\beta_m t)}{\beta_m M}\sum_{j=1}^{i}\{b_j[\exp(\beta_m t_{2j-1})\right. \\
&\left.-\exp(\beta_m t_{2j-2})]\}-\frac{2DL\sin M}{M^2}\frac{\exp(-bt)-\exp(-\beta_m t)}{\beta_m-b}\right\}
\end{aligned}
\tag{8.3.7}
$$

8.3.4 以沉降定义的固结度

根据王柳江等[15]和黄鹏华等[21]的研究，当考虑有效电势衰减时(式(8.2.6))，

土体中的最大负孔隙水压力值可能出现在电渗过程中，而非在最终时刻。这会导致土体有效应力在固结过程中可能出现先增加后降低的情况，因而导致土体回弹变形。但由于回弹变形量远小于土体的沉降变形量，这里忽略有效电势衰减而导致的回弹变形[21]。因此，土体沉降量和按沉降量定义的固结度表达式分别为

$$S(t)=m_{\mathrm{v}}L\Delta\sigma'=m_{\mathrm{v}}\int_{0}^{L}[q(t)-u]\mathrm{d}z \tag{8.3.8}$$

$$U_{\mathrm{s}}=\frac{S(t)}{S(t_{\max})}=\frac{m_{\mathrm{v}}\int_{0}^{L}\Delta\sigma'\mathrm{d}z}{m_{\mathrm{v}}\int_{0}^{L}\Delta\sigma'\big|_{t=t_{\max}}\mathrm{d}z} \tag{8.3.9}$$

式中，$S(t)$为任意t时刻沉降量；$S(t_{\max})$为电渗过程中土体的最终沉降量；U_{s}为按沉降量定义的固结度。

8.4 解析解的验证

8.4.1 与已有电渗固结解析解的比较

当式(8.3.1)中起始电势梯度i_{e0}为0，且不考虑有效电压衰减和外荷载作用时，本章所提解析解退化为传统的一维小变形电渗固结解析解：

(1)当$i_0=0,q(t)=0$时

$$u=-\frac{k_{\mathrm{e}}\gamma_{\mathrm{w}}z}{k_{\mathrm{v}}L}[(\phi_{\mathrm{a}}-\phi_{\mathrm{r}})\exp(-bt)+\phi_{\mathrm{r}}]+\sum_{m=1}^{\infty}\sin\frac{Mz}{L}\exp(-\beta_m t)\frac{2L\sin M}{M^2}\left\{\frac{\gamma_{\mathrm{w}}k_{\mathrm{e}}\phi_{\mathrm{a}}}{k_{\mathrm{v}}L}-\frac{D[\exp(\beta_m-b)t-1]}{(\beta_m-b)}\right\} \tag{8.4.1}$$

$$S(t)=m_{\mathrm{v}}L\int_{0}^{H}\left\{\frac{k_{\mathrm{e}}\gamma_{\mathrm{w}}z}{k_{\mathrm{v}}L}[(\phi_{\mathrm{a}}-\phi_{\mathrm{r}})\exp(-bt)+\phi_{\mathrm{r}}]-\sum_{m=1}^{\infty}\left\{\sin\frac{Mz}{L}\exp(-\beta_m t)\frac{2L\sin M}{M^2}\times\left\{\frac{\gamma_{\mathrm{w}}k_{\mathrm{e}}\phi_{\mathrm{a}}}{k_{\mathrm{v}}L}-\frac{D[\exp(\beta_m-b)t-1]}{(\beta_m-b)}\right\}\right\}\right\}\mathrm{d}z \tag{8.4.2}$$

(2)当$b\to0$时，$\exp(-bt)=1,D=0$，则

$$u=-\frac{k_{\mathrm{e}}\gamma_{\mathrm{w}}z}{k_{\mathrm{v}}L}\phi_{\mathrm{a}}+\sum_{m=1}^{\infty}\left[\sin\frac{Mz}{L}\exp(-\beta_m t)\times\frac{2\sin M}{M^2}\frac{\gamma_{\mathrm{w}}k_{\mathrm{e}}\phi_{\mathrm{a}}}{k_{\mathrm{v}}}\right] \tag{8.4.3}$$

$$S(t)=m_{\mathrm{v}}L^2\frac{k_{\mathrm{e}}\gamma_{\mathrm{w}}}{2k_{\mathrm{v}}}\phi_{\mathrm{a}}\left[1-\sum_{m=1}^{\infty}\frac{4\sin M}{M^3}\exp(-\beta_m t)\right] \tag{8.4.4}$$

$$S(t_{\max})=m_{\mathrm{v}}L^2\frac{k_{\mathrm{e}}\gamma_{\mathrm{w}}}{2k_{\mathrm{v}}}\phi_{\mathrm{a}} \tag{8.4.5}$$

$$U(t)=1-\sum_{m=1}^{\infty}\frac{4\sin M}{M^3}\exp\left(-C_v\frac{M^2}{L^2}t\right) \tag{8.4.6}$$

式中，$S(t_{max})$为最终沉降量；$U(t)$为固结度随时间变化函数；$M=(2m-1)\pi/2$；$\beta_m=C_vM^2/L^2$。

Esrig[8]提出的小变形电渗固结解析解表达式为

$$u=-\frac{k_e}{k_v}\gamma_w V_{(x)}+\frac{2k_e\gamma_w V_m}{k_v\pi^2}\sum_{n=0}^{\infty}\left\{\frac{(-1)^n}{\left(n+\frac{1}{2}\right)^2}\sin\frac{\left(n+\frac{1}{2}\right)\pi x}{L}\times\left\{\exp\left[-\left(n+\frac{1}{2}\right)^2\pi^2T_v\right]\right\}\right\} \tag{8.4.7}$$

$$\bar{U}=1-\frac{4}{\pi^3}\sum_{n=0}^{\infty}\frac{(-1)^n}{\left(n+\frac{1}{2}\right)^3}\exp\left[-\left(n+\frac{1}{2}\right)^2\pi^2T_v\right] \tag{8.4.8}$$

式中，$V_{(x)}$为x位置处的电压；V_m为最大电压；T_v为时间因数，$T_v=C_vt/L^2$；$\bar{U}$为平均固结度。

解析解退化后的表达式(8.4.3)、式(8.4.6)与Esrig[8]所提解析解的表达式(8.4.7)、式(8.4.8)退化后完全一致，这一定程度上验证了本章解答的合理性。

8.4.2　与已有一维堆载固结解析解的比较

当式(8.3.3)、式(8.3.4)中不考虑电渗作用时，本章所提解析解退化为线性加荷情况下的固结解析解。

(1) 当$0\leqslant t\leqslant t_c$，$q_0=0$时

$$u=\sum_{m=1}^{\infty}\sin\frac{Mz}{L}\left\{\frac{2q_u}{M\beta_m t_c}[1-\exp(-\beta_m t)]\right\} \tag{8.4.9}$$

$$U(t)=\frac{t}{t_c}-\sum_{m=1}^{\infty}\frac{2}{M^2\beta_m t_c}[1-\exp(-\beta_m t)] \tag{8.4.10}$$

(2) 当$t>t_c$，$q_0=0$时

$$u=\sum_{m=1}^{\infty}\sin\frac{Mz}{L}\left\{\frac{2q_u}{M\beta_m t_c}\{\exp[\beta_m(t_c-t)]-\exp(-\beta_m t)\}\right\} \tag{8.4.11}$$

$$U(t)=1-\sum_{m=1}^{\infty}\frac{2}{M^2\beta_m t_c}\{\exp[\beta_m(t_c-t)]-\exp(-\beta_m t)\} \tag{8.4.12}$$

Tang和Onitsuka[26]所提线性加荷固结解析解为

(1) 当$0\leqslant t\leqslant t_1$时

$$u=\frac{q_u}{t_1}\sum_{m=0}^{\infty}\frac{1}{\alpha_m}\frac{2}{M}\sin\frac{Mz}{H}[1-\exp(-\alpha_m t)] \tag{8.4.13}$$

$$U(t)=\frac{t}{t_1}-\frac{1}{t_1}\sum_{m=0}^{\infty}\frac{1}{\alpha_m}\frac{2}{M^2}[1-\exp(-\alpha_m t)] \tag{8.4.14}$$

(2) 当 $t>t_1$ 时

$$u=\frac{q_u}{t_1}\sum_{m=0}^{\infty}\frac{1}{\alpha_m}\frac{2}{M}\sin\frac{Mz}{H}\{\exp[\alpha_m(t_1-t)]-\exp(-\alpha_m t)\} \tag{8.4.15}$$

$$U(t)=1-\frac{1}{t_1}\sum_{m=0}^{\infty}\frac{1}{\alpha_m}\frac{2}{M^2}[\exp[\alpha_m(t_1-t)]-\exp(-\alpha_m t)] \tag{8.4.16}$$

式中，$M=(2m+1)\pi/2$，$m=0,1,2,\cdots$；H 为土体厚度；t_1 为线性加荷时间；$\alpha_m=k_v M^2/(m_v\gamma_w H^2)$。

通过对比可以发现，本章解析解退化后的表达式(8.4.9)～式(8.4.12)与 Tang 和 Onitsuka[26]所提线性加荷固结解析解的表达式(8.4.13)～式(8.4.16)退化后完全一致，进一步验证了本章解答的合理性。

8.4.3　与有限差分解的比较

为进一步验证本章所提解析解的正确性，利用相应的初始条件和边界条件(式(8.2.13)～式(8.2.15))，对固结控制方程式(8.2.12)进行 Crank-Nicholson 型隐式有限差分并通过 MATLAB 求解计算[27]，然后将本章解析解与有限差分解的计算结果进行对比。这里以线性加荷的形式为例展开计算，从而验证所求电渗固结通解的正确性，计算参数的取值如表 8-4-1 所示[1,15,18,23]。

表 8-4-1　软土地基的计算参数

参数	取值	参数	取值
土体厚度 H/m	1.0	固结系数 C_v/(m²/s)	9.68×10^{-7}
初始电渗透系数 k_{e0}/(m²/(s·V))	1.2×10^{-9}	起始电势梯度 i_{e0}/(V/m)	5.0
初始水力渗透系数 k_{v0}/(m/s)	9.5×10^{-9}	q_0/kPa	0
有效电压随时间衰减系数 b/h⁻¹	2.0×10^{-5}	q_u/kPa	100
初始有效电压 ϕ_a/V	100.0	t_c/h	100
残余有效电压 ϕ_r/V	50.0		

图 8-4-1(a)～(c)给出了阳极处超静孔隙水压力 u 随时间变化、u 随距离阴极距离变化和固结度 U_s 随时间变化的关系曲线。所提解析解和有限差分解计算结果均十分吻合，这进一步验证了本章解答的正确性。

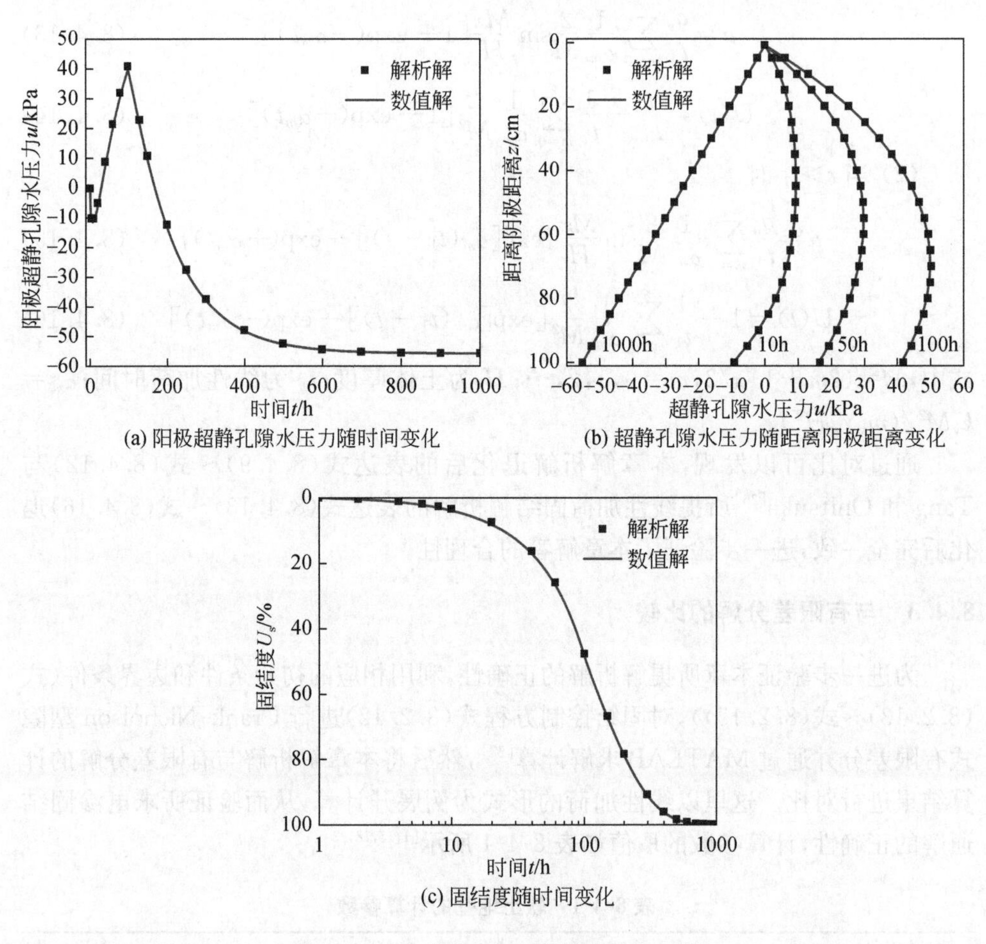

(a) 阳极超静孔隙水压力随时间变化　(b) 超静孔隙水压力随距离阴极距离变化

(c) 固结度随时间变化

图 8-4-1　本章解析解与有限差分解比较

8.5　固结性状分析

为了研究变荷载作用下考虑起始电势梯度时软土地基的电渗固结特性，本节分析不同参数对孔隙水压力、沉降量和固结度的影响，参数取值见表 8-4-1。起始电势梯度相关电渗固结理论研究尚未开展，而外荷载对电渗固结过程的影响已有相关研究[11,13,18,19]，因此，首先探究起始电势梯度对电渗固结特性的影响。

8.5.1　起始电势梯度对电渗固结特性的影响

为便于分析不同起始电势梯度 i_{e0} 下软土地基的电渗固结特性，本节在不考虑外荷载情况下，给出了起始电势梯度 i_{e0} 对阳极处超静孔隙水压力 u 的影响曲线，如图 8-5-1 所示。需说明的是，本章是在文献[23]试验测得 $i_{e0}=5.7\mathrm{V/m}$ 基础上开展的起始电势梯度研究。从图 8-5-1 可知，电渗过程中产生了负的超静孔隙水压力，这与文献[11]～[13]研究结果一致。随着起始电势梯度 i_{e0} 的增加，超静孔隙水压力 u 的绝对值逐渐降低，超静孔隙水压力 u 在前 200h 变化较快，之后逐渐趋于稳定。

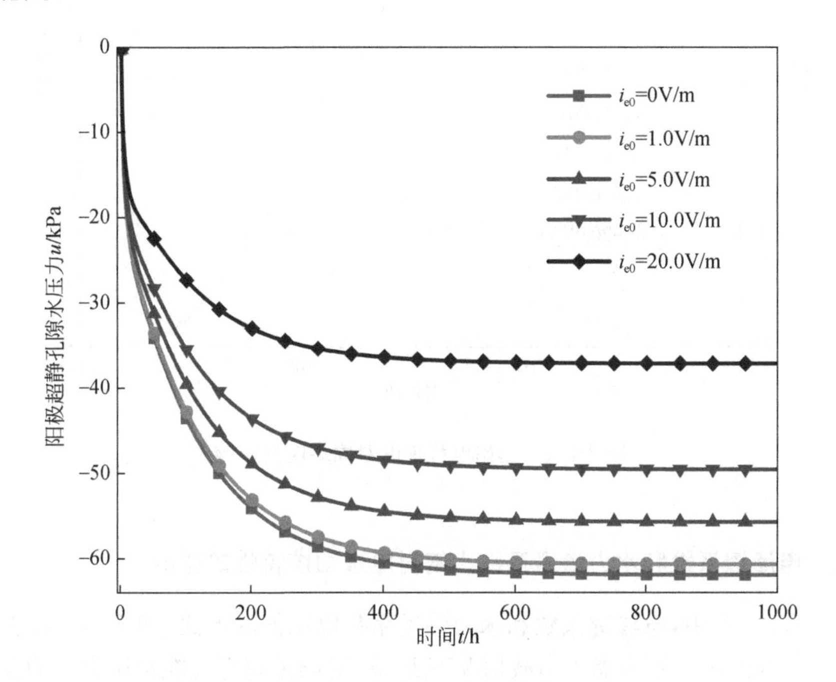

图 8-5-1　起始电势梯度对超静孔隙水压力的影响

图 8-5-2 描述了不考虑外荷载时，不同起始电势梯度 i_{e0} 下软土地基中沉降量 $S(t)$ 和固结度 U_s 随时间的变化，沉降量 $S(t)$ 也可反映电渗排水量的变化。随着起始电势梯度 i_{e0} 的增加，沉降量 $S(t)$ 逐渐降低，固结完成所需时间逐渐缩短，但不同起始电势梯度 i_{e0} 下固结度曲线的差异较小。土体的电渗排水固结过程主要发生在前 200h，这与图 8-5-1 中超静孔隙水压力 u 的变化规律一致。此外，相比不考虑起始电势梯度情况下（$i_{e0}=0\mathrm{V/m}$）沉降量 $S(t)$，$i_{e0}=20.0\mathrm{V/m}$ 时沉降量 $S(t)$ 降低了约 39.9%，这与文献[23]试验所得规律一致，也说明了起始电势梯度 i_{e0} 不利于电渗固结过程的进行。因此，电渗适用于处理低起始电势梯度 i_{e0} 的土体；起始电势梯度的存在降低了软土地基沉降量（排水量），但在一定程度上缩短了固结完成所需的时间。

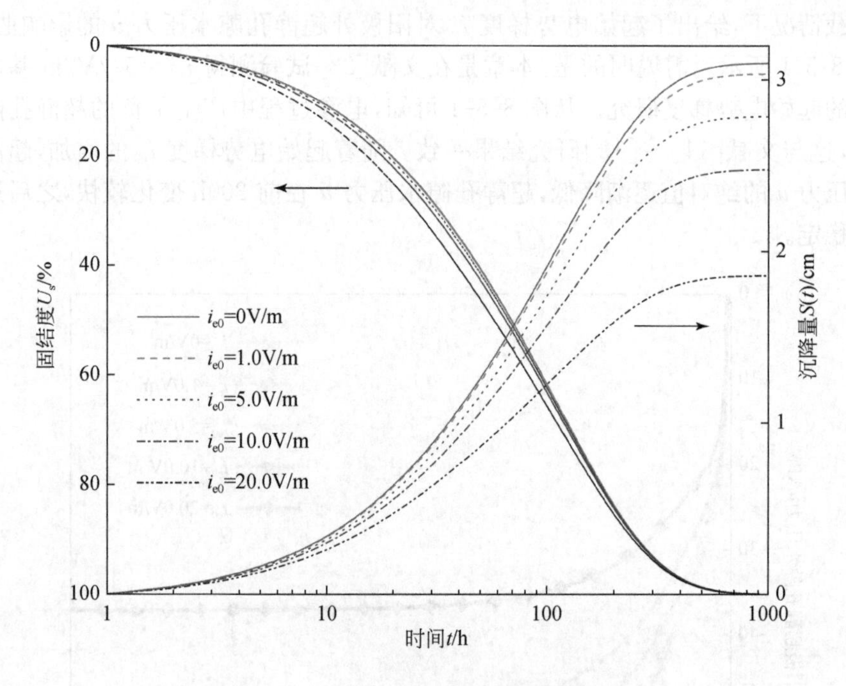

图 8-5-2　起始电势梯度对固结度的影响

8.5.2　电渗透系数和水力渗透系数比值对电渗固结特性的影响

式(8.2.22)中，电渗透系数和水力渗透系数以比值的形式(即 k_e/k_v)存在。因此，图 8-5-3 给出了不考虑外荷载情况下 k_e/k_v 对阳极超静孔隙水压力 u 的影响曲线，其中 k_e 保持不变，这是由于文献[1]、[28]、[29]指出，电渗透系数 k_e 受电势梯度和有效应力的影响较小，而水力渗透系数 k_v 则会在固结过程中发生较大变化。从图 8-5-3 可知，随着 k_e/k_v 增加，超静孔隙水压力 u 的绝对值逐渐增加；水力渗透系数 k_v 越小，u 的绝对值越大。

图 8-5-4 为不考虑外荷载情况下 k_e/k_v 对软土地基中沉降量 $S(t)$ 和固结度 U_s 的影响曲线。随着 k_e/k_v 的增加，沉降量(即电渗排水量)逐渐增大，但固结完成所需时间逐渐变长。此外，水力渗透系数 k_v 越小，沉降量 $S(t)$ 越大。结合图 8-5-3 和图 8-5-4 可知，不同于外加荷载下土体的固结排水过程，对于电渗排水固结过程，水力渗透系数 k_v 的减小反而有利电渗排水固结过程的进行，且 k_e/k_v 越大，电渗排水效果越好。这是由于电渗过程中会产生负的孔隙水压力，该孔隙水压力产生的水力渗流方向与电场驱动的电渗方向相反，如图 8-2-1 所示。因此，水力渗透系数 k_v 越小，水力渗流对电渗的阻碍作用反而越小，越有利于土体的电渗排水固

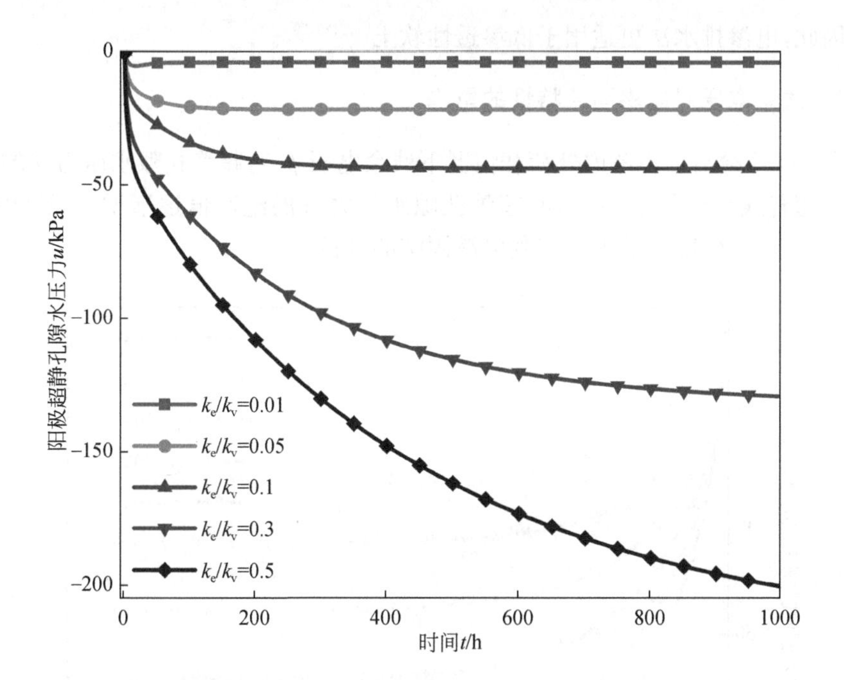

图 8-5-3　电渗透系数和水力渗透系数比值对超静孔隙水压力的影响

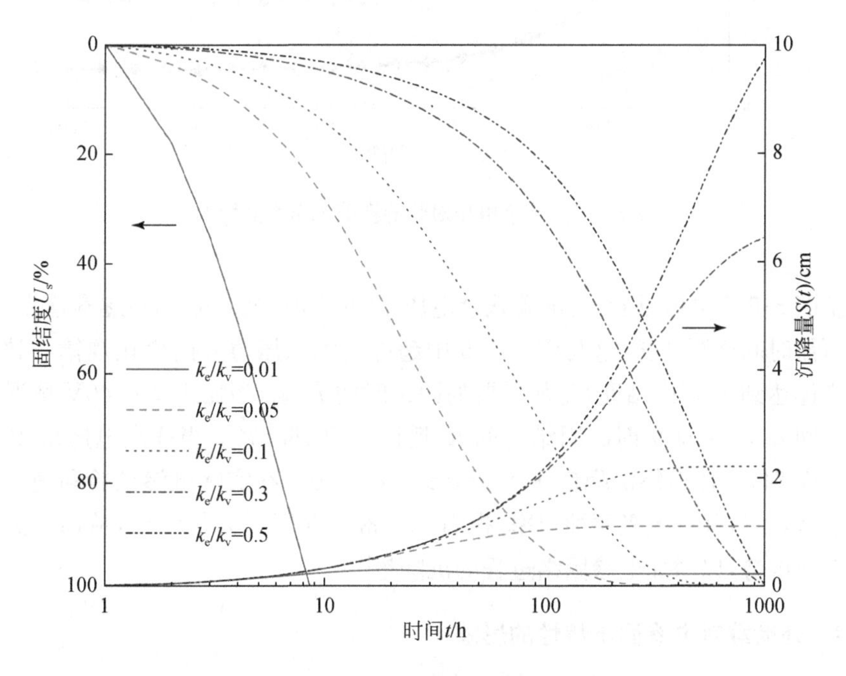

图 8-5-4　电渗透系数和水力渗透系数比值对固结度的影响

结。因此,电渗排水法更适用于低渗透性软土[1,2,23,29]。

8.5.3 残余电压对电渗固结特性的影响

图 8-5-5 给出了不考虑外荷载情况下残余电压 ϕ_r 对超静孔隙水压力 u 的影响曲线。随着残余电压 ϕ_r 的增加,超静孔隙水压力 u 的绝对值逐渐增大,这表明在电渗过程中,有效电势的提高有利电渗固结的进行。

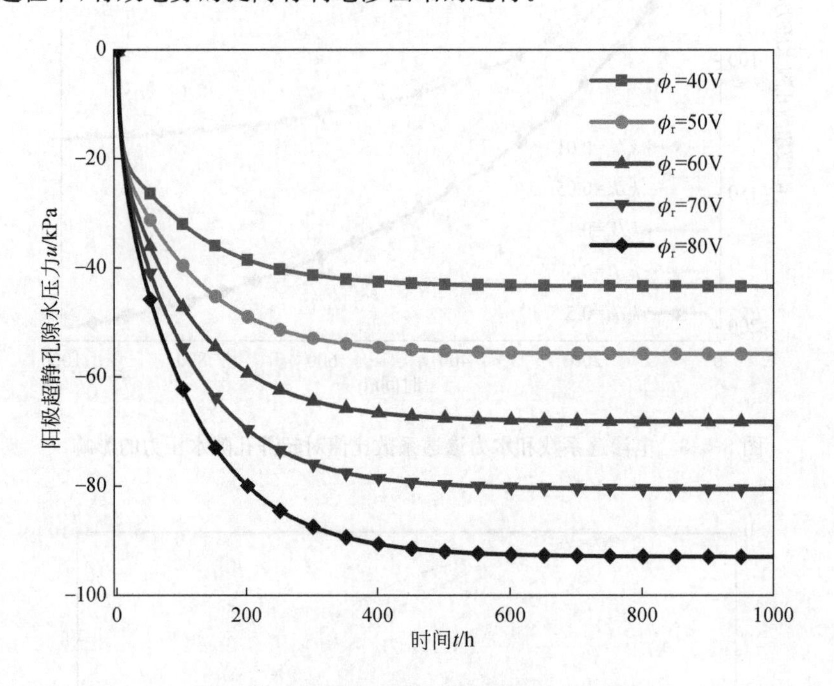

图 8-5-5 残余电压对超静孔隙水压力的影响

从图 8-5-6 中可以看出,随着残余电压 ϕ_r 的增加,沉降量 $S(t)$逐渐增大,固结完成所需时间逐渐变长,这与图 8-5-5 中超静孔隙水压力 u 的变化规律一致。若定义土体达到 80%固结度 U_s 所需要的固结时间为 t_{80},相比于 $\phi_r=40$V 情况下的固结时间 t_{80},$\phi_r=80$V 时的固结时间 t_{80} 延长了约 16.7%。当残余电压从 40V 提高到 80V 时,土体最终沉降量 $S(t)$提高约 114.3%。在实际电渗试验和施工过程中,应尽量通过降低电极腐蚀速率、提高土体密实度等方法[1,2,23,29],从而提高土体中的有效电势,以增加电渗固结过程的沉降量[23]。

8.5.4 外荷载对电渗固结特性的影响

为了认识外荷载随时间变化下软土地基的电渗固结特性,本节以线性加荷为

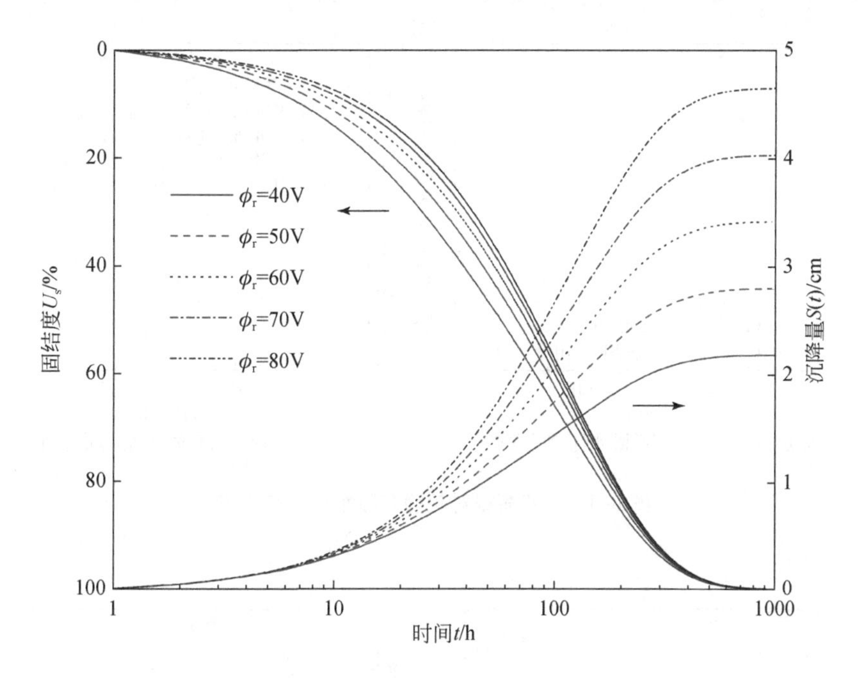

图 8-5-6　残余电压对固结度的影响

例进行研究。图 8-5-7 和图 8-5-8 给出了线性加荷时间 t_c 和最终荷载 q_u 对电渗固结特性的影响曲线。从图 8-5-7 可知，相比于不考虑电渗时，电渗作用降低了任意时刻土体中的超静孔隙水压力 u，并降低了因外荷载引起的正超静孔隙水压力 u 的最大值，因而有助于提高固结排水时土体的稳定性。此外，线性加荷时间 t_c 越长，堆载引起的超静孔隙水压力 u 越低；最终荷载 q_u 越小，土体中产生的最大超静孔隙水压力 u 越小，且电渗对超静孔隙水压力的影响越明显，如当 q_u＝20kPa 时，土体中的超静孔隙水压力始终小于 0。

从图 8-5-8 中可以看出，电渗的存在增大了软土地基沉降量 $S(t)$。此外，从图 8-5-8(a)中可以发现，线性加荷时间 t_c 越短，土体固结速率越快，但最终沉降量相同。当考虑电渗作用时，相比于 t_c＝10h 情况下的固结时间 t_{80}，t_c＝200h 时的固结时间 t_{80} 延长了约 54.1%。从图 8-5-8(b)中可以看出，随着最终荷载 q_u 的增加，沉降量 $S(t)$ 不断增大，固结完成所需时间逐渐变长。因此，采用电渗联合堆载法处理软土地基有利于降低固结排水时土体中的超静孔隙水压力，从而提高土体稳定性、增大沉降量。此外，当采用线性加荷时，缩短线性加荷时间有助于土体的快速固结。

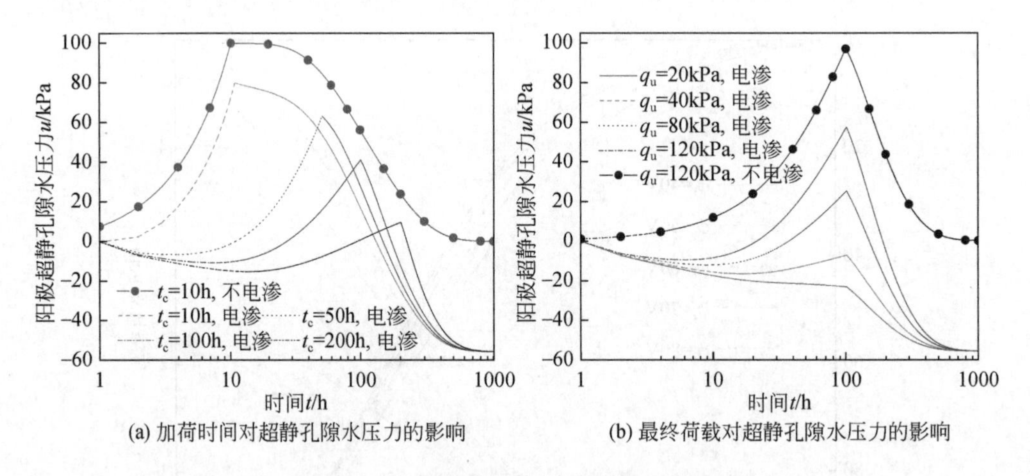

(a) 加荷时间对超静孔隙水压力的影响 (b) 最终荷载对超静孔隙水压力的影响

图 8-5-7 变荷载对超静孔隙水压力的影响

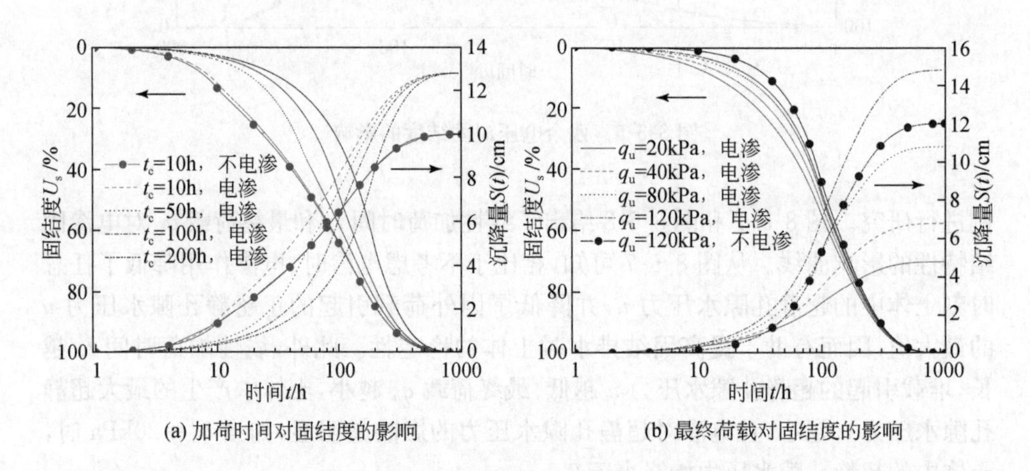

(a) 加荷时间对固结度的影响 (b) 最终荷载对固结度的影响

图 8-5-8 变荷载对固结度的影响

参 考 文 献

[1] 郑凌逶，谢新宇，谢康和，等．电渗法加固地基试验及应用研究进展[J]．浙江大学学报（工学版），2017，51(6)：1064-1073.

[2] Ge S Q，Zang J C，Wang Y C，et al. Combined stabilization/solidification and electroosmosis treatments for dredged marine silt[J]. Marine Georesources & Geotechnology，2021，39(10)：1157-1166.

[3] Ou C Y，Chien S C，Syue Y T，et al. A novel electroosmotic chemical treatment for improving the clay strength throughout the entire region[J]. Applied Clay Science，2018，153：161-171.

[4] 刘飞禹,张志鹏,王军,等. 分级真空预压联合间歇电渗法加固疏浚淤泥宏微观分析[J]. 岩石力学与工程学报,2020,39(9):1893-1901.

[5] Liu H L,Cui Y L,Shen Y,et al. A new method of combination of electroosmosis,vacuum and surcharge preloading for soft ground improvement[J]. China Ocean Engineering,2014,28(4):511-528.

[6] Zhuang Y F. Large scale soft ground consolidation using electrokinetic geosynthetics[J]. Geotextiles and Geomembranes,2021,49(3):757-770.

[7] Gan Q Y,Zhou J,Li C Y,et al. Vacuum preloading combined with electroosmotic dewatering of dredger fill using the vertical-layered power technology of a novel tubular electrokinetic geosynthetics:Test and numerical simulation[J]. International Journal of Geomechanics,2022,22(1):05021004.

[8] Esrig M I. Pore pressures, consolidation, and electrokinetics[J]. Journal of the Soil Mechanics and Foundations Division,1968,94(4):899-921.

[9] Wan T Y,Mitchell J K. Electro-osmotic consolidation of soils[J]. Journal of the Geotechnical Engineering Division,1976,102(5):473-491.

[10] Feldkamp J R, Belhomme G M. Large-strain electrokinetic consolidation: Theory and experiment in one dimension[J]. Geotechnique,1990,40(4):557-568.

[11] 王柳江,刘斯宏,王子健,等. 堆载-电渗联合作用下的一维非线性大变形固结理论[J]. 工程力学,2013,30(12):91-98.

[12] Wu H,Hu L M,Qi W G,et al. Analytical solution for electroosmotic consolidation considering nonlinear variation of soil parameters[J]. International Journal of Geomechanics, 2017, 17(5):06016032.

[13] Deng A,Zhou Y D. Modeling electroosmosis and surcharge preloading consolidation. I: Model formulation[J]. Journal of Geotechnical and Geoenvironmental Engineering,2016,142(4):04015093.

[14] 杨晓宇,董建华. 考虑有效电势衰减的一维电渗固结多态继承计算方法[J]. 岩石力学与工程学报,2020,39(12):2530-2539.

[15] 王柳江,王耀明,刘斯宏,等. 考虑有效电压衰减的二维真空预压联合电渗排水固结解析解[J]. 岩石力学与工程学报,2019,38(S1):3134-3141.

[16] Wang L J,Shen C M, Liu S H, et al. A hydro-mechanical coupled solution for electro-osmotic consolidation in unsaturated soils considering the decrease in effective voltage with time[J]. Computers and Geotechnics,2021,133:104050.

[17] Shang J Q. Electroosmosis-enhanced preloading consolidation via vertical drains[J]. Canadian Geotechnical Journal,1998,35(3):491-499.

[18] 王军,符洪涛,蔡袁强,等. 线性堆载下软黏土一维电渗固结理论与试验分析[J]. 岩石力学与工程学报,2014,33(1):179-188.

[19] 李瑛,龚晓南,卢萌盟,等. 堆载-电渗联合作用下的耦合固结理论[J]. 岩土工程学报,2011,32(1):77-81.

［20］ Shang J Q, Tang M, Miao Z. Vacuum preloading consolidation of reclaimed land: A case study[J]. Canadian Geotechnical Journal, 1998, 35(5): 740-749.

［21］ 黄鹏华，王柳江，刘斯宏，等．真空堆载预压联合电渗竖向排水地基非线性固结解析解[J]. 岩石力学与工程学报，2021，40(1)：206-216.

［22］ 苏金强，王钊．电渗的二维固结理论[J]．岩土力学，2004，25(1)：125-131.

［23］ 谢新宇，郑凌逶，谢康和，等．电势梯度与电极间距变化的滨海软土电渗模型试验研究[J]. 土木工程学报，2019，52(1)：108-114，121.

［24］ Xie K H, Wang K, Wang Y L, et al. Analytical solution for one-dimensional consolidation of clayey soils with a threshold gradient[J]. Computers and Geotechnics, 2010, 37(4): 487-493.

［25］ 李传勋，董兴泉，金丹丹，等．考虑起始水力坡降的软土大变形非线性固结分析[J]．岩土力学，2017，38(2)：377-384.

［26］ Tang X W, Onitsuka K. Consolidation by vertical drains under time-dependent loading[J]. International Journal for Numerical and Analytical Methods in Geomechanics, 2000, 24(9): 739-751.

［27］ 江文豪，詹良通，杨策．连续排水边界条件下饱和软土一维大变形固结解析解[J]．中南大学学报(自然科学版)，2020，51(5)：1289-1298.

［28］ Jeyakanthan V, Gnanendran C T, Lo S C R. Laboratory assessment of electro-osmotic stabilization of soft clay[J]. Canadian Geotechnical Journal, 2011, 48(12): 1788-1802.

［29］ Jones C J, Lamont-Black J, Glendinning S. Electrokinetic geosynthetics in hydraulic applications[J]. Geotextiles and Geomembranes, 2011, 29(4): 381-390.